新一代信息技术丛书

光网络传输技术

Transmission Technology of Optical Network

丛书主编◎孙青华　杨一荔◎编著

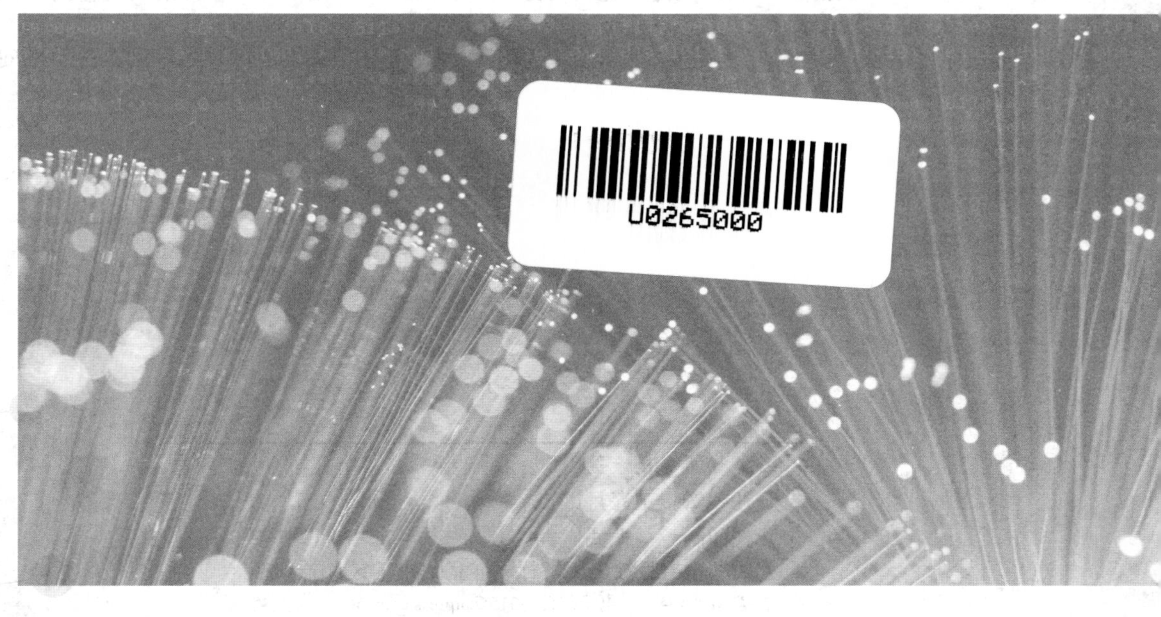

人民邮电出版社
北京

图书在版编目（CIP）数据

光网络传输技术 / 杨一荔编著. -- 北京 : 人民邮电出版社, 2024.2
（新一代信息技术丛书）
ISBN 978-7-115-63291-3

Ⅰ. ①光… Ⅱ. ①杨… Ⅲ. ①光传输技术－研究 Ⅳ. ①TN818

中国国家版本馆CIP数据核字(2023)第241027号

内容提要

本书系统地介绍了光网络传输技术原理及典型设备。全书分为 9 章，具体内容包括光纤通信基础、光纤与光缆、光通信器件、SDH (同步数字系列)传输技术、MSTP（多业务传送平台）技术与设备、WDM（波分复用）技术、OTN（光传送网）技术与设备、PTN（分组传送网）技术与设备、PRAN（IP 化无线接入网）技术与设备。全书以培养实践技能为核心，概念阐述简明扼要，内容涵盖当前通信网络中常用的传输技术与设备，理论与实践结合紧密。

本书可作为高等职业学院和高等专科学校现代通信技术、电子信息等专业相关课程的教材，也可作为通信企业技术人员的培训教材，并适合通信设备销售、技术支持专业人员和广大通信爱好者自学使用。

◆ 编　　著　杨一荔
　责任编辑　王海月
　责任印制　马振武

◆ 人民邮电出版社出版发行　　北京市丰台区成寿寺路 11 号
　邮编　100164　　电子邮件　315@ptpress.com.cn
　网址　https://www.ptpress.com.cn
　山东百润本色印刷有限公司印刷

◆ 开本：787×1092　1/16
　印张：14.5　　　　2024 年 2 月第 1 版
　字数：292 千字　　2024 年 2 月山东第 1 次印刷

定价：69.80 元

读者服务热线：(010) 81055493　印装质量热线：(010) 81055316

反盗版热线：(010) 81055315

丛书序

在这个信息化飞速发展的时代，知识的更新迭代快得让人目不暇接。信息技术的融入已成为各行各业创新发展的核心动力。教育部发布的《职业教育专业简介（2022 年修订）》中，精准捕捉了这一趋势，并在电子与信息大类中对通信类专业进行了全面的升级与优化。基于此，人民邮电出版社精心打造了一套“新一代信息技术丛书”，旨在为读者提供一个洞察信息科学的窗口，帮助读者探索数据的海洋，掌握知识的脉动。这不仅仅是一套教材，还是一扇通向未来数字世界的大门。

本丛书严格依循《职业教育专业简介（2022 年修订）》的指引，围绕高职专科专业核心课程的需求，精挑细选了与产业发展密切相关的 7 门课程，涵盖移动通信技术、数字通信原理、宽带接入技术、光网络传输技术、数据网组建与维护、通信电源、移动网络建设与优化多个分支领域，旨在培养符合数字时代需求的高素质技术技能人才。丛书结合当前最前沿的技术和理论，同时考虑未来技术的发展趋势，囊括从基础知识、技术原理到高级应用的全方位内容。教材内容注重理论与实践的结合，案例丰富，活动设计具有互动性和挑战性，能够帮助读者提升解决实际问题的能力。使读者不仅能学习到最新的技术理论，更能掌握实际操作的技能，同时也能感受到课程与思政的有机结合，助力培育社会主义核心价值观。

此外，丛书致力于构建新的学习体验——配备了丰富的教学资源，具有灵活多样的呈现形式，以及结构化、模块化的教学模式，为读者提供了更有效、更具吸引力的学习途径。

本丛书由我作为丛书主编，集合国内众多学科专家、教师和企业专家的力量，包括来自重庆电子工程职业学院、南京信息职业技术学院、四川邮电职业技术学院、安徽邮电职业技术学院、石家庄邮电职业技术学院等院校的一线教师，以及华为、中国移动等企业的工程师，他们凭借着深厚的学术背景和丰富的实践经验，确保教材内容的前瞻性和实用性。

我们感谢每一位为教材的编写和审校付出努力的人。在编写过程中，我们努力保持内容的准确性和时效性，也尽可能采用了容易理解和接受的教学方法。当然，随着信息技术的不断进步，教材的内容也会定期进行更新和修订，以保证读者能够接收最新的知识。

希望你在每一页的阅读中，都能体验到知识的力量，获得前进的勇气。愿本丛书成为你职业发展和追寻学术梦想的坚实基石。

孙青华

国家“万人计划”教学名师、工信行指委通信分委会副主任

前言

通信类高等职业教育以适应通信技术发展、培养通信生产和服务一线的技能型人才为目的，而通信技术的发展日新月异，高职专业教材内容必须紧跟技术发展进行更新。

本书从光纤通信基本概念谈起，结合运营商网络中常用的光网络传输设备，对光网络传输技术进行详细的讲述。通过学习本书，读者可以掌握光传输技术的基本原理，常用光传输设备及网络的设计、维护与优化等知识，能够为日后从事通信行业中光传输网运维管理方面工作打下良好基础。

本书以光传输网的维护为主线，将内容分为 9 章。

第 1 章　光纤通信基础：主要介绍光纤通信的定义、发展史、特点、应用及系统组成和光传输网的基本结构及组成。

第 2 章　光纤与光缆：主要讲解光纤与光缆的结构、分类、导光原理及传输特性。

第 3 章　光通信器件：主要讲授光纤通信系统中各种器件的功能、工作原理及工作特性。

第 4 章　SDH 传输技术：主要介绍 SDH 基本复用原理、设备分类、网络保护、网同步及网络管理技术。

第 5 章　MSTP 技术与设备：主要介绍 MSTP 技术的发展、关键技术、业务类型，以及 MSTP 典型设备的硬件结构。

第 6 章　WDM 技术：主要介绍 WDM 的基本概念、WDW 系统的组成及应用形式，以及 WDW 典型设备的硬件结构。

第 7 章　OTN 技术与设备：主要介绍 OTN 技术、功能分层结构、信号复用过程、常用接口、设备组成模型，以及 OTN 典型设备的硬件结构和信号流向。

第 8 章　PTN 技术与设备：主要介绍 PTN 技术的发展及应用、关键技术、业务类型，以及 PTN 典型设备的硬件结构。

第 9 章　IPRAN 技术与设备：主要介绍 IPRAN 技术的发展及应用、关键技术架构、组网结构，以及 IPRAN 典型设备的硬件结构。

为了使读者更好地学习光网络传输技术的相关知识，本书以培养岗位技能为目标，通过将技术原理与典型光传输设备介绍相结合的形式，由浅入深地讲解了常用光传输设备的技术原理及组网应用特点。本书的编写聚焦高职院校学生的学习特点，内容紧跟企业技术发展需求，知识点讲解通俗易懂，实物展示图文并茂，让读者尽量能基于实际情况掌握所学习的内容，缩小理论与实践的差距。本书配套的教学课件，读者可扫描下方二维码获取。

本书的建议学时为 64 学时，可参考下表安排各章的学习进度。

章	第 1 章	第 2 章	第 3 章	第 4 章	第 5 章	第 6 章	第 7 章	第 8 章	第 9 章
建议学时	2	8	6	10	10	8	8	6	6

本书由杨一荔独立编写。在编写过程中，编者参考了企业对人才岗位技能的需求，充分听取了企业专家的宝贵意见，同时还参考了华为技术有限公司和中兴通讯股份有限公司的技术手册，在此一并表示衷心感谢。

由于编者学术水平有限，书中难免存在表达欠妥之处，因此由衷地希望广大读者批评指正。

编者

目　录

第 1 章

光纤通信基础

01

学习目标

① 了解光纤通信基本概念及光纤通信发展史；
② 掌握光纤通信系统的组成；
③ 了解光纤通信的特点；
④ 掌握传输网的作用、结构及组成。

在现代社会中，通信向大容量、长距离方向发展。由于光波具有极高的频率，传输容量巨大，因此光纤通信的应用极广泛。

1.1 光纤通信概述

光纤通信是以光纤为传输介质，以光信号为信息载体的通信方式。光纤通信起源于 20 世纪 70 年代，由于光纤相较于传统的传输介质有十分突出的优势，光纤通信在随后几十年内发展迅猛并广泛应用于各行各业中，如今已成为信息高速公路的基石。

1.1.1 光纤通信发展史

从广义的概念上来说，凡是以光作为信息载体的通信方式都可被称为光通信。光通信的历史可追溯到远古时代，那时已经使用烟火信号传递信息。18 世纪末采用中继器使机械代码信号可以传送约 100km 的距离，这种光通信系统传输速度很慢，其有效传输速率低于 1bit/s。

19 世纪 30 年代电报的出现让人类进入电信时代，利用新的电码（如莫尔斯电码）技术，信息传输速率提升到 3 ~ 10bit/s，采用中继站后可以实现距离约 1000km 的通信。1866 年，第一个越洋电报电缆系统投入运营。1876 年电话的发明使通信技术发生了本质的变化，电信号通过连续变化的电流的模拟形式传送，这种模拟电通信技术支配了通信系统长达 100 年之久。

1880 年，贝尔发明光电话系统，他利用太阳光作为光源，让光束通过透镜聚焦投射到话筒的薄膜上。薄膜随着话音振动，使反射光的强弱随着话音的强弱作相应的变化，这就将话音信息调制在光波上了。光信号通过大气传到接收端，接收端的抛物面反射镜把光信号反射到硅光电池上，硅光电池将光能转换成电能，送到听筒，人们就可以听到从发送端传来的声音了。光电话系统的通话距离最长可达 213m。但是光通信的两大关键要素——光源和传输介质在技术上存在的问题未能得到良好的解决。

1960 年，美国人梅曼发明了第一台红宝石激光器。同年，贝尔实验室发明氦氖激光器，初步解决了光源问题。但是这两种激光器的体积较大，未能进入实用阶段。

1966 年，美籍和英籍华裔物理学家高锟（C.K.Kao）和他的同事霍克哈姆（G.A. Hockham）发表了关于传输介质新概念的论文，指出了利用光纤进行信息传输的可能性和技术途径，奠定了光纤通信的基础。高锟由此被称为"光纤之父"，并于 2009 年获得诺贝尔物理学奖。当时石英光纤的损耗高达 1000dB/km，但高锟指出，石英光纤的高损耗并非其固有的特性，而是材料中所含的杂质造成的，如果能对材料进行提纯，就可以制造出适合远距离通信使用的低损耗光纤。

1970 年，美国康宁公司率先实现突破，在 1μm 附近波长区将石英光纤的损耗降低到约 20dB/km，取得了光纤发展史上划时代的进展。1972 年，石英光纤的损耗下降到 4dB/km，1973 年则下降到 2.5dB/km，1974 年更是下降到 1.1dB/km，1986 年下降到 0.154dB/km，接近石英光纤最低损耗的理论极限值。

与此同时，光源器件的研究也取得了重大进展，各国科学家分别研制成功了可在室温下持续工作的 CaAs 半导体激光器。1976 年，日本研制成功了发射波长为 1310nm 的半导体激光器；1979 年，美国和日本研制成功了发射波长为 1550nm 的半导体激光器。半导体激光器的成功研制和不断完善，使光纤通信系统的实用化成为可能。

半导体激光器和低损耗光纤的问世，在全世界范围内掀起了光纤通信的发展高潮，光纤通信进入飞速发展阶段，在不到 20 年的时间内，光纤通信系统的传输容量增加了几个数量级，传输速率达到吉比特每秒的水平。

1976 年，美国在亚特兰大进行了世界上第一个实用多模光纤通信系统的现场试验，传输速率为 44.7Mbit/s，传输距离为 10km；1980 年，美国标准化多模光纤通信系统在美国芝加哥市和圣塔莫尼卡之间投入商用，传输速率为 44.7Mbit/s。

1983 年，日本敷设了纵贯日本南北的长途光缆干线，全长 3400km，初期传输速率为 400Mbit/s，后来扩展至 1.6Gbit/s。

1988 年，第一条横跨大西洋的海底光缆建设完成，全长 6700km；1989 年，第一条横跨太平洋的海底光缆建设完成，全长 13200km，从此，海底光缆通信系统的建设全面铺开，极大促进了全球通信网络的形成。

我国的光纤通信研究起步于 20 世纪 70 ~ 80 年代，1961 年 9 月，中国科学院长春光学精密机械与物理研究所研制成功中国第一台红宝石激光器。1976 年，由武汉邮电科学研究院赵梓森教授带领团队在实验室中拉制出我国自主研发的第一根实用光纤，标志着我国的光纤通信进入实用化阶段。中国自行研制的层绞式多模光纤光缆曾先后在上海、北京、武汉等地开展现场试验，后在市内电话网内作为局间中继线试用。1984 年以后，我国逐渐在长途线路中开始使用单模光纤光缆。20 世纪 90 年代以后，光纤在我国已广泛地应用于市内电话中继和长途通信干线。2005 年，FTTH（光纤到户）技术使光纤走入千家万户，成为通信线路的中坚力量。到 2023 年上半年为止，我国光纤通信技术一直处在高速发展的状态，全国光纤产能达到 1.66 亿芯千米，国内光纤通信系统的建设需求得到了满足，同时也为全球多个国家的光纤通信系统建设提供了可靠支持。

综上所述，光纤通信的发展分为以下 4 个阶段。

第 1 阶段（1880—1969 年）：光电话系统的发明和光纤通信理论的提出，光纤通信处于探索阶段。

第 2 阶段（1970—1979 年）：低损耗光纤与半导体激光器的成功研制使光纤通信进入实用化阶段。

第 3 阶段（1980—1989 年）：光纤的损耗下降至 0.5dB/km 以下，光纤类型由多模向单模转移，由短波长向长波长转移，光纤连接技术和器件的寿命较短的问题得到解决，系统的传输速率不断提高，光纤通信系统和光缆线路建设逐渐进入高潮。

第 4 阶段（1990 年至今）：光纤传输技术从 PDH（准同步数字体系）过渡到 SDH、MSTP、WDM、OTN、PTN 等，传输速率进一步提升。1989 年，EDFA（掺铒光纤放大器）的问世解决了长途光纤传输信号的放大问题，给光纤通信带来巨大变革。随着各种新技术、新工艺、新器件的出现，光纤通信将进入光放大、光交叉连接（OXC）、光交换的全光网时代。

1.1.2 光纤通信系统的组成

1. 光在电磁波谱中的位置

光实质上是一种电磁波，其频率比无线电波高很多，电磁波的波谱如图 1-1 所示。

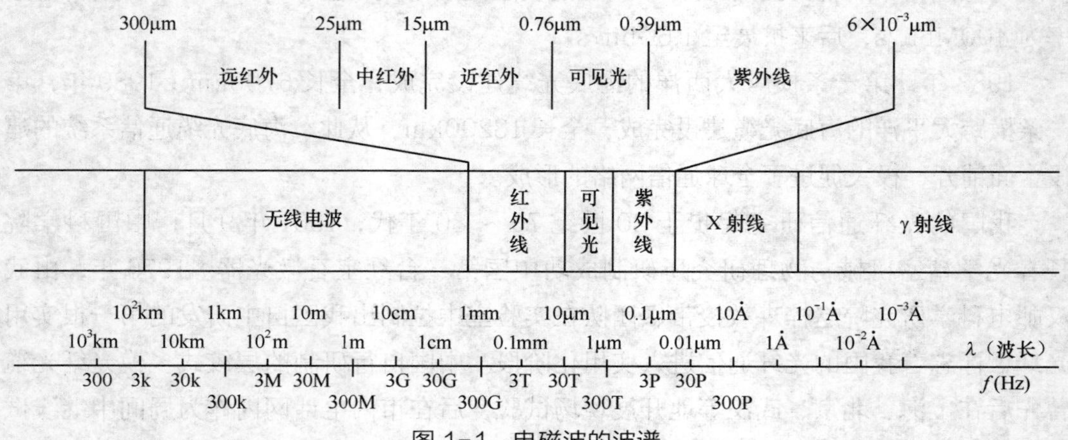

图 1-1 电磁波的波谱

其中，可见光的波长范围为 0.39 ~ 0.76μm，红外线的波长范围为 0.76 ~ 300μm，包括近红外区（0.76 ~ 15μm）、中红外区（15 ~ 25μm）和远红外区（25 ~ 300μm）。光纤通信中传输的光波波长是 0.8 ~ 1.8μm，属于电磁波谱中的近红外区，其中 0.8 ~ 1.0μm 被称为短波长区，1.0 ~ 1.8μm 被称为长波长区。光纤通信发展初期，根据光纤的损耗特性，通常使用 850nm、1310nm 和 1550nm 3 个低损耗波长窗口，其中 850nm 窗口主要在光纤模拟通信系统中使用；1310nm 窗口由于在常规单模光纤中具有零色散特性，所以被称为零色散窗口；1550nm 窗口具有最低损耗，因此被称为低损耗窗口。图 1-1 中标出了电磁波波谱范围对应的频率范围。电磁波的波长 λ 与频率 f 之间的关系如下。

$$f = c/\lambda \tag{1-1}$$

其中 $c=3\times10^8$m/s，是光在真空中的传播速度。

由此可以计算出光波的频率范围为 1.67×10^{14} ~ 3.75×10^{14}Hz。可见光纤通信使用的光波频率非常高，因此才具有其他通信方式无法比拟的巨大通信容量。

2. 光纤通信系统的组成

光纤通信系统主要由光端机和光纤组成，如果进行长距离传输，则需要在光纤沿途每隔适当距离加入光中继器。由于通信是双向进行的，光端机实际上由光发送机和光接收机组成。如果只分析单向信号传输，则光纤通信系统的组成如图 1-2 所示。

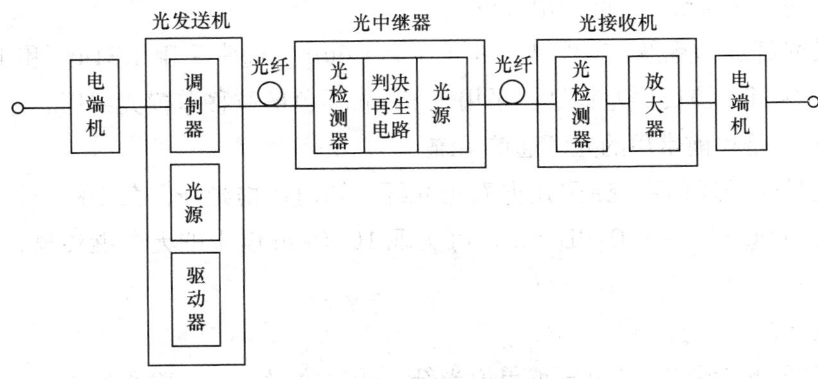

图 1-2　光纤通信系统的组成

光发送机：也称光发射机，由光源、驱动器和调制器组成，功能是将来自电端机的电信号对光源发出的光波进行调制，使其成为已调光波，然后再将已调光信号耦合到光纤或光缆中去传输。光发送机的电 / 光转换主要是由光源来完成的，因此光源是光发送机的核心器件。

光接收机：由光检测器和光放大器组成，功能是将光纤或光缆传输来的光信号，经光检测器转换为电信号，然后，将这个电信号经放大器放大到足够的电平，送入接收端的电端机。光接收机中实现光 / 电转换的核心器件是光检测器。

光纤 / 光缆：提供光信号的传输通路。功能是在对发射端发出的已调光信号进行传输后，耦合进接收端的光检测器中，完成信息传输任务。

光中继器：由光检测器、光源和判决再生电路组成。光中继器主要在长途传输系统中使用，可以在对经过一段光纤传输后产生失真的光信号进行放大及再生后，将光信号送入下一段光纤，从而延长传输距离。光中继器主要作用有以下两个：一是通过放大补偿光信号在光纤中传输时的衰减；二是对波形失真的脉冲进行整形恢复。传统的光中继器是先将光信号转换为电信号，再对电信号进行放大及再生处理，然后将恢复的电信号再转换成光信号发出，即采用“光 - 电 - 光”方式。随着全光网建设的推进，这种方式将逐渐被能直接进行光放大的器件所替代，如目前在长途光传输网中大量使用的光放大器。

光纤通信系统还包括光纤活动连接器、光衰减器、光纤耦合器等无源器件。无源器件在光纤通信系统中分别实现连接、放大、衰减、隔离及分路 / 合路等功能，在实际中可根据系统应用需求进行选用。

3. 光纤通信系统的分类

（1）按波长分类

短波长光纤通信系统：工作波长在 0.8 ~ 0.9μm，典型工作波长为 0.85μm，中继距离一般不超过 10km，目前使用较少。

长波长光纤通信系统：工作波长在 1.0 ~ 1.6μm，通常采用 1.31μm 和 1.55μm 两种波长，中继距离较长，尤其是在采用 1.55μm 零色散位移单模光纤时，中继距离可达到 100km，是目前常用的光纤通信系统。

超长波长光纤通信系统：采用非石英光纤，如卤化物光纤，在工作波长大于 2μm 时，衰减为 0.00001 ~ 0.01dB/km，可实现 1000km 以上的无中继传输，是光纤通信未来发展的方向。

（2）按光纤的模式分类

单模光纤通信系统：采用石英单模光纤，传输容量大，传输距离长，目前建设的光纤通信系统大多是这种类型。

多模光纤通信系统：采用渐变型石英多模光纤，因传输速率受限制，目前主要用于计算机局域网中。

（3）按光纤的传输信号分类

模拟光纤通信系统：它是用模拟信号直接对光源进行强度调制的系统，具有设备简单的特点，一般用于视频信号传输。

数字光纤通信系统：它是用 PCM（脉冲编码调制）数字信号直接对光源进行强度调制的系统，通信距离长，传输质量高，是被广泛采用的系统。

（4）按光源的调制方式分类

直接调制光纤通信系统：直接调制也称为内调制，即用电信号转换成的驱动电流，直接对光源进行强度调制，调制速率一般不超过 2.5Gbit/s。

间接调制光纤通信系统：间接调制也称为外调制，是通过电信号对稳定光源发出的光进行外部强度调制，这种方式调制速率高，目前主要在传输速率高于 2.5Gbit/s 的系统中使用。

（5）按应用范围分类

公用光纤通信系统：电信部门应用的光纤通信系统称为公用光纤通信系统，它包括光纤市话中继通信系统、光纤长途通信系统、光纤接入系统等。

专用光纤通信系统：指电信部门以外的各部门或机构，如电力、铁路、交通、石油、广播、金融、军事等部门所采，统称为专用光纤通信系统。

1.1.3 光纤通信的特点

1. 光纤通信的优点

光纤通信与传统电通信相比较，主要有两个区别：一是以高频率的光波为载波；二是以光纤作为传输介质。因此光纤通信具有如下优点。

（1）传输容量大，频带极宽

光纤传输中的光波使用的波长范围在电磁波谱中处于近红外区，一般为 0.8 ~ 1.8μm，根据电磁波的波长 λ 与频率 f 之间的关系公式 $c=\lambda f$，可以计算出光纤的传输频率高达 10^{14}Hz，相较于无线通信只有 10^{8}Hz 数量级的传输频率，光纤传输的容量几乎可以看作无限宽。光纤可利用的带宽约为 50000GHz，1987 年投入使用的传输速率为 1.27Gbit/s 的光纤通信系统，一对光纤能同时传输 24192 路电话，传输速率为 2.4Gbit/s 的光纤通信系统能同时传输 30000 多路电话。频带宽，对于传输各种宽频带信息具有十分重要的意义，否则，无法满足未来宽带网络发展的需要。

（2）传输损耗低，中继距离长

随着光纤制造工艺的日益成熟，目前实用石英光纤的损耗可低于 0.2dB/km，比其他大部分传输介质的损耗都低，若将来采用非石英系极低损耗光纤，其理论分析损耗可下降至 1×10^{-9}dB/km。光纤的损耗低，使得光纤传输信号时可以增大安装中继器的间隔距离，即中继距离。传统的电缆通信系统的中继距离一般是 20 ~ 30km，而现在光纤的中继距离通常都在 80km 以上，目前由石英光纤组成的光纤通信系统的最大中继距离可超过 200km，由非石英系极低损耗光纤组成的通信系统，其最大中继距离则可达数千千米甚至数万千米，这对于降低通信的成本、提高可靠性和稳定性具有特别重要的意义。

（3）抗电磁干扰能力强

由于光纤的原材料是石英玻璃，而玻璃是绝缘体材料，不导电，它不受自然界的雷电干扰、电离层的变化干扰和太阳黑子活动的干扰，也不受电气化铁路馈电线和高压设备等工业电器的干扰，还可与高压输电线平行架设或与电力导体复合构成复合光缆，因此光纤传输信号的质量也更稳定。同时因为光纤不带电，所以它适于易燃、易爆等危险环境。在这种环境下，如果使用铜线，当铜线破裂时从缺口处爆出的火花将会引发爆炸事故。而且如果光纤被破坏，对人类也不会造成电击的威胁。

（4）保密性好，无串话干扰

使用电缆通信时，在电缆旁设立一个特殊的接收装置即可窃取其中信息。而使用光纤传输信号时，光波在光纤中传输，很难从光纤中泄漏出来，即使在转弯处、弯曲半径很小时，漏出的光波也十分微弱，若在光纤或光缆的表面涂上一层消光剂，则效果会更好。这样即使光缆内光纤总数很多，也可实现无串话干扰，在光缆外面也无法窃听到光纤中传输的信息。

（5）原材料丰富

光纤的材料主要是石英（二氧化硅），地球上有丰富的原材料，而电缆的主要材料是铜，世界上铜的储藏量并不多，用光纤取代电缆，则可节约大量的金属材料，可以合理使用地球资源。光纤除具有以上突出的优点外，还具有耐腐蚀力强、耐高温、抗核辐射、能源消耗小等优点。在光纤通信发展初期，由于我国的光纤制造工艺不成熟，需要从国外进口光纤预制棒，使得光纤价格比电缆高。但是随着我国技术难关的攻克，光纤制造工艺日益成熟，加上电缆的主要原材料是有色金属铜或铅，资源日益短缺，价格反而有上涨的趋势，如今光纤的成本已经远远低于电缆成本。

（6）体积小，质量轻

光纤的裸纤直径只有 125μm，细如头发丝，只有单芯同轴电缆直径的 1%；光缆的直径也很小，8 芯光缆的横截面直径约为 10mm，而标准同轴电缆的横截面直径为 47mm。利用光纤这一特点，可以减少传输系统所占空间，解决地下管道拥挤问题，节约地下管道建设成本。此外，光纤的质量小，500m 长的光纤质量大约为 0.05kg。光缆的质量比电缆小得多，如长度为 1m 的 18 管同轴电缆的质量为 11kg，而同等容量的长度为 1m 的光缆的质量只有 90g，这对于在飞机、宇宙飞船和人造卫星上使用光纤通信具有更重要的意义。还有，光纤柔软可挠，容易成束，能得到直径小的高密度光缆。

2. 光纤通信的缺点

（1）抗拉强度低

光纤的理论抗拉强度高于钢的抗拉强度。但是，光纤在生产过程中表面会产生微裂痕，所以光纤受拉时应力全加于此，这使得光纤的实际抗拉强度变得非常低，这就是裸光纤很容易折断的原理。

（2）光纤连接困难

要使光纤的连接损耗小，必须严格对准两根光纤的纤芯。由于光纤的纤芯很细，加之石英的熔点很高，因此光纤连接很困难，需要使用昂贵的专门工具。

（3）光纤怕水

水进入光纤后主要会产生以下 3 个方面的问题。①增加光纤的吸收损耗，使信道总损耗增大，甚至使通信中断。②造成光纤中的金属构件氧化，使金属构件锈蚀，导致光纤强度降低。③进入光纤的水遇冷结冰后，体积增大，有时会损坏光纤。为了保持光纤的特性不劣化，在光纤或光缆的结构设计、生产运输、施工维护中应采取有针对性的防水措施。

虽然光纤具有质地脆，机械强度低，连接比较困难，分路、耦合不方便，弯曲半径不宜太小等缺点，但是这些缺点在技术上都是可以克服的，并不会影响光纤通信的实用化。近年来，光纤通信发展很快，已深刻地改变了通信网的面貌，成为现代信息社会坚实的基础，并向我们展现了无限美好的未来。

1.1.4　光纤通信的应用

目前光纤通信系统在通信网中得到了广泛的应用，世界上许多国家都将光纤通信技术引入电话网、移动通信网、互联网、宽带接入网等公用通信网，全球通信业务的 85% 需要通过光纤传输。“光进铜退”使通信网的性能得到了很大的改善，成本也降低了。进入 20 世纪 90 年代后，随着光纤与光电子技术的发展，光放大器、光波分复用器、光子开关、光逻辑门、路由器等许多新型光纤与半导体光学器件相继问世，全世界范围内掀起了发展全光通信网的潮流。在全光通信网中，不仅信号的传输采用光纤，信号的交换、复用、控制与路由选择等处理也全部以光信号的方式完成，电信号和光信号之间的转换过程大大减少，信号的处理更加高效可靠。

除了在通信网中的应用，目前光纤通信的应用还集中在以下几个方面。

1. 电力应用

光纤网络与原有电力网络相覆盖。将光纤网络铺设在原有电力线路上，既避免了烦琐的线路设计、居民协调问题等，还降低了光纤线路的成本支出，发挥传统电力行业优势，有效地促进了我国光纤通信技术的发展，实现了“1+1”的成功示范。同时我国 OPGW（架空地线光缆）和 ADSS（全介质自承式光缆）技术已经得到了广泛运用，特殊光缆制造技术进一步成熟。

2. 医学应用

光纤技术在医学上最普遍的应用便是光导纤维内窥镜和激光手术刀。由上千根玻璃纤维组成的光导纤维内窥镜，柔软灵活，轻而易举便可以深入心脏和脑室，传导出其中的图像，探测血液中的氧气含量、心脏的血压值、血液温度等。激光手术刀则已成功应用到临床试验中。同时，光敏法可以用来治疗癌症，让众多癌症患者重燃生命的希望，也标志着我国在光学领域中迈出了关键的一步。

3. 传媒领域的应用

传媒领域的传媒信号的传递主要依靠无线信号。若无线信号不稳定，则容易使声音嘈杂、不清晰，图像出现色斑、不稳定。而光纤通信技术因为在传输过程中损耗低，传输的声音和图画品质很高。

4. 军事领域的应用

随着互联网技术的迅猛发展，军队信息化建设水平不断提高。为了适应未来信息化战争的需要，光纤通信技术被广泛应用于军事领域的诸多方面中，如在海军舰船中的应用。海军舰船空间普遍较小，但又需要配置通信、雷达、导航、武器控制装置等很多电子控制装置。因光纤具有占地面积少、质量轻、抗干扰能力强等优点，采用光纤通信技术可以极大地节约海军舰船空间，提高海军舰船作战效率，降低军费开支。

1.2 传输网概述

通信的目的就是把信息从一个地点传输到另一个地点，而传输网络就是两点之间的桥梁和纽带，如果要在多点间进行通信，则需要建设多点对多点的复杂传输网络，为各种业务网提供传输通道。

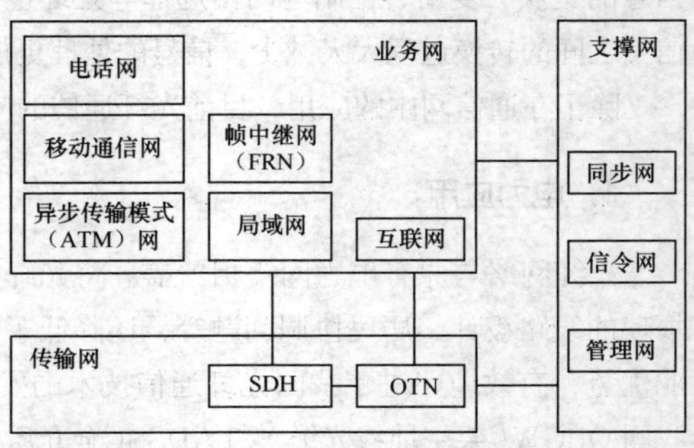

图 1-3 现代通信网络的结构

通信网是一个庞大而复杂的体系，现代通信网络的结构如图 1-3 所示，它由业务网、支撑网和传输网三大部分组成。其中业务网产生各种业务传输需求；支撑网包括同步网、信令网和管理网，分别为业务传输提供信令控制、时钟同步和监控管理等支撑作用；传输网在整个通信网络是一个基础网，其作用是将各业务网的不同节点或者不同业务网的接口连接在一起，形成一个四通八达的网络，为用户提供各种业务传输功能。

传输网由传输介质和传输网络节点构成，其中传输介质完成信号的传递，传输网络节点完成信号的处理。目前常用的传输介质主要有光纤、微波和卫星等。传输网络节点通常就是实现信号的终结、复用、交叉连接等功能的传输设备。例如光传输网就是由多台光传输设备通过光缆线路互联而成的网络。现代光传输网容量很大，可以提供具有 2Mbit/s ~ 10Gbit/s 等多种业务速率的通道，灵活地满足综合业务传输的需要。各种业务网通过传输网传送信号时，都必须通过相应的接口与传输设备的业务接口连接，才能将业务接入传输网。目前传输设备上常用的业务接口有 2M、155M、2.5G、10G、FE、GE、10GE 等速率接口，这些接口可以采用电接口，也可以采用光接口。传输设备可以通过多种传输技术将接入的多种业务信号处理成高速率的信号，通过传输介质将它们传送到其他传输网络节点，然后将业务恢复后送回相应的业务网。如图 1-4 所示，在传输设备之间进行组网连接而提供的接口被称为 NNI(网络侧接口)，而用户端与业务网相连接的接口被称为 UNI(用户 - 网络接口)。

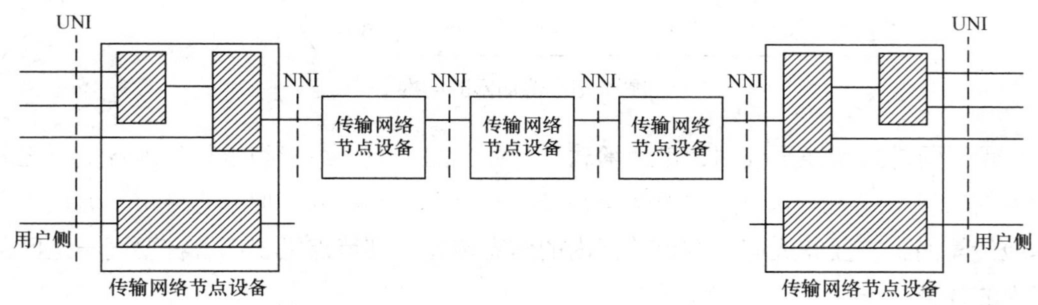

图 1-4　传输设备的接口位置

由于通信业务的迅猛增长主要体现为对线路传输带宽的需求大幅增加，光纤通信以其独特的优越性、巨大的传输带宽成为当今最主要的信息传输方式，因此现代传输网是以光纤为主要传输介质构建的光传输网。目前我国已经建成全面实现光纤化的传输网络，为实现“宽带中国”战略奠定了坚实的基础。

1.2.1　传输网的结构

我国幅员辽阔，传输网的建设规模庞大，为方便管理，采用分层方式构建传输网，如图 1-5 所示，主要包括骨干层、汇聚层、接入层。

按照传输范围不同，传输网可划分为骨干网和城域网两部分。

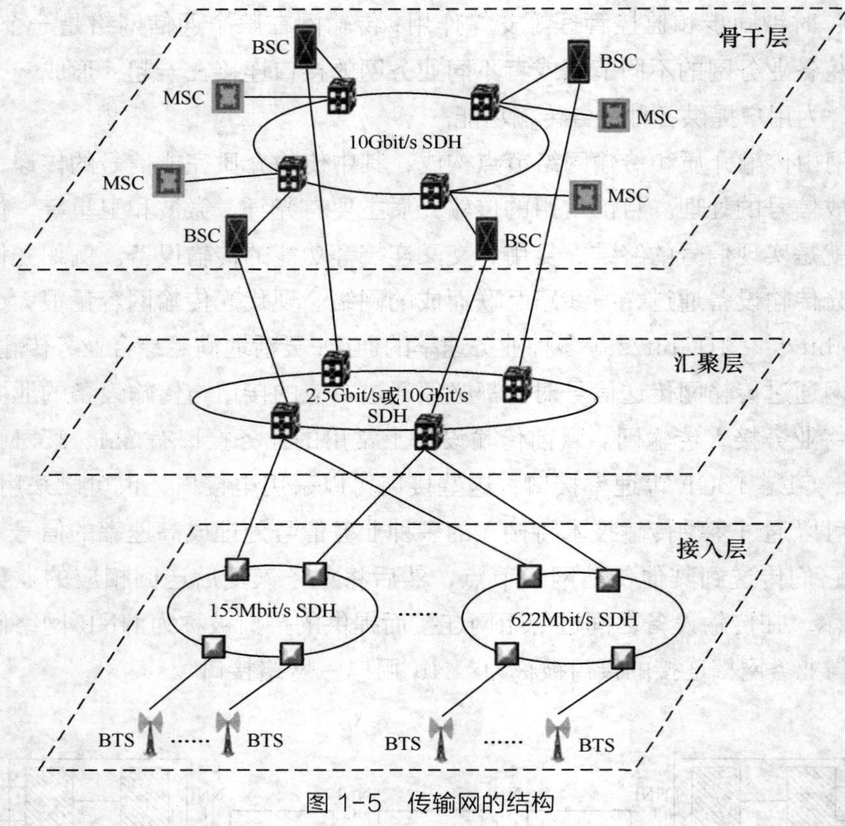

图 1-5　传输网的结构

骨干网是指长途干线网，包括承载省际业务的一级干线网和承载省内各地区之间业务的二级干线网，其节点主要部署在各省省会城市或省内其他中心城市。城域网即本地传输网，主要完成同一城市范围内的信息传输，其节点主要部署在要同一地区范围内的各县市。

城域网的结构一般根据城市规模进行设计，对于大型城市，其结构设计包含接入层、汇聚层和核心层；而对于中小型城市，可以将汇聚层与核心层合二为一，即只有汇聚层和接入层。

（1）接入层是传输网中离用户最近的网络层次，主要负责业务信号的接入。接入层设备通过用户侧接口连接基站及其他用户设备，通过网络侧接口连接至其他接入层设备或汇聚层设备。接入层网络的特点是节点数量多、分布范围广，端口类型丰富，这样才能方便用户接入，但每个接入节点接入的业务量较小，因此接入层设备的容量都不大，接入层的传输速率通常设计在 155 Mbit/s ~ 1Gbit/s 的范围内。

（2）汇聚层的作用是汇聚从接入层传来的用户数据，将接入层的业务汇聚成高速信号后进行传输，可以减少线路投资成本，同时可以完成本地路由、过滤、流量均衡、QoS（服务质量）优先级管理，以及安全控制、IP 地址转换、流量整形等处理，最后将处理结果转发到核心层或本地路由直接进行处理。而汇聚层同时提供与骨干层或核心层之间的接口，汇聚层的传输速率通常设计为 622Mbit/s ~ 10Gbit/s。

（3）核心层就是城域网的核心，它的作用是可靠而迅速地传输由接入层和汇聚层送入的高速数据流，核心层节点是整个城域网业务传输的枢纽，通常需要成对设置。核心层就如城市的主干道，道路宽广，车流量大，运送的货物量大，因此核心层的传输速率通常设计在 1Gbit/s ~ 10Gbit/s 的范围。

1.2.2　传输网的拓扑结构

传输网由传输节点和传输节点之间的连接关系组成，传输网内各传输节点之间的连接关系形成网络拓扑。网络拓扑的概念对传输网的应用十分重要，特别是网络的效能、可靠性和经济性，在很大程度上与具体物理拓扑有关。因此传输网的网络拓扑选择一般要考虑下列因素。

① 网络容量：指网络能够吞吐的通信业务量的总和。

② 网络可靠性：指网络能够可靠地运行的程度，它跟网络故障的发生概率、影响范围、严重程度、网络的自愈能力及网络对不可自愈故障的修复能力等有关。网络故障的发生概率一般取决于设备制造、网络安装和网络管理与维护水平，而与网络拓扑关系不大。网络故障的影响范围、严重程度则与网络拓扑有直接关系。网络的自愈能力是指网络故障发生后，网络所具有的隔离故障、恢复通信业务及故障修复后的恢复能力。网络对不可自愈故障的修复能力主要取决于网络维修人员的能力。

③ 网络经济性：指构建网络的费用，与网络所使用的设备及数量、网络的可靠性设计、工程施工费用等有关。

传输网的基本物理拓扑有 5 种类型，即线形拓扑、星形拓扑、树形拓扑、环形拓扑、网孔形拓扑。

1. 线形拓扑

如图 1-6 所示，当涉及通信的所有节点被串联起来，且首末两个节点开放时，就形成了线形拓扑。

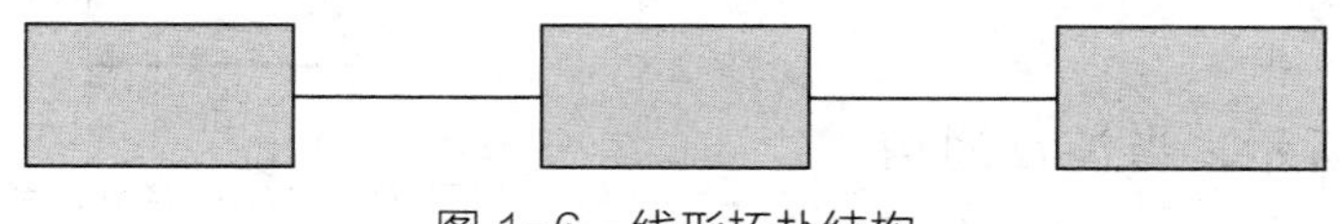

图 1-6　线形拓扑结构

在线形拓扑结构中，为了使两个非相邻节点完成连接，其间的所有节点都应完成连接。线形网的路由设置一般分为两种情况，即有中心节点和无中心节点，中心节点可位于任一节点外，有中心节点的线形网的路由设置将物理上的线形网转变成了逻辑上的星形网。线形网一般采用“1+1”主备保护方式，为传输系统的发送器和接收器提供保护，线形网对线路和节点设备起不到保护作用，无法防止它们出现故障，因此无法应对节点和链路失效，生存性较差。线形网通常适用于各节点在地理位置上呈长条状分布的场合。

2. 星形拓扑

如图 1-7 所示，当涉及通信的所有节点中，有一个中心节点与其余所有节点直接相连，而其余节点之间互相不能直接相连时，就形成了星形拓扑，又称枢纽型拓扑。

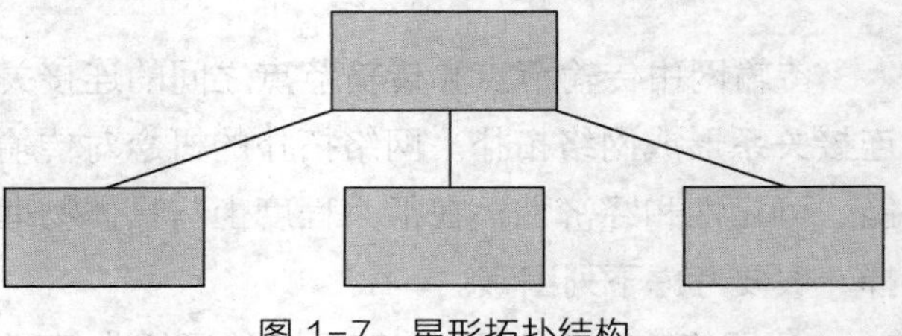

图 1-7　星形拓扑结构

在星形拓扑结构中，除了中心节点外的任意两个节点之间的连接都是通过中心节点进行的，中心节点为经过的信息流选择路由并完成连接功能，这种网络拓扑结构可以将中心节点的多个光纤终端统一成一个光纤终端，并具有灵活的综合带宽管理功能，节省投资和运营成本。星形网对传输系统也是实行主备保护方式，在星形网中出现的线路故障和外围节点失效都只影响一个外围节点，影响面较小，但中心节点失效会造成全网瘫痪，因此存在中心节点的潜在瓶颈问题和失效问题。星形网适用于要求有中心节点的多个节点组网。

3. 树形拓扑

如图 1-8 所示，将点到点拓扑单元的末端点连接到几个特殊点时就形成了树形拓扑。树形拓扑可以看成线形拓扑和星形拓扑的结合。这种拓扑结构适合于广播式业务，但存在瓶颈问题，不适合提供双向通信业务。

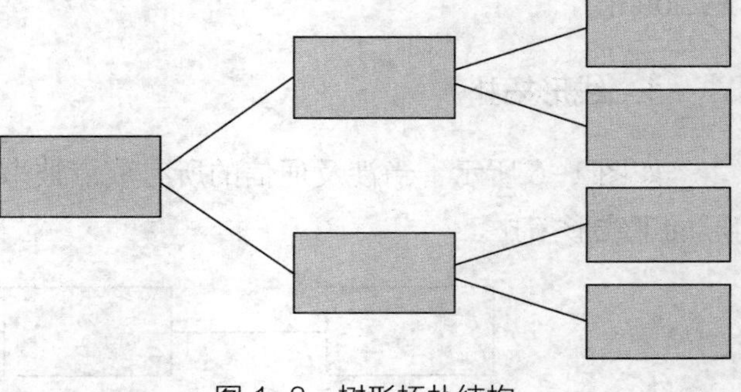

图 1-8　树形拓扑结构

4. 环形拓扑

如图 1-9 所示，当涉及通信的所有节点被串联起来，而且首尾相连。没有任何节点开放时，就形成了环形拓扑。将线形拓扑结构的两个首尾开放节点相连就变成了环形拓扑。

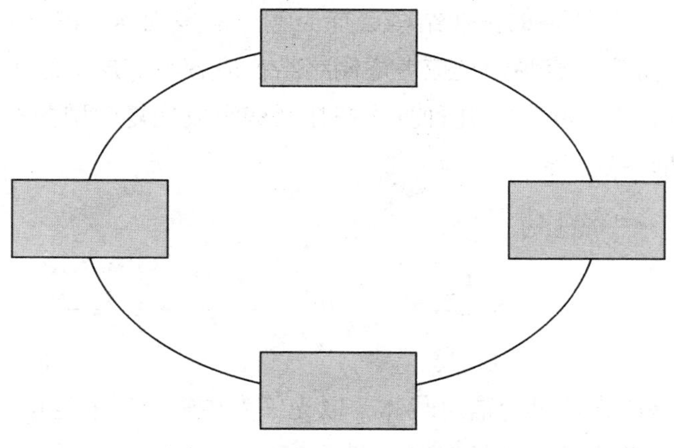

图 1-9　环形拓扑结构

环形网的可靠性比线形网和星形网要高，它不但可以保护收发信机，防止收发信机发生故障，还可以保护线路和节点，防止出现线路故障和节点失效，是一种较为理想的网络保护方式。环形网的最大优点是具有很好的生存性，这对现代大容量光纤网络是至关重要的，因而环形网在传输网中备受重视。

5. 网孔形拓扑

涉及通信的许多节点直接互连就形成了网孔形拓扑，如果所有节点都直接互连则被称为理想的网孔形拓扑。在理想的网孔形拓扑中，每两个节点之间都有连接，而在非理想的网孔形拓扑中，各节点只与附近节点有连接关系，没有直接相连的两个节点需要经由与其他节点之间的连接才能实现连接。网孔形网一般采用容量备用方式，环形网一般要有一半的备用容量，而网孔形网一般有 15% ~ 25% 的用就可以了。一旦网中发生故障造成某传输通道通信中断，网络管理系统可重新寻找一条路由替代原来的路由，重新恢复通信，该结构不受节点瓶颈问题和链路失效问题的影响，在两个节点间有多种路由可选，可靠性很高。但网孔形拓扑结构复杂，成本较高，适合那些业务量很大、分布又比较均匀的地区。网孔形拓扑结构如图 1-10 所示。

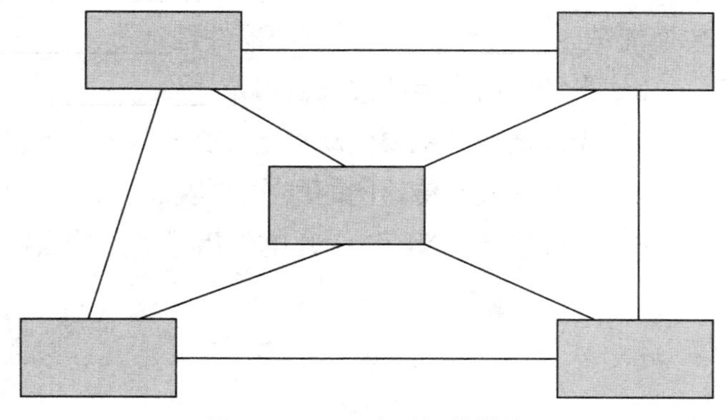

图 1-10　网孔形拓扑结构

综上所述，每种拓扑结构各有优点，在传输网中都有不同程度的应用，如在城域网的接入层和汇聚层中，使用环形拓扑和星形拓扑比较适宜，有时也可用线形拓扑。而在城域网的核心层和骨干层中可能需要使用网孔形拓扑和环形拓扑。但传输网络的拓扑结构选择应考虑众多因素，既要考虑网络应有较好的生存性，网络配置应当容易，还应考虑网络结构应容易扩展，适于新业务的引进等，因此实际中大多采用的是由以上几种基本拓扑结构组成的复合型拓扑，如环带链拓扑、相交环拓扑、相切环拓扑等。

1.3 小结

1. 光纤通信是以光信号为信息载体，以光纤为传输介质的通信方式。

2. 光纤通信的 3 个常用波长窗口分别是 850nm、1310nm 和 1550nm。

3. 光纤通信系统主要由光发送机、光纤、光接收机组成，在长距离传输系统中，还应加入光中继器。其中光发送机实现电 / 光转换，光接收机实现光 / 电转换。

4. 光纤通信的主要优点是传输损耗低、传输容量大、无电磁干扰、保密性好、体积小、质量小，缺点是易折断、不易连接。

5. 光传输网为业务网提供信息传输平台，按结构划分为骨干网和城域网，城域网又可以分为核心层、汇聚层和接入层。传输网常用的网络拓扑结构为线形拓扑、星形拓扑、环形拓扑、树形拓扑、网孔形拓扑。

1.4 思考与练习

1. 光纤通信是以__________为信息载体，以__________为传输介质的通信方式。

2. 光纤通信系统由__________、__________、__________3 部分组成。其中实现信号电 / 光转换的是__________，其核心器件是__________；实现光 / 电转换的是__________，其核心器件是__________。

3. 光纤通信常用的波长窗口是__________、__________和__________。

4. 光纤通信的主要优缺点是什么？

5. 试画图说明传输网的层次结构。

6. 传输设备 NNI 和 UNI 的作用分别是什么？

第 2 章
光纤与光缆

02

学习目标

① 了解光纤的结构及分类；
② 掌握光纤的导光原理；
③ 掌握光纤的传输特性；
④ 掌握光缆的结构及分类。

2.1 光纤的结构

光纤是光导纤维的简称，通信光纤一般是外径为 125 ~ 140μm 的石英玻璃细丝，具有把光封闭在其中并沿轴向进行传播的波导结构。在工程中，一般将多条光纤固定在一起构成光缆进行应用。

光纤的典型结构如图 2-1 所示，是一种细长多层同轴圆柱体结构，自内向外依次为纤芯、包层和涂覆层。

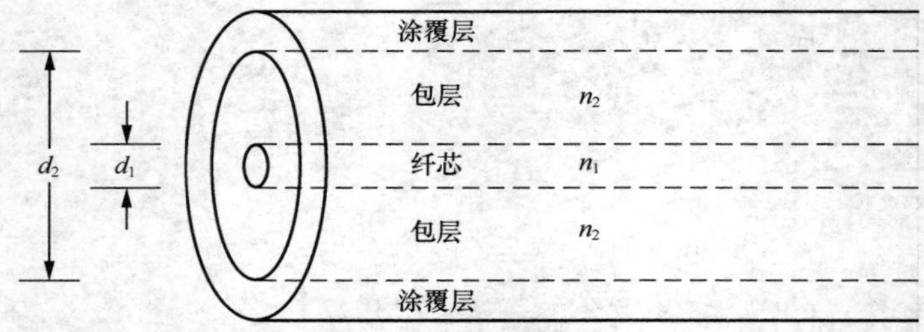

图 2-1 光纤的典型结构

光纤的核心部分是纤芯和包层，二者共同构成介质光波导，形成对光信号的约束传导，实现光传输，二者组成的整体也称为裸纤。

纤芯位于光纤的中心部位，其直径为 4 ~ 50μm，单模光纤的纤芯直径为 4 ~ 10μm，多模光纤的纤芯直径为 50μm。纤芯的成分是高纯度的 SiO_2，掺有极少量的掺杂剂（如 GeO_2、P_2O_5），作用是提高纤芯对光的折射率（n_1），以传输光信号。纤芯的作用是传导光波。

包层位于纤芯的周围，直径为 125μm，其成分也是含有极少量掺杂剂的高纯度 SiO_2。而掺杂剂（如 B_2O_3）的作用则是适当降低包层对光的折射率（n_2），使之略低于纤芯的折射率，即 $n_1 > n_2$，它使得光信号被封闭在纤芯中传输，包层的作用是将光波约束在光纤中传播。

光纤的最外层为涂覆层，包括一次涂覆层、缓冲层和二次涂覆层。一次涂覆层一般使用丙烯酸酯、有机硅或硅橡胶材料；缓冲层一般使用性能良好的填充油膏；二次涂覆层一般多用聚丙烯或尼龙等高聚物。涂覆后的光纤外径约为 250μm。涂覆层的作用是保护光纤不受水汽侵蚀和机械擦伤，同时又提高了光纤的机械强度与可弯曲性，可以延长光纤的寿命。因为裸纤的主要成分为 SiO_2，它是一种脆性易碎材料，抗弯曲性、韧性差，进行涂覆后可以提高光纤的微弯性能。而且如果将若干根裸纤集束成一捆，相互之间极易产生磨损，导致光纤表面损伤而影响光信号的传输，在裸纤表面进行涂覆可以防止这种损伤的出现。

2.2 光纤的分类

光纤的种类很多，用途不同，所需要的光纤的功能和性能也有所差异。但对于有线电视和通信用的光纤来说，其设计和制造的原则基本相同，主要考虑损耗低、有一定带宽且色散小、接线容易、易于成缆、可靠性高、制造过程比较简单、价格低廉等。

光纤的分类主要依据工作波长、制造光纤所用的材料、套塑结构、传输模式、折射率分布、ITU-T 建议等方面进行划分，下面介绍光纤常用的分类方法。

1. 按照光纤的工作波长分类

按照光纤的工作波长分类，光纤可分为短波长光纤和长波长光纤。短波长光纤的波长为 0.8 ~ 0.9μm（典型值为 0.85μm）；长波长光纤的波长为 1.0 ~ 1.7μm，主要有 1.31μm 和 1.55μm 这两个窗口，超长波长光纤的波长在 2μm 以上。

2. 按照制造光纤所用的材料分类

按照制造光纤所用的材料，光纤可分为石英（玻璃）系列光纤、塑料光纤和氟化物光纤。

其中，塑料光纤是用高度透明的聚苯乙烯或聚甲基丙烯酸甲酯（有机玻璃）制成的。它的特点是制造成本低廉，相对来说芯径较大，与光源的耦合效率较高，耦合进光纤的光功率较大，使用方便。但由于损耗较高，带宽较小，这种光纤只适用于短距离、低速率通信，如短距离计算机局域网链路通信、船舶内通信等。目前通信中普遍使用的是石英系列光纤。氟化物光纤是采用氟化物玻璃制作的光纤，如可采用氟铝酸盐玻璃（主要成分为 ZrF_4）制作光纤，这种光纤可以掺杂稀土离子，用于光纤激光器和光纤放大器。

3. 按照光纤的套塑结构分类

按照光纤的不同套塑结构，光纤可分为紧套光纤和松套光纤两种，如图 2-2 所示。

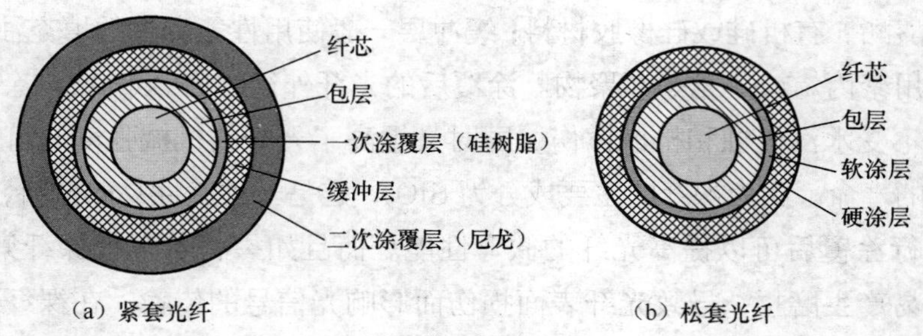

图 2-2　紧套光纤和松套光纤

（1）紧套光纤

紧套光纤是指光纤最外面的套层与里面的一次涂覆层、包层、纤芯紧密地结合在一起的光纤。未经套塑的光纤，其温度特性是十分优良的，但经过套塑之后其温度特性变差。这是因为套塑材料的膨胀系数比石英的膨胀系数高得多，在低温时收缩较厉害，压迫光纤发生微弯曲，增加了光纤的衰耗，所以紧套光纤不适合制作光缆。

（2）松套光纤

松套光纤，是指经过一次涂敷后的光纤被松散地放置在一根塑料套管中，不再进行二次、三次涂敷。松套光纤的制造工艺简单，其温度特性与机械性能也比紧套光纤要好，因此制作光缆一般都使用松套光纤。

4．按照光纤传输模式分类

光纤的传输模式由光纤的具体结构和光纤折射率径向分布决定。按照光纤传输模式对光纤进行分类，光纤可分为单模光纤和多模光纤。

（1）单模光纤

光纤中只传输一种模式（基模），其余的高次模全部截止，这种光纤被称为单模光纤。简单而言，光在单模光纤中是以平行于光纤中心轴线的直线方式传播。单模光纤芯径极小（芯径一般为 9μm 或 10μm），其一般采用阶跃型折射率分布。因为光在单模光纤中仅以一种模式（基模）进行传播，从而避免了模式色散的问题，光纤脉冲几乎没有展宽。故单模光纤特别适用于大容量、长距离传输。但其尺寸小，制造、连接、耦合比较困难。同时单模光纤对光源的谱宽和稳定性有较高的要求，即要求光源的谱宽要窄，稳定性要好。

（2）多模光纤

可传输多种模式的光纤称为多模光纤。由于多模光纤的纤芯直径较大（通常为 50μm 或 62.5μm），既可以采用阶跃型折射率分布，也可以采用渐变型折射率分布，目前多采用后者。多模光纤存在着严重的模式色散问题，随距离的增加会更加严重，使其带宽变窄，因此多模光纤传输的传输距离比较短，一般只有几千米。但多模光纤比较容易制造、连接和耦合。

5. 按照光纤的横截面折射率分布分类

按照光纤的不同横截面折射率分布不同，光纤可以分为阶跃型多模光纤（SIF）、渐变型多模光纤（GIF）和单模光纤。不同光纤的横截面折射率分布如图 2-3 所示。

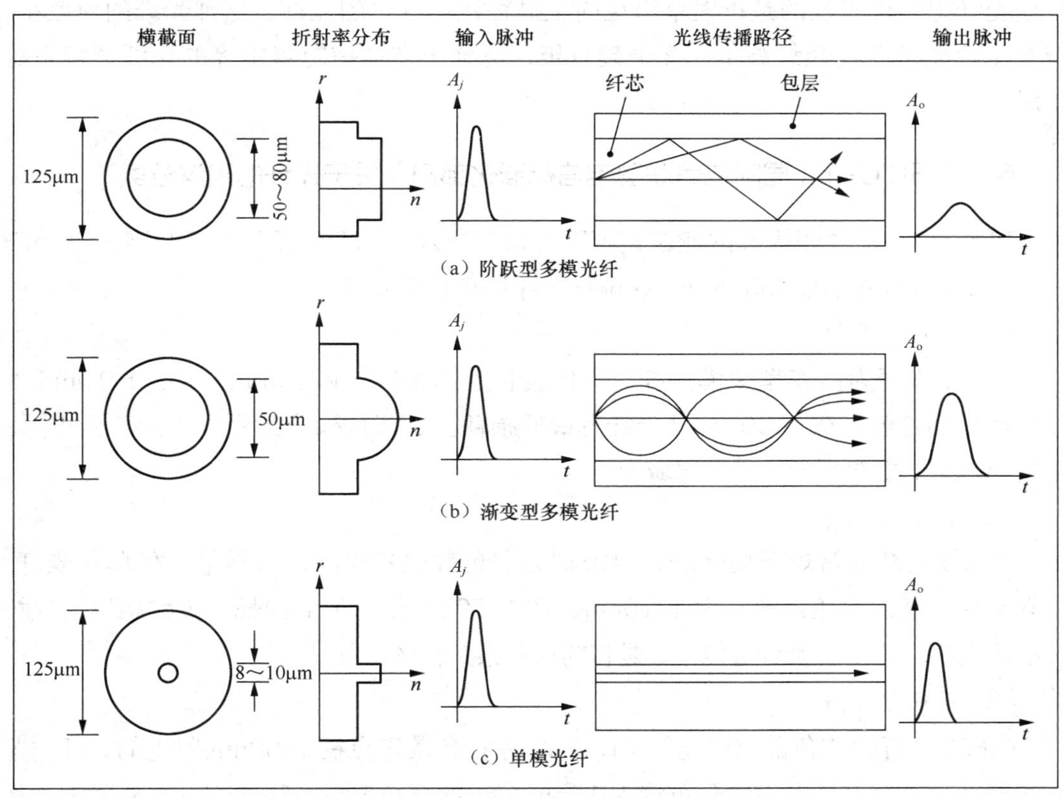

图 2-3　光纤的横截面折射率分布

（1）阶跃型多模光纤

阶跃型多模光纤如图 2-3（a）所示，纤芯折射率为 n_1 保持不变，到包层折射率突然变为 n_2。光线以折线形状沿纤芯中心轴线方向传播，特点是信号畸变较大。这种光纤一般纤芯直径为 50 ~ 80μm，包层直径为 125μm。

（2）渐变型多模光纤

如图 2-3（b）所示，在纤芯中心折射率最大为 n_1，沿径向 r 向外逐渐变小，直到包层变为 n_2。光线以正弦曲线形状沿纤芯中心轴线方向传播，特点是信号畸变较小。这种光纤一般纤芯直径为 50μm，包层直径为 125μm。

（3）单模光纤

如图 2-3（c）所示，折射率分布和阶跃型多模光纤的折射率分布相似，纤芯直径只有 8 ～ 10μm，包层直径仍为 125μm。光线以直线形状沿纤芯中心轴线方向传播，其信号畸变很小。

在阶跃型多模光纤中，光的传输轨迹呈直线锯齿形。阶跃型多模光纤制造较容易，使用较方便，色散大，带宽系数低于 100MHz · km，只适合在通信距离短和信息容量小的通信系统中使用。而在渐变型多模光纤中，光沿连续弯曲的轨迹传播。渐变型多模光纤中有代表性的是折射率沿径向呈抛物线形变化的光纤，这种光纤的色散小，带宽比阶跃型多模光纤高 1 ～ 2 个数量级，适合于在通信距离中等的光纤通信系统使用。

6. 按照ITU-T（国际电信联盟电信标准化部门）关于光纤的建议分类

按照 ITU-T 关于光纤的建议，可以将光纤分为 G.651 光纤、G.652 光纤、G.653 光纤、G.654 光纤、G.655 光纤、G.656 光纤和 G.657 光纤。

（1）G.651 光纤

G.651 光纤为渐变型多模光纤，工作波长为 1310nm 和 1550nm，在 1310nm 处光纤有最小色散，在 1550nm 处光纤有最低损耗。G.651 光纤适用于中小容量和中短距离的传输，主要用于计算机局域网。

（2）G.652 光纤

G.652 光纤为常规单模光纤，也被称为非色散位移光纤，它是第一代单模光纤。常规单模光纤的零色散波长为 1310nm，在 1550nm 处有最低损耗，传输距离受损耗大小的限制，适用于大容量传输，是目前应用很广泛的光纤。

（3）G.653 光纤

G.653 光纤也称色散位移光纤（DSF），是指色散零点在 1550nm 附近的光纤。这种光纤是通过改变折射率的分布将 1310nm 附近的零色散点拉移到 1550nm 附近，从而使光纤的低损耗波长窗口与零色散波长窗口重合的一种光纤。该光纤在 1550nm 附近的色散系数极小，趋近于零，系统速率可达到 20Gbit/s 和 40Gbit/s，是实现单波长超长距离传输的最佳光纤。但是这种色散位移光纤在 1550nm 处的色散为零，不利于多信道的 WDM 传输，用的信道较多时，信道间距变小，就会产生四波混频（FWM），导致信道间发生串扰，阻碍了其应用。

（4） G.654 光纤

G.654 光纤为性能最佳的单模光纤，在 1550nm 处具有极低损耗（大约为 0.18dB/km），在 1310nm 处色散为零，弯曲性能好。G.654 光纤也被称为截止波长位移光纤，它是非色散位移光纤，其截止波长移到了较长波长处，在 1550nm 波长区域损耗极低，最佳工作波长范围为 1550 ～ 1600nm。G.654 光纤主要应用于远距离无须插入有源器件的无中继海底光缆通信系统中，其缺点是制造困难、价格高昂。

（5）G.655 光纤

由于 G.653 光纤的色散零点在 1550nm 附近，WDM 系统在零色散波长处工作很容易引起 FWM 效应，导致信道间发生串扰，不利于 WDM 系统工作。为了避免引起该效应，调整零色散波长不在 1550nm 处，而是在 1525nm 或 1585nm 处，这种光纤就是非零色散位移光纤（NZDSF）。G.655 光纤的损耗一般在 0.19 ~ 0.25dB/km，在 1530 ~ 1565nm 波段的色散系数为 1 ~ 6ps/(nm·km)，色散较小，避开了零色散区，既抑制了 FWM 效应，可采用 WDM 扩容，又可以开通高速系统。

由于在 ITU-T 关于光纤的建议中只要求了色散的绝对值，对于它的正负没有要求，因而 G.655 光纤的工作区色散可以为正，也可以为负，当零色散点位于短波长区时，工作区色散为正，当零色散点位于长波长区时，工作区色散为负。目前，陆地光纤通信系统一般采用色散系数为正的非零色散位移光纤；海底光缆通信系统一般采用色散系数为负的非零色散位移光纤。图 2-4 所示为几种单模光纤的损耗和色散特性。

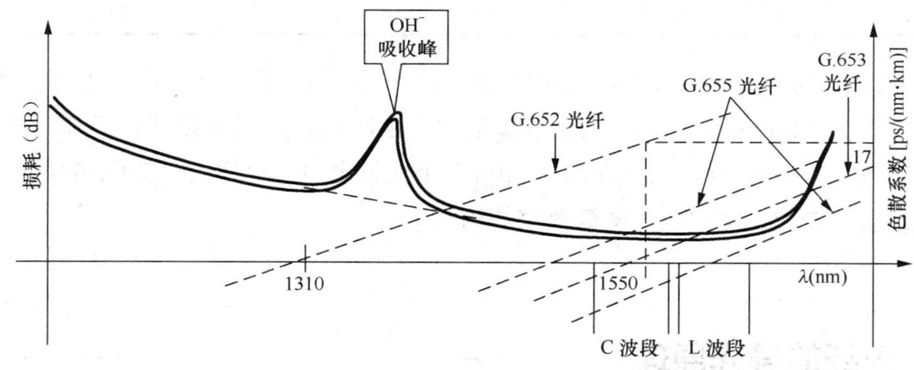

图 2-4　几种单模光纤的损耗和色散特性

（6）G.656 光纤

G.656 光纤是一种宽带光传输用非零色散位移光纤。与 G.655 光纤不同，① G.656 光纤具有更宽的工作带宽，即 G.655 光纤的工作带宽为 1530 ~ 1625nm（C 波段 +L 波段，C 波段为 1530 ~ 1565nm，L 波段为 1565 ~ 1625nm），而 G.656 光纤的工作带宽则是 1460 ~ 1625nm（S 波段 +C 波段 +L 波段），将来还可以拓宽，可以充分发掘石英玻璃光纤的巨大带宽的潜力；② G.656 光纤的色散斜率更小（更平坦），能够显著地降低 DWDM（密集波分复用）系统的色散补偿成本。综上所述，G.656 光纤是色散斜率基本为零、工作波长范围覆盖 S 波段 +C 波段 +L 波段的宽带光传输用非零色散位移光纤。

（7）G.657 光纤

G.657 光纤是接入网中使用弯曲损耗不敏感单模光纤，是为了实现光纤到户，在 G.652 光纤的基础上开发的新光纤品种。这类光纤最主要的特性是具有优异的耐弯曲特性，其弯曲半径可实现 G.652 光纤的弯曲半径的 1/4 ~ 1/2。在新版本的 ITU-T 的关于光纤的标准建议中，按照是否与 G.652 光纤兼容的原则，将 G.657 光纤划分成了 A 类光纤和 B 类光纤，同时按照最小可弯曲半径的原则，将弯曲半径分为弯曲半径 1、弯曲半径 2、弯曲半径 3 共 3 个等级，其中弯曲半径 1 对应 10mm 的最小弯曲半径，弯曲半径 2 对应 7.5mm 的最小弯曲半径，弯曲半径 3 对应 5mm 的最小弯曲半径。结合这两个原则，将 G.657 光纤分为了 4 个子类，G.657.A1 光纤、G.657.A2 光纤、G.657.B2 光纤和 G.657.B3 光纤，如表 2-1 所示。

表 2-1　G.657 光纤分类

G.657 光纤	A 类光纤（要求与 G.652 光纤完全兼容）	B 类光纤（不要求与 G.652 光纤完全兼容）
弯曲半径 1（最小弯曲半径为 10mm）	G.657.A1 光纤	
弯曲半径 2（最小弯曲半径为 7.5mm）	G.657.A2 光纤	G.657.B2 光纤
弯曲半径 3（最小弯曲半径为 5mm）		G.657.B3 光纤

其中，G.657A1 光纤和 G.657.A2 光纤的性能及其应用环境和 G.652 的 D 类光纤相近，可以在 1260 ~ 1625nm 的宽波长范围内工作；G.657.B2 光纤和 G.657.B3 光纤主要工作在 1310nm、1550nm 和 1625nm 3 个波长窗口，更适用于实现光纤到户的信息传送，通常安装在室内或大楼等狭窄的场所中。

2.3　光纤的导光原理

光是一种频率极高的电磁波，而光纤本身是一种介质波导，因此光在光纤中的传输理论是十分复杂的。为了便于理解，下面我们仅从几何光学的角度来讨论光纤的导光原理。

2.3.1　光的反射与折射

根据光的传输特性，光在同种均匀介质中沿直线传播，光线在不同介质中的传播速度不同，描述介质的这一特征的参数就是折射率，或称折射指数。折射率可由式（2-1）确定。

$$n = c/v \tag{2-1}$$

其中，v 是光在某种介质中的传播速度，c 是光在真空中的传播速度。

在折射率为 n 的介质中，光的传播速度变为 c/n，光的波长变为 λ_0/n（λ_0 表示光在真空中的波长）。表 2-2 中给出了一些介质的折射率。

表 2-2 几种介质的折射率（条件为 λ =589.3mm，t=20℃）

介质	折射率
空气	1.003
水	1.33
玻璃	1.5 ~ 1.8
石英	1.43
钻石	2.42

当光从一种介质进入另一种介质时，在两种介质的交界面上会同时发生光的反射和光的折射现象，如图 2-5 所示。

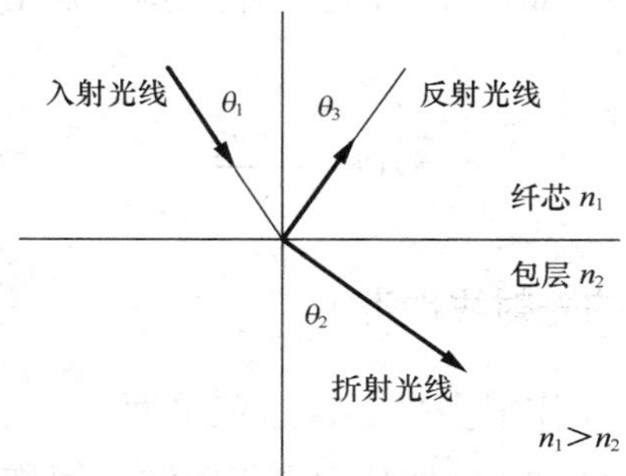

图 2-5 光的反射与光的折射同时发生

在图 2-5 中，n_1 和 n_2 分别表示光从纤芯射入包层时的纤芯材料折射率和包层材料折射率；θ_1、θ_2、θ_3 分别表示入射角、折射角和反射角。

其中反射现象遵从反射定律，反射角等于入射角，即

$$\theta_1 = \theta_3 \tag{2-2}$$

而折射现象遵从折射定律，即

$$n_1 \sin\theta_1 = n_2 \sin\theta_2 \tag{2-3}$$

分析折射定律则发现，当光从折射率大的介质射入折射率小的介质即 $n_1 > n_2$ 时，折射角会大于入射角，当入射角增大到某一临界角时，折射角会达到 90°，此时折射光会完全消失，入射光全部被反射回来，重新返回到纤芯中进行传播，这种现象叫光的全反射。

如果把对应于折射角等于 90° 的入射角称为全反射临界角，记为 θ_c，则可以得到全反射临界角

$$\theta_c = \arcsin\left(\frac{n_2}{n_1}\right) \tag{2-4}$$

而当光从折射率小的介质射入折射率大的介质即 $n_2 > n_1$ 时，由于折射角小于入射角，是不能产生光的全反射的。

如果光在光纤纤芯中能发生全反射现象，光全部在纤芯区传播，不会进入包层，因此可以降低光纤的损耗，早期的阶跃型多模光纤就是按这种思路进行设计的。

2.3.2 阶跃型多模光纤光射线的理论分析

1. 相对折射率差

为了让光波在纤芯中传输，纤芯折射率 n_1 必须大于包层折射率 n_2，实际上，纤芯折射率与包层折射率的大小直接影响着光纤的性能。在光纤分析中，常常用相对折射率差这样一个物理量来表示它们相差的程度，用 Δ 表示。Δ 的定义式如式（2-5）所示。

$$\Delta = \frac{n_1^2 - n_2^2}{n_1^2} \tag{2-5}$$

当 n_1 与 n_2 之间的差别极小时，这种光纤称为弱导波光纤。其相对折射率差 Δ 可以近似为

$$\Delta \approx \frac{n_1 - n_2}{n_1} \tag{2-6}$$

2. 阶跃型多模光纤中的光射线种类

通过光纤纤芯的轴线可以作很多平面，这些平面为子午面。如果光射线在光纤中传播的路径始终在一个子午面内，就称其为子午射线，简称子午线。

3. 子午线的分析

那么什么样的子午线才能在纤芯中形成导波呢？很明显，必须是能在纤芯与包层的交界面上产生光的全反射的子午线才能在纤芯中形成导波，如图 2-6 所示。阶跃型多模光纤纤芯折射率沿径向呈阶跃型分布，沿轴向呈均匀分布，n_1 是纤芯折射率，n_2 是包层折射率。

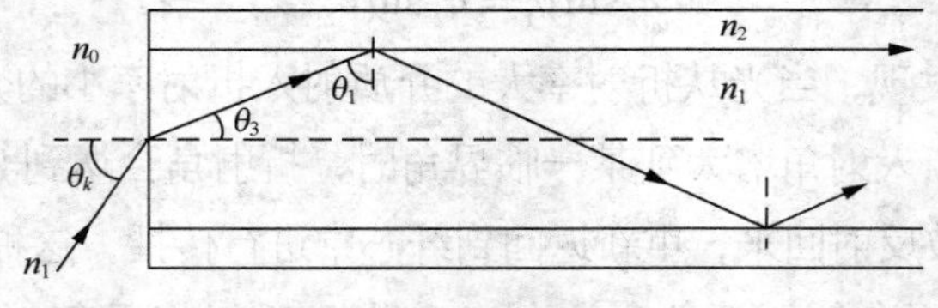

图 2-6 阶跃型多模光纤纵向剖面上的子午线传播

首先分析光线从空气入射到光纤的情况。

由于空气的折射率和光纤的折射率不同，一束光线入射到光纤端面会发生折射。如图 2-6 所示，由折射定律可得

$$n_0 \sin\theta_k = n_1 \sin\theta_3 = n_1 \sin(90° - \theta_1) = n_1 \cos\theta_1 \tag{2-7}$$

为保证在光纤中能实现光的全反射，临界状态为$\theta_1 = \theta_c$，且$\sin\theta_c = \dfrac{n_2}{n_1}$，$n_0$=1，于是可以得到

$$\sin\theta_k = n_1\cos n_1 = n_1\sqrt{1-(\sin\theta_1)^2}$$

$$= n_1\sqrt{1-\left(\frac{n_2}{n_1}\right)^2} = \sqrt{n_1^2-n_2^2} = n_1\sqrt{\frac{(n_1+n_2)(n_1-n_2)}{n_1^2}} \approx n_1\sqrt{\frac{2(n_1-n_2)}{n_1}} = n_1\sqrt{2\varDelta} \tag{2-8}$$

因此要想在光纤中实现光的全反射，完成光的传输必须满足

$$\sin\theta_k \leqslant \sqrt{n_1^2-n_2^2} \tag{2-9}$$

4．数值孔径（*NA*）

我们把表示光纤捕捉光射线能力的物理量定义为光纤的 *NA*。若用 $\theta_{\max}$ 表示能被光纤纤芯所捕捉的光射线的最大入射角，则

$$\sin\theta_{\max} = \sin\theta_k = \sqrt{n_1^2-n_2^2} = n_1\sqrt{2\varDelta} \tag{2-10}$$

由于 n_1 和 n_2 在数值上很接近，$\sin\theta_k \approx \theta_k$，$\theta_k$被称为光纤的数值孔径，因而

$$NA = \sin\theta_k \approx \theta_k = \sqrt{n_1^2-n_2^2} = n_1\sqrt{2\varDelta} \tag{2-11}$$

由此可知，光纤的 *NA* 仅决定于光纤的折射率，而与光纤的几何尺寸无关。光纤的 *NA* 是表示光纤波导特性的重要参数，它反映了光纤与光源或探测器等元件耦合时的耦合效率，即反映了光纤接收光信号的能力。

需要注意的是，光纤的 *NA* 并非越大越好。*NA* 越大，虽然光纤接收光信号的能力越强，但光纤的模式色散也越严重。因为 *NA* 越大，$\varDelta$ 也就越大，光纤的模式色散也越严重，会使光纤的传输容量变小。因此 *NA* 取值的大小要兼顾光纤接收光信号的能力和模式色散。国际电报电话咨询委员会（CCITT）建议光纤的 *NA* 取值为 0.18 ~ 0.23。

2.3.3　光在渐变型多模光纤中的传播

渐变型多模光纤的折射率分布为折射率在光纤的轴心处最大，而沿剖面径向的增加而折射率逐渐变小。采用这种分布规律是有其理论根据的。假设光纤由许多同轴的均匀层组成，且其折射率由光纤的轴心向外逐渐变小，即 $n_0>n_{11}>n_{12}>n_{13}>\cdots>n_2$，如图 2-7 所示。

若光以一定的入射角从轴心处第 1 层射入与第 2 层的交界面时，由于是从光密介质射入光疏介质，折射角大于入射角，光线将折射进第 2 层并射入与第 3 层的交界面，同时再次发生折射进入第 3 层，依次递推。由于外层的折射率总比内层的折射率更小，所以每经过一个交界面，入射角都将随着折射次数的增多而增大，光线向轴心方向的

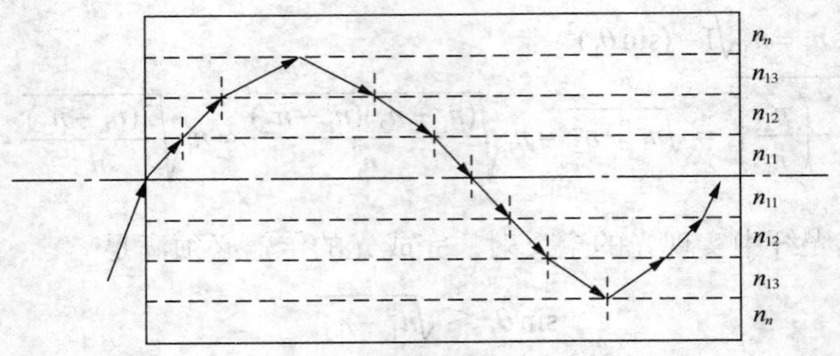

图 2-7　渐变型多模光纤纤芯折射率分布

弯曲就更厉害，这样一直持续到纤芯与包层的交界面。当在某一交界面处（图 2-7 中是在第 3 层和第 4 层的界面上），入射角大于临界角时，光将出现全反射，方向不再朝向包层而是朝向轴心，反射光又逐层地折射回光纤纤芯，则光在纤芯内可以通过全反射实现向前传播。当纤芯分层数无限多，其厚度趋于零时，渐变型多模光纤纤芯的折射率连续变化，光线在其中的传播轨迹不再是折线，而是一条近似正弦形的曲线。只要光在某两层之间的交界面上达到全反射条件，产生全反射现象，就能完成光的传输。因此光在渐变型多模光纤内的传播轨迹近似于正弦波，如图 2-8 所示。

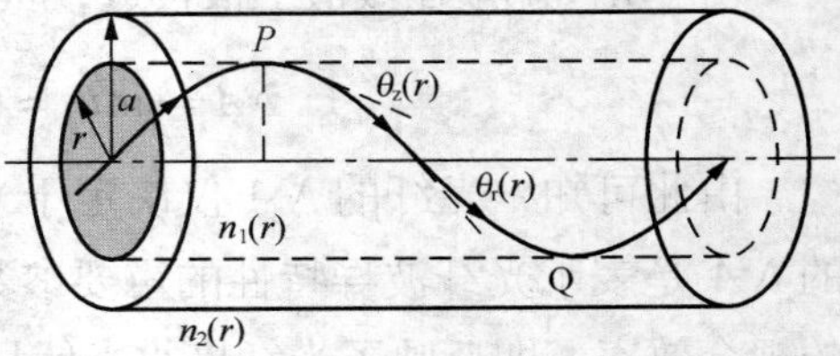

图 2-8　渐变型多模光纤中光的传播轨迹

对于渐变型多模光纤来说，纤芯折射率分布不均匀。一般在轴心处光纤半径 r=0 时，纤芯折射率 n_0 最大；随着半径的增大，折射率逐渐减小，因此光在光纤端面的不同点入射时，光纤的接收光信号的能力并不相同。因此将渐变型多模光纤 NA 定义为

$$NA(r)=\sqrt{n(r)^2-n_2^2} \tag{2-12}$$

故 r=0 时，NA 最大，即光纤轴心处接收光信号的能力最强。

2.3.4　光纤的传输模式

1．模式的基本概念

由于光纤中传播的光波包含子午射线、斜射线及不规则界面的反射光线等多种光波，这些光波在纤芯中互相干涉，因此，在光纤截面上形成各种各样的电磁场结构形式，即模式，或简称模。

2．单模传输的条件

光纤波导应限制在纤芯中以纤芯和包层的交界面来导行，沿轴线方向传播。若光

纤波导在纤芯和包层的交界面的入射角等于产生光的全反射的临界角（即 $\theta_1=\theta_c$），光波的电磁场能量不能被有效地封闭在纤芯内，而会向包层辐射，此状态被称为导波截止的临界状态。若 $\theta_1<\theta_c$，光波能量不再有效地沿光纤轴向传播，而出现了辐射模，此状态被称为导波的截止状态。

光纤波导有一个重要参数，即归一化频率。其表达式为

$$V=\frac{2\pi}{\lambda}a\sqrt{n_1^2-n_2^2}=\frac{2\pi a n_1\sqrt{2\Delta}}{\lambda}=k_0 a n_1\sqrt{2\Delta}=k_0 a\left(NA\right) \tag{2-13}$$

式（2-13）中，a 为纤芯半径；

λ 是传输光波的波长；

n_1、n_2 分别为纤芯和包层的折射率；

$k_0=\frac{2\pi}{\lambda}=\frac{\omega}{c}$为自由空间平面波的波数。

由式（2-13）可以看出，V 只是反映光纤结构特征的结构参数，本身没有单位。

进入光纤的光信号中的各种模式能否在光纤中保持传导状态，取决于光纤的归一化频率 V 及各模式的归一化截止频率 V_c 之间的关系。

假设将在光纤中传输的光信号中的各种模式用 LP_{mn} 模来表示，其对应的归一化截止频率为 V_{cmn}，则

若 $V<V_{cmn}$，则 LP_{mn} 模截止，不能传导；

若 $V=V_{cmn}$，则 LP_{mn} 临界传导；

若 $V>V_{cmn}$，则 LP_{mn} 可传导。

而阶跃型多模光纤中各模式的 V_c 值如表 2-3 所示。

表 2-3 阶跃型多模光纤中各模式的 V_c 值

n \ m	0	1	2
1	0	2.40483	3.83171
2	3.83171	5.52008	7.01559
3	7.01559	8.65373	10.17347

根据表 2-3 中的数据可以看出，基模 LP_{01} 模的 $V_c=0$，次低阶模 LP_{11} 模的 $Vc=2.40483$，其余高阶模式的 V_c 均更大，由此可得出单模光纤的传输条件是

$$0<V<2.40483 \tag{2-14}$$

也就是当光纤的归一化频率满足该条件时，除 LP_{01} 模之外的模式均被截止，光纤实现单模传输。而如果光纤的 $V>2.40483$，则只能实现多模传输。

3. 截止波长λ_c

截止波长λ_c就是能使光纤实现单模传输的最小工作光波长，与截止频率对应。它给出了保证单模传输的光波长范围是光纤的工作波长λ应大于单模光纤的截止波长λ_c（即$\lambda > \lambda_c$），根据单模传输条件式（2-14），可以确定单模光纤的截止波长的计算公式如式（2-15）所示。

$$\lambda_c = \frac{2\pi a n_1 \sqrt{2\Delta}}{2.405} \tag{2-15}$$

4. 光纤中传播的模式

当$V>2.405$时，阶跃型多模光纤的单模传输条件即被破坏，光纤中可存在多种模式，这种情况被称为光纤的多模传输。从理论分析可知，多模光纤允许传输的模式总数由光纤的归一化频率V和折射率分布指数g来决定。多模光纤允许传输的模式总数为

$$N = \frac{V^2}{2} \cdot \frac{g}{g+2} \tag{2-16}$$

g的取值不同，则光纤折射率不同，传输的模式数量也就不同。对阶跃型多模光纤，$g=\infty$，光纤传输的模式总数近似为

$$N_S = \frac{V^2}{2} \tag{2-17}$$

对$g=2$的渐变型多模光纤，光纤传输的模式总数近似为

$$N_G = \frac{V^2}{4} \tag{2-18}$$

2.4 光纤的传输特性

光纤的特性主要包括几何特性、光学特性、机械特性和传输特性。

光纤的几何特性参数包括纤芯直径、包层直径、直径偏差、不圆度、同心度误差和偏心率等。

光纤的光学特性参数主要是纤芯折射率n_1、包层折射率n_2、NA和Δ。

光纤的机械特性参数主要是指能反映光纤对外界机械损伤的承受能力的相关参数，主要是光纤的强度和使用寿命。光纤的强度主要是指光纤的抗拉强度，当光纤所受的张力超过它的承受能力时，光纤将发生断裂。光纤的抗拉强度和涂覆层厚度有关，当涂覆层厚度为5～10μm时，其抗拉强度是$330kg/mm^2$；当涂覆层厚度为100μm时，其抗拉强度是$530kg/mm^2$。为保证光纤的使用寿命达到20年，必须先对光纤进行强度筛选试验，只有强度符合要求的光纤才能被制作成光缆。

光纤的传输特性主要包括光纤的损耗特性、色散特性和非线性特性。前 3 种特性在光纤的制造过程中已经确定，所以在光纤通信系统的工作过程中，影响工作质量的主要还是光纤的传输特性。

2.4.1　光纤的损耗特性

1. 损耗的定义

光波在光纤中传输，随着传输距离的增加，光功率逐渐变小，光纤对光波产生衰减作用，这种现象称为光纤的损耗（或衰减）。

损耗是光纤的主要特性之一，它限制了光信号的传播距离。光纤的损耗一般用损耗系数 α 表示，是指光在单位长度光纤中传输时的损耗量，单位一般用 dB/km。损耗系数是光纤最重要的特性参数之一，它在很大程度上决定了光纤通信的传输距离或中继站的间隔距离。其表达式为

$$\alpha = \frac{10}{L}\lg\frac{P_\mathrm{i}}{P_\mathrm{o}} \tag{2-19}$$

式（2-19）中，L 是光纤的长度，单位为 km。

P_i 表示射入光纤的光功率，P_o 表示出光纤的光功率（接收光功率），通常 P_i 和 P_o 的单位均为毫瓦（mW）。但是在通信中，光功率的单位一般都需要转换为 dBm，转换公式如式（2-20）所示。

$$P_\mathrm{dBm} = 10\lg\frac{P_\mathrm{w}}{1\mathrm{mW}} \tag{2-20}$$

其中 P_w 的单位是 mW，P_dBm 的单位是 dBm。

因此式（2-19）也可以转换成式（2-21），即

$$\alpha = \frac{P_\mathrm{i} - P_\mathrm{o}}{L} \tag{2-21}$$

其中，P_i 和 P_o 的单位为 dBm。

例题 1：若光纤的损耗系数为 0.3dB/km，发送光功率为 0dBm，试求传输 50km 后接收光功率为多少？

解：根据已知条件，代入式（2-21），则有

$$0.3 = \frac{0 - P_\mathrm{o}}{50}$$

因此可以算出接收光功率 $P_\mathrm{o}=0-0.3\times50=-15$（dBm）。

由于光纤损耗的存在，光纤中传输的光功率随着传输距离的增加而变小，这直接关系到光纤通信系统的中继距离。光纤损耗与其使用的波长有密切的关系，光纤损耗

随波长变化的曲线叫作光纤的损耗特性曲线，也称为损耗谱或衰减谱，如图 2-9 所示。

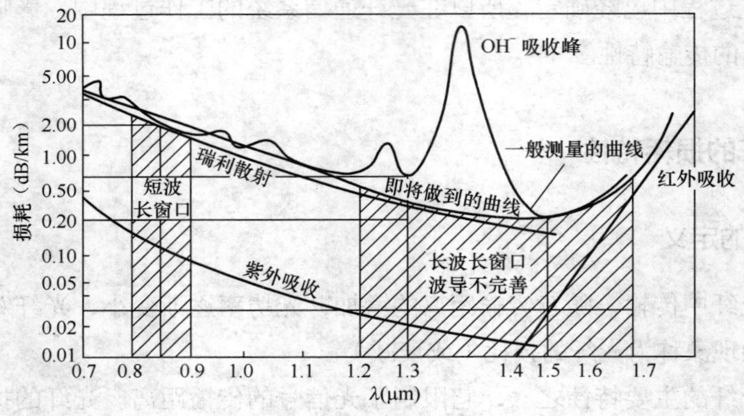

图 2-9 光纤的损耗特性曲线

从图 2-9 中的曲线上可以看到光纤损耗的大小与波长有密切的关系。单模光纤中有两个低损耗区域，分别在 1310nm 和 1550nm 附近，也就是我们通常所说的 1310nm 波长窗口和 1550nm 波长窗口；1550nm 波长窗口又可以分为 C 波段（1530 ~ 1565nm）和 L 波段（1565 ~ 1625nm）。

2. 产生光纤损耗的因素

产生光纤损耗的因素有很多，主要有吸收损耗、散射损耗和其他损耗。

（1）吸收损耗

光纤的吸收损耗是光纤材料本身和杂质对光能的吸收引起的损耗，包括紫外吸收损耗和红外吸收损耗、OH^- 吸收损耗及杂质吸收损耗。

① 红外吸收损耗和紫外吸收损耗

在由光纤材料组成的原子系统中，一些处于低能级状态的电子会吸收光波能量而跃迁到高能级状态，这种吸收的中心波长在紫外波段的 0.16μm 处，吸收峰很强，紫外吸收带的带尾延伸到光纤通信波段。在短波长区，吸收峰值达 1dB/km，在长波长区则小得多，约 0.05dB/km。

在红外波段，光纤基质材料石英玻璃的 Si-O 键因振动吸收能量，这种吸收损耗在 9.1μm、12.5μm 及 21μm 处吸收峰值可超过 10dB/km，因此，构成了石英光纤工作波长的上限。红外吸收带的带尾也向光纤通信波段延伸，但其产生的影响小于紫外吸收带，在 λ=1.55μm 时，红外吸收引起的损耗小于 0.01dB/km。

② OH^- 吸收损耗

在石英光纤中，由于 O-H 键的基本谐振波长为 2.73μm，与 Si-O 键的谐振波长相互影响，在光纤的传输频带内会产生一系列的吸收峰，因此光纤内如果残留了 OH^-

成分就会导致吸收损耗的产生。吸收损耗对 1 ~ 1.8μm 波长范围影响较大，尤其是在 1.39μm、1.24μm 及 0.95μm 波长处。正是这些吸收峰之间的低损耗区构成了光纤通信的 3 个低损耗窗口。OH^- 对光纤的损耗具有重大影响，因此在光纤光缆的制造和使用过程中都要采取防水、防潮措施。

③ 杂质吸收损耗

光纤材料中的金属杂质，如金属铁离子（Fe^{3+}）、铜离子（Cu^{2+}）、锰离子（Mn^{3+}）、镍离子（Ni^{3+}）、钴（Co^{3+}）、铬（Cr^{3+}）等，它们的电子结构产生边带吸收峰（0.5 ~ 1.1μm），造成损耗。现在由于工艺的改进，这些杂质的含量已经低于 10^{-9}，因此，它们的影响可以忽略不计。

（2）散射损耗

散射损耗是指在光纤中，传输的一部分光由于散射而改变传输方向，从而使一部分光不能到达接收端所产生的损耗，主要包含线性散射损耗和非线性散射损耗。

① 线性散射损耗

线性散射是指光波的某种模式的功率线性（与其功率成正比）地转换成另一种模式的功率，但光的波长不变。线性散射会把光功率辐射到光纤外部而引起损耗。线性散射损耗有瑞利散射损耗和波导散射损耗。

瑞利散射是非常重要的线性散射，是光纤材料内部的密度和成分变化引起的。物质的密度不均匀，进而使折射率不均匀，这种不均匀在冷却过程中被固定下来，它的尺寸比光波波长小。光在传输时遇到这些尺寸比光波波长小、带有随机起伏的不均匀物质时，会改变传输方向，产生散射，引起损耗。瑞利散射损耗与光波长的二次方成反比，即光波长越长，瑞利散射损耗越小，因此瑞利散射损耗主要影响长波长区。

波导散射是光纤结构出现随机的畸变或界面粗糙引起的模式转换或模式耦合所产生的散射。在光纤中传输的各种模式衰减不同，长距离的模式转换过程中，衰减小的模式转换为衰减大的模式，连续的转换和反转换后，虽然各模式的损耗会平衡，但模式总体会产生额外的损耗，即由于模式的转换产生了附加损耗，这种附加损耗就是波导散射损耗。要降低这种损耗，就要提高光纤制造工艺。对于拉丝工艺好或质量高的光纤，基本上可以忽略这种损耗。

② 非线性散射损耗

如果光纤中的光功率过大，就会使输入光信号的能量部分转移到新的频率成分上而造成损耗。非线性散射包括拉曼散射和布里渊散射，因此非线性散射损耗包括受激拉曼散射（SRS）损耗和受激布里渊散射（SBS）损耗，它们是随光波频率的变化而变化的。在常规光纤中，由于半导体激光器发送光功率较小，该损耗可忽略。但在 WDM 系统中，由于总功率很大，就必须考虑其影响。防止发生非线性散射的根本方法，就是不要让光纤中的光信号功率过大，如不超过 +25dBm。另外，光纤中含有的氧化物浓度不均匀及掺杂不均匀也会引起散射，产生损耗。

（3）其他损耗

光纤经过集束制成光缆，在各种环境下进行光缆敷设、光纤接续及光缆的耦合与连接等会引起光纤附加损耗。在光纤通信网络的建设和维护中，最值得关注的是光纤使用中引起传输损耗的原因及如何降低这些损耗。光纤使用中引起的传输损耗主要有接续损耗和非接续损耗两类，包括光纤线路中的连接损耗、光纤 / 光缆的弯曲损耗、微弯损耗、光学器件之间的耦合损耗等。

① 接续损耗

接续损耗是指人员在施工或维护的过程中进行光纤连接所引入的光纤熔接损耗和活动接头损耗，主要是在进行光纤接续时可能会出现端面不平整或光纤位置未对准等情况，造成接头处出现损耗，这种损耗的大小与施工、维护人员使用的工具和操作水平有直接的关系。光纤熔接损耗是在光纤固定接续过程中产生的损耗，通常情况下，应将每个光纤固定熔接接头损耗控制在 0.08dB 以内；活动接头损耗是人员在通过活动连接器进行光纤连接时产生的插入损耗，与活动连接器的性能和活动连接器的安装水平有直接关系，通常要求每个活动接头损耗应小于 0.5dB。

② 非接续损耗

非接续损耗主要包括弯曲损耗和其他施工因素与应用环境所造成的损耗。

光纤的弯曲有两种形式：一种是曲率半径比光纤的直径大得多的弯曲，我们习惯称其为弯曲或宏弯；另一种是光纤轴线产生微米级的弯曲，这种高频弯曲我们习惯称为微弯。

光纤弯曲到一定程度后，虽然可以导光，但会使光的传输路径发生改变，由传输模转换为辐射模，使一部分光能渗透到包层或穿过包层成为辐射模向外泄漏并损失掉，从而产生宏弯损耗。因此在使用光纤的过程中，应控制光纤的弯曲半径大于 5cm，这样弯曲造成的损耗基本可以忽略不计。

此外，光纤的应用环境也会造成一些损耗，比较典型的就是光纤在温度变化时会产生热胀冷缩的现象，由于光纤结构中各部分的组成材料不同，它们的收缩系数也就不同，因此会造成光纤出现微弯，严重时甚至光纤会出现螺旋状弯曲，这样就会产生微弯损耗。

弯曲损耗的大小与模场直径有关。G.652 光纤在 1550nm 波长区的弯曲损耗应不大于 1dB，G.655 光纤在 1550nm 波长区的弯曲损耗应不大于 0.5dB。

③ 耦合损耗

各种光学器件与光纤之间的耦合会产生耦合损耗。在光纤通信系统中会使用光源、光检测器等有源器件，也会用到光连接器、光耦合器、光衰减器等无源器件，这些器件与光纤连接时都会造成插入损耗，这种损耗一般为 0.5 ~ 1dB。

2.4.2　光纤的色散特性

1. 色散的定义

色散的概念：光纤所传输的光信号是由不同频率成分和不同模式成分所组成的，而不同频率成分和不同模式成分的传输速度不同，从而导致光信号产生畸变，如图 2-10 所示。

图 2-10　色散现象示意图

在数字光纤通信系统中，色散使光脉冲发生展宽。严重时，会导致光脉冲前后相互重叠，造成码间干扰，在接收端将影响光脉冲信号的正确判决，误码率上升，严重影响信息传送。所以光纤色散不仅影响光纤的传输容量，也限制了光纤通信系统的中继距离。

2. 光纤色散的表示方法

光纤色散常用的表示方法有以下 3 种。

（1）色散系数 $D(\lambda)$

色散系数是单模光纤中衡量色散程度的主要参数。单模光纤的色散系数越小，意味着其传输容量越大。

色散系数是指单位谱线宽度的光源在长度为 1km 的光纤上传输的时延差，其公式如式（2-22）所示。

$$D(\lambda)=\Delta\tau(\lambda)/\Delta\lambda \tag{2-22}$$

式（2-22）中，$\Delta\tau(\lambda)$ 为单位长度光纤上的时延差，单位是 ps/km；

$\Delta\lambda$ 是光源上的线宽，单位为 nm。

（2）最大时延差 $\Delta\tau$

最大时延差是指光纤中传输速度最快和最慢的光波成分的时延之差。时延差越大，色散越严重。

（3）光纤带宽系数

光纤带宽系数用光纤的频率特性来描述光纤的色散，一般主要在衡量多模光纤的色散时使用。光纤带宽系数和时延差之间的关系如式（2-23）所示。

$$B=\frac{441}{\Delta\tau} \tag{2-23}$$

式中，B 是光功率下降 3dB 时的每千米光纤带宽；

$\Delta\tau$ 是光脉冲传输 1km 时的时延差，单位是 ns/km。

例如 CCITT 建议在波长 1.31μm 处单模光纤的色散系数应小于 3.5ps/(km·nm)。经过计算，其带宽系数在 25000MHz·km 以上，是多模光纤的 60 多倍（多模光纤的带宽系数一般在 1000MHz·km 以下）。

3. 光纤色散的种类

光纤的色散可分为模式色散、色度色散、偏振模色散（PMD）。

（1）模式色散

在多模光纤中，不同模式的光束有不同的群速度，在传输过程中，不同模式的光束的时延不同而产生的色散，被称为模式色散。

对于渐变型多模光纤来说，离轴心较远处折射率小，所以光线传输速度快。离轴心较近处折射率大，所以光线传输速度慢。结果使不同路程的光线到达输出面的时延差近似为零，所以渐变型多模光纤的模式色散较小。

对于多模光纤来说，模式色散通常占主导地位。单模光纤只存在一个模式，所以单模光纤没有模式色散。

（2）色度色散

单模光纤中的色散主要因为光信号中不同频率成分的传输速度不同引起，这种色散称为色度色散。色度色散包括材料色散和波导色散。

① 材料色散

材料的折射率随光信号中不同频率成分的变化而变化，且光信号中不同频率成分所对应的群速度不同，所引起的色散称为材料色散。

② 波导色散

对于光纤的某一传输模式，在不同光波长下的群速度不同引起的脉冲展宽称为波导色散。波导色散与光纤结构的波导效应有关，因此也称为结构色散。波导色散是由于波导结构参数与波长有关而产生的色散，取决于波导尺寸，以及纤芯折射率与包层折射率之间的相对折射率差。波导色散和材料色散都是模式的本身色散，也称模内色散，即光纤中某一种导波模式在不同频率下的相位常数与群速度不同而引起的色散。

综上所述，多模光纤既有模式色散，又有模内色散，但主要以模式色散为主。而单模光纤没有模式色散，只有材料色散和波导色散，由于波导色散比材料色散小很多，通常可以忽略。

单模石英光纤中的材料色散、波导色散及总色散与波长之间的关系如图 2-11 所示。

图 2-11 中，D_m 为材料色散，D_w 为波导色散，总色散 D 为材料色散、波导色散

的近似相加。

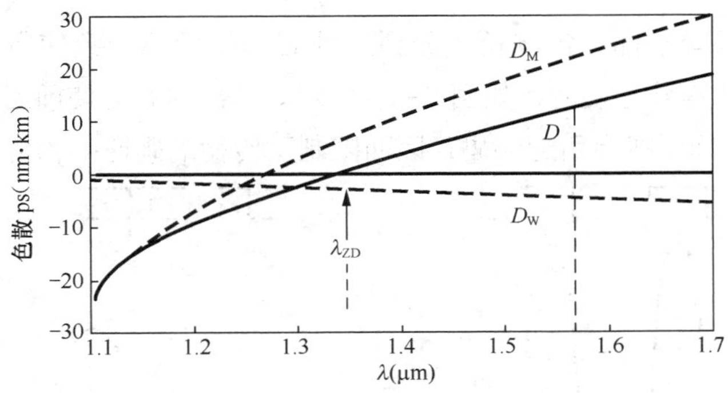

图 2-11　单模光纤中色散与波长之间的关系

从图 2-11 中可以看到，在某个特定波长下，材料色散和波导色散相抵消，总色散为零。对于普通的单模光纤，总色散为零时，波长（零色散波长）为 1.31μm，这意味着在这个波长传输的光脉冲不会发生展宽。在波长为 1.55μm 处，虽然损耗最低，但在该波长上的色散较大，如将零色散波长从 1.31μm 处移到 1.55μm 处，这就是色散位移光纤。色散位移光纤是低损耗色散的光纤，对长距离传输、大容量光纤通信系统来说，十分有利。显然，为了把零色散波长从 1.31μm 处移到 1.55μm 处，可以增加波导色散的绝对值。

（3）偏振模色散

将单模光纤应用于速率高于 2.5Gbit/s 的系统中时，会产生偏振模色散。

偏振模色散是存在于光纤和光学器件领域的一种物理现象。单模光纤中的基模存在两个相互正交的偏振模式，在理想状态下，这两种偏振模式应当具有相同的特性曲线和传输性质，但是几何和压力的不对称导致了这两种偏振模式具有不同的传输速度，产生时延，形成偏振模色散。偏振模色散的单位为$ps/\sqrt{km}$。

如图 2-12 所示，在数字传输系统中，偏振模色散会导致脉冲分离和脉冲展宽，使传输信号降级，并限制载波的传输速率。与其他色散相比，偏振模色散几乎可以忽略，但是无法完全消除，只能从光学器件上使之最小化。在脉冲宽度越窄的超高速系统中，偏振模色散的影响越大。

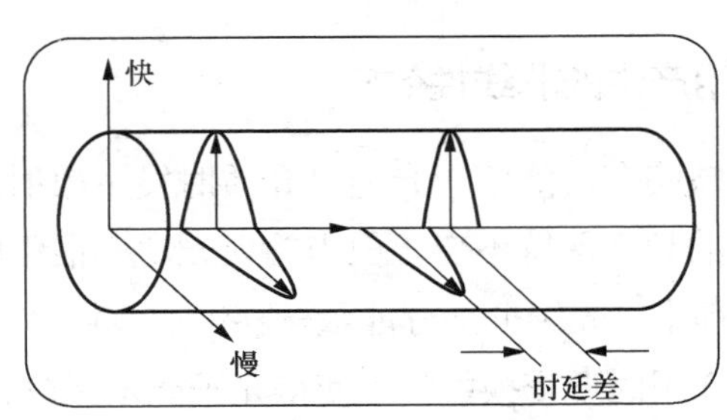

图 2-12　偏振模色散

4. 色散产生的影响——码间干扰

色散会导致码间干扰。各波长成分到达的时间先后不一致使得光脉冲加长（$T+\Delta T$），这种情况叫作脉冲展宽，如图 2-13 所示。脉冲展宽会使前后光脉冲发生重叠，形成码间干扰，码间干扰会引起误码，因而限制了传输的码速率和传输距离。

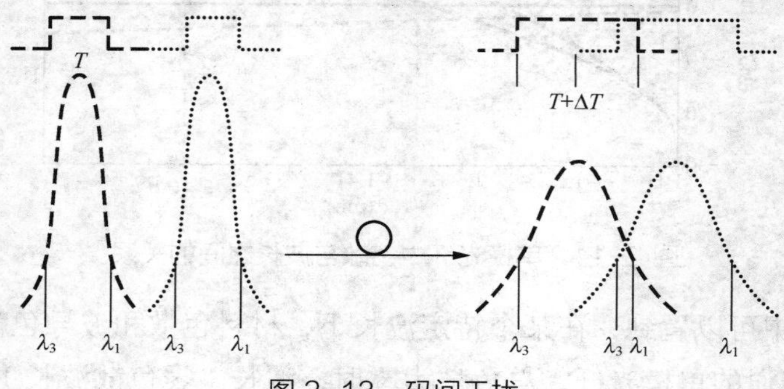

图 2-13　码间干扰

2.4.3 光纤的非线性特性

通常在光场较弱的情况下，可以认为光纤的各种特征参量随光场强弱的变化作线性变化。但是在很强的光场作用下，光纤的各种特征参量会随光场的强弱变化呈非线性变化，形成非线性效应。非线性效应对单波长传输系统影响不明显，但是在 WDM 系统中，由于光合波器、光分波器的插入损耗较大，需要采用 EDFA 对光信号进行放大补偿，在放大光功率的同时，也会使光纤中的非线性效应大大增加，使 WDM 系统的多个波道之间产生严重的串扰，引起光纤通信系统的附加损耗，从而限制发光功率、EDFA 的放大性能和无电再生中继距离。

综上所述，光纤的非线性效应就是指在强光场的作用下，光波信号和光纤介质相互作用的一种物理效应。它主要包括两类非线性效应。一类是由于散射作用而产生的非线性效应，如受激拉曼散射及受激布里渊散射；另一类是由于光纤的折射率随光强度变化而变化所引起的非线性效应，如自相位调制（SPM）、交叉相位调制（XPM）及四波混频（FWM）等。

1. 散射作用产生的非线性效应

光纤材料的缺陷有可能使得光通过介质时发生散射。前文已提及瑞利散射属于线性散射，即散射光的频率保持不变。但当输入光功率很强时，任何介质对光的响应都是非线性的，在此过程中，光场把部分能量转移给非线性介质，即在这种非线性散射过程中，光波和介质相互作用时要交换能量，使得光子能量减少，会导致非线性散射损耗的产生。

光纤中的非线性散射分为受激拉曼散射（SRS）和受激布里渊散射（SBS）。从本质上说，任何物质都是由分子、原子等基本组成单元组成的。在常温下，这些基本组成单元在不断地进行热运动和振动。光纤中的受激布里和受激拉曼散射都是激光光波通过光纤介质时，被其分子振动所调制的结果，而且 SRS 和 SBS 都具有增益特性，在一定条件下，这种增益可沿光纤积累。SRS 和 SBS 的物理过程相似，都是在散射过程中通过相互作用，光波与介质发生能量交换，但本质上也存在差异。

（1）SRS

SRS 的产生原理如下。SRS 是和光与硅原子振动模式间相互作用有关的宽带效应，起源于光子与光学声子（分子振动态）之间的相互作用和能量交换。SRS 产生的斯托克斯波属于光频范畴，其波的方向与泵浦光方向一致，因此会导致短波信号总是被衰减，同时长波信号得到增强。

在单信道和多信道系统中都可能发生 SRS。在单信道且没有线路放大器的系统中，当信号功率大于 1W 时，功率会受到 SRS 损耗的影响；在信道间隔较宽的多信道系统中，短波信号通道由于受激拉曼散射，使得一部分光功率转移到长波信号通道中，从而可能引起信噪比性能的劣化。但由于 SRS 产生的拉曼频移量在 100 ~ 200GHz，且门限值较大，在 1550nm 处约为 27dBm，所以一般情况下不会发生。但对于 WDM 系统来说，随着传输距离的增长和复用波数的增加，EDFA 放大输出的光信号功率会接近 27dBm，SRS 产生的概率会增加。SRS 效应在光纤通信中有很多方面的应用，如利用拉曼增益可以制作分布式拉曼放大（DRA）器，为光信号提供分布式宽带放大功能，如中兴通讯 DWDM 设备的 DRA 板即利用 SRS 效应实现光放大功能。另一方面，SRS 也会对通信系统产生一定的负面影响，在 DWDM 系统中，短波信号通道的光会作为泵浦光将能量转移至长波信号通道中，形成通道间的拉曼串扰。

（2）SBS

SBS 的产生原理如下。SBS 是光纤中泵浦光与光学声子间相互作用的结果，在使用窄谱线宽度光源的强度调制系统中，一旦信号光功率超过受激布里渊散射的门限值时（SBS 的门限值较低，对于 1550nm 的激光器来说，一般为 7 ~ 8dBm），会有很强的前向传输信号光转化为后向传输信号光，随着前向传输功率的逐渐饱和，使后向散射功率急剧增加。

在“WDM+EDFA”系统中，注入光纤的光功率大于 SBS 的门限值，会产生 SBS 散射。SBS 对 WDM 系统的影响主要是会引起系统通道间的串扰及信道能量的损失。布里渊频移量在波长为 1550nm 处约为 10 ~ 11GHz，当 WDM 系统的信道间隔（波长间隔）与布里渊频移量相等时，就会引起信道间的串扰。但目前的 WDM 系统，在 32 波（包括 32 波）以下时，其波长间隔不小于 0.8nm，即信道间隔不小于 100GHz，可以避免由于 SBS 产生的信道串扰。但随着 WDM 朝密集方向发展，信道间隔越来越小，但在信道间隔靠近 10 ~ 11GHz 时，SBS 将成为导致信道串扰的主要因素。此外，由于SBS会引起一部分信道功率转移到噪声上，影响功率放大。目前抑制SBS的措施通常为在激光器输出端加上一个低频调制信号，提高SBS的门限值。

利用SBS效应可以制成光纤布里渊激光器和放大器。SBS会引起信号光源的不稳定，以及反向传输通道间的串话。但是，随着系统传输速率的提高，SBS的峰值增益显著降低，因此，SBS不会对高速光纤传输系统造成严重影响。

2. 折射率变化产生的非线性效应

在光纤中，激光强度的变化导致光纤折射率发生变化所产生的非线性效应也被称为克尔效应，主要包括SPM、XPM及FWM现象。

（1）SPM

由于折射率与光强之间存在着密切的关系，在光脉冲持续时间内折射率发生变化，传输的信号脉冲峰值的相位对于前、后沿来说均是延迟的，这种相移随着传输距离的增加而积累起来，达到一定距离后显示出相当大的相位调制，从而使光脉冲频谱展宽。光脉冲在传输过程中，这种自身引起的相位变化导致光脉冲频谱展宽的现象被称为自相位调制（SPM）。

由信号分析理论可知，频谱的变化必然使得波形发生变化，光脉冲频谱展宽就会使传输脉冲在波形宽度被压缩，因此SPM现象可以用于光孤子通信系统中，和色散共同作用产生光孤子。所谓光孤子，就是在传输过程中可以保持脉冲宽度不变的光脉冲信号，利用光孤子通信技术，可以实现超长距离的光信号传输。

在DWDM系统中，光脉冲频谱展宽是非常严重的，可使一个信道的光脉冲频谱与另一个信道的光脉冲频谱发生重叠，影响系统的性能。一般情况下，SPM效应只在超长传输距离的系统中和色散大的光纤中表现比较明显，所以，采用G.653光纤，且将信道设置在零色散区附近，有利于减小SPM效应，对于使用G.652光纤，且信号传输距离小于1000km的系统，可以通过在适当的信道间隔进行色散补偿来控制SPM效应。

（2）XPM

当光纤中有两个或两个以上不同波长的光波同时传输时，由于非线性效应的存在，它们之间会产生相互作用。光纤中存在SPM，因此一个光波的幅度调制会引起其他光波的相位调制。这种由光纤中某一波长的光的光强对同时传输的另一个不同波长的光的光强所引起的非线性相移，称为交叉相位调制（XPM）。由此可见，XPM与SPM总是相伴而生的，而且光波的相位调制不仅与自身光强有关，而且还取决于同时传输的其他光波的强度。XPM可由具有不同频率的光波引起，也可由具有不同偏振方向的光波引起。

在多信道系统中，一个信道的相位变化不仅与本信道的光强有关，也与其他相邻信道的光强有关，由于相邻信道间的相互作用，XPM引起的频谱展宽与信道的间隔有关，信道间隔越小，则产生的XPM效应就会越大，反之，则XPM效应就会越小。

XPM 引起的频谱展宽会导致多信道系统中相邻信道间的干扰产生。

SPM 和 XPM 在色散大的光纤中产生的效应要比在色散小的光纤中产生的效应要大，在实际系统中可采用色散小的 G.653 光纤和 G.655 光纤来减小 SPM 效应和 XPM 效应。

（3）FWM

当多个频率的光波以较大的功率在光纤中同时传输时，由于光纤中非线性效应的存在，在光波之间会产生能量交换。设频率分别为 ω_1、ω_2、ω_3 的光波同时在光纤中传输，三阶电极化率将会引起频率为 $\omega_4=\omega_1\pm\omega_2\pm\omega_3$ 的光波出现，这种现象被称为四波混频（FWM）。

FWM 对系统的传输性能影响很大，特别是在 WDM 系统中，当信道间隔非常小时，可能会有相当大的信道功率通过 FWM 参量过程转换到新的光场中去。这种能量的交换不仅会导致信道功率衰减，而且还会引起信道间的干扰，降低系统的传输性能。当信道间隔达到 10GHz 以下时，FWM 对 WDM 系统的影响将最为严重。

FWM 对 DWDM 系统的影响主要表现在以下方面。①产生新的波长，使原有信号的光能量受到损失，影响系统的信噪比等性能；②如果产生的新波长与原有某波长相同或交叠，则会产生严重的串扰。FWM 的产生要求各信号光的相位匹配，当各信号光在光纤的零色散区附近传输时，材料色散对相位失配的影响很小，因而较容易满足相位匹配条件，容易产生 FWM 效应。

目前的 DWDM 系统的信道间隔一般为 100GHz，零色散成为导致 FWM 产生的主要原因，所以，采用 G.653 光纤传输 DWDM 系统时，容易产生 FWM 效应，而在采用 G.652 光纤或 G.655 光纤时，不易产生 FWM 效应。但 G.652 光纤在 1550nm 波长窗口存在一定的色散，传输 10Gbit/s 的信号时，应加入色散补偿。而 G.655 光纤在 1550nm 波长窗口的色散很小，适合 10Gbit/s 的 DWDM 系统的传输。

2.5 光缆

光缆是利用置于包覆护套中的一根或多根光纤作为传输介质，并可以单独或成组使用的通信线缆组件。光缆内没有金、银、铜、铝等金属，一般无回收价值。

2.5.1 光缆的组成

光缆一般由缆芯、护层、加强芯等几部分组成，另外根据需要还有防水层、缓冲层、绝缘金属导线等构件。

1. 缆芯

缆芯由光纤的芯数决定，可分为单芯型缆芯和多芯型缆芯两种。

2. 护层

护层对已成缆的光纤芯线起保护作用，让光缆免受外界机械力和环境损坏。护层可分为内护层（大多采用聚乙烯或聚氯乙烯等）和外护层［大多采用由铝带和聚乙烯组成的 LAP（铝纵包层）外护套加钢丝铠装等］。

3. 加强芯

加强芯主要承受敷设安装时所加的外力。

4. 其他部件

（1）阻水油膏

为了防止水和潮气渗入光缆，需要往松套管内纵向注入纤用阻水油膏，并沿缆芯纵向的其他空隙填充缆用阻水油膏。

（2）聚酯带

聚酯带在光缆中用作包扎材料，具有良好的耐热性、化学稳定性和较高的抗拉强度，并具有收缩率小、尺寸稳定性好、低温柔性好等特点。

2.5.2 光缆的典型结构

1. 层绞式光缆

层绞式光缆把经过套塑的光纤绕在加强芯周围绞合而成的光缆。层绞式光缆的结构类似于传统的电缆结构，故又称之为古典光缆。12 芯松套层绞式直埋光缆如图 2-14 所示。

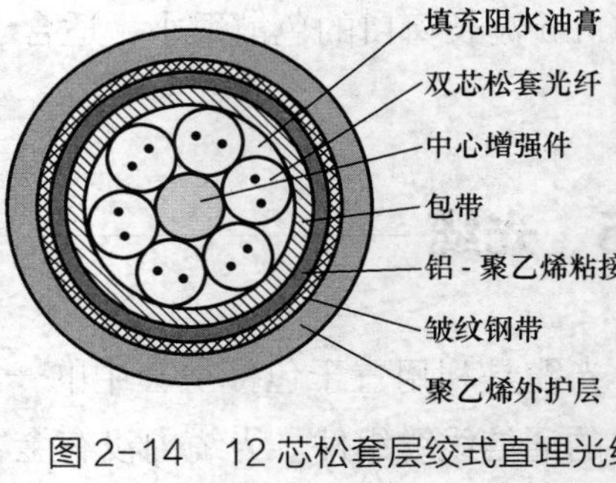

图 2-14　12 芯松套层绞式直埋光缆

2. 骨架式光缆

骨架式光缆是把紧套光纤或一次涂覆光纤放入加强芯周围的螺旋形塑料骨架凹槽内而构成的光缆，如图 2-15 所示。

① 骨架式结构可以为光纤提供良好的保护，且侧压强度高，对施工尤其是管道布放有利。

② 它可以将一次涂覆光纤直接放置于内架槽内，省去松套管二次被涂覆过程。而实际工程表明，若有松套管则有利于光缆连接。

③ 可用 n 根光纤基本骨架组成具有不同性能和光纤数量的光缆。

④ 不需要特殊设备，对原有电缆制造设备进行适当改进就能满足要求。

3. 束管式光缆

束管式光缆是把一次涂覆光纤或光纤束放入大套管中，将加强芯配置在套管周围而构成的光缆。从对光纤的保护角度来说，束管式光缆结构最合理。图 2-16 所示的光缆结构即属护层增强件配制方式，其特点是用 0.5mm 细钢丝来增强护层，光纤则在中间束管内。

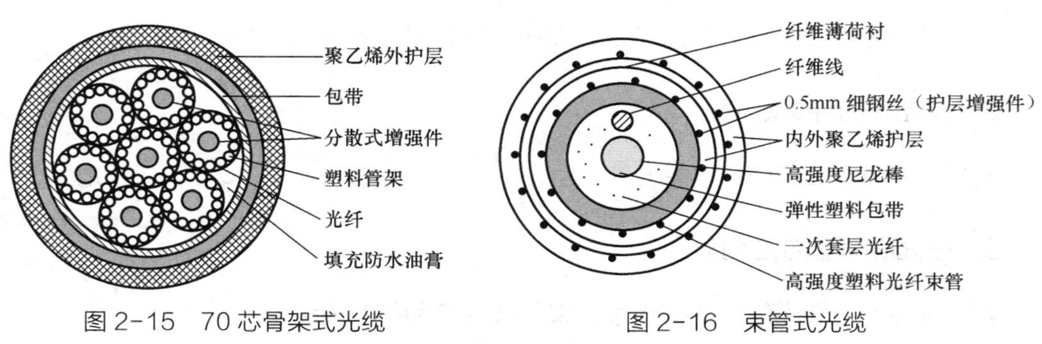

图 2-15　70 芯骨架式光缆　　图 2-16　束管式光缆

4. 带状结构光缆

带状光缆的优点是可容纳大量的光纤，如图 2-17 所示。

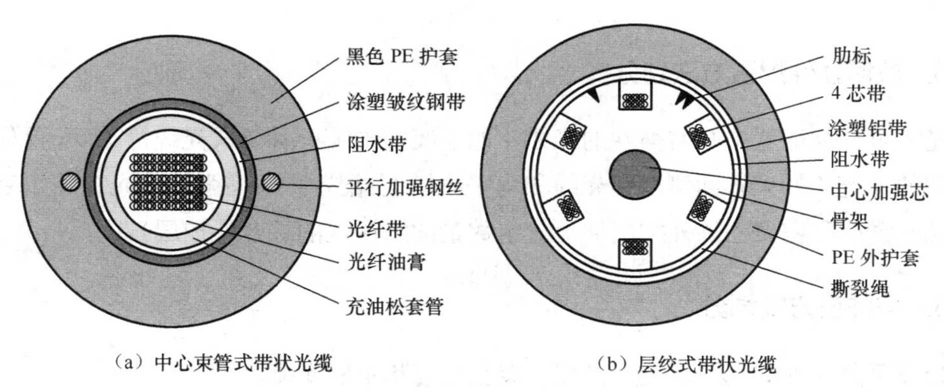

（a）中心束管式带状光缆　　（b）层绞式带状光缆

图 2-17　带状结构光缆

5. 单芯光缆

单芯光缆简称单芯软光缆，如图 2-18 所示。

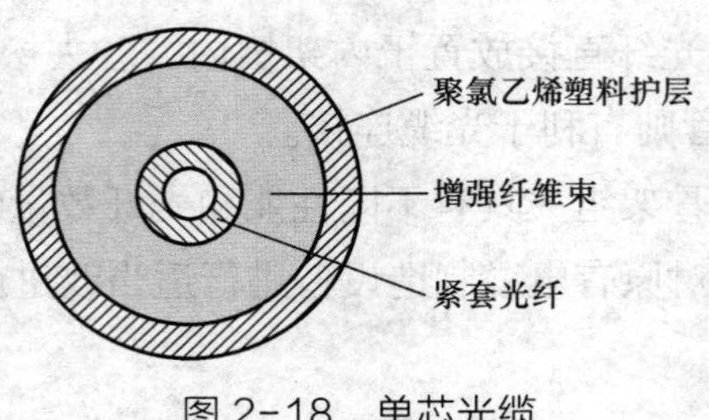

图 2-18 单芯光缆

2.5.3 光缆的分类

1. 按传输性能、距离和用途划分

光缆可分为市话光缆、长途光缆、海底光缆和用户光缆。

2. 按光纤的种类划分

光缆可分为多模光缆、单模光缆。

3. 按光纤套塑方法划分

光缆可分为紧套光缆、松套光缆、束管式光缆和带状光缆。

4. 按光纤芯数多少划分

可分为单芯光缆、双芯光缆、4 芯光缆、6 芯光缆、8 芯光缆、12 芯光缆和 24 芯光缆等。

5. 按增强件配置方法划分

光缆可分为配置中心增强件的光缆（如层绞式光缆、骨架式光缆等）、配置分散式增强件的光缆（如束管两侧增强光缆和扁平光缆）、配置护层增强件的光缆（如束管钢丝铠装光缆）和在聚乙烯外护层加上一定数量的细钢丝的综合外护层光缆。

6. 按敷设方式划分

光缆可分为管道光缆、直埋光缆、架空光缆和水底光缆。

7. 按护层材料性质划分

光缆可分为聚乙烯护层普通光缆、聚氯乙烯护层阻燃光缆和尼龙层防蚁防鼠光缆。

8. 按传输导体、介质状况划分

光缆可分为无金属光缆、普通光缆和综合光缆。

9. 按结构划分

光缆可分为扁平光缆、层绞式光缆、骨架式光缆、铠装光缆（包括单、双层铠装光缆）和高密度用户光缆等。

10. 目前通信用光缆分类

目前通信用光缆可分为以下 6 种。

（1）室（野）外光缆——用于室外直埋、管道、槽道、隧道、架空及水下敷设的光缆。

（2）软光缆——具有优良的曲挠性能的可移动光缆。

（3）室（局）内光缆——适用于室内布放的光缆。

（4）设备内光缆——用于设备内布放的光缆。

（5）海底光缆——用于跨海洋敷设的光缆。

（6）特殊光缆——不属于上述几类，有特殊用途的光缆。

2.5.4 光缆的型号和规格

光缆的型号由它的型式代号和规格代号构成，中间用一短横线分开。

1. 光缆的型式代号

光缆的型式由 5 个部分组成，如图 2-19 所示。

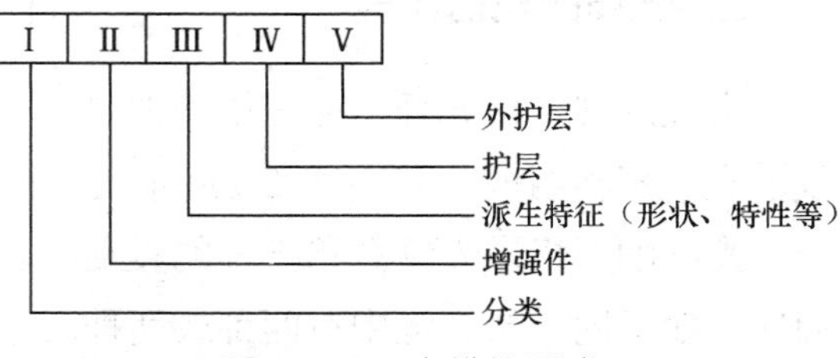

图 2-19　光缆的型式

图 2-18 中的各个部分具体含义如下。

Ⅰ：分类的代号及其代表的含义如下。

GY——通信用室（野）外光缆。　GR——通信用软光缆。

GJ——通信用室（局）内光缆。　GS——通信用设备内光缆。

GH——通信用海底光缆。　GT——通信用特殊光缆。

Ⅱ：增强件的代号及其代表的含义如下。

无符号——金属增强件。　F——非金属增强件。

G——金属重型增强件。　H——非金属重型增强件。

Ⅲ：派生特征的代号及其代表的含义如下。

D——光纤带状结构。　G——骨架槽结构。

B——扁平式结构。 Z——自承式结构。

T——填充式结构。

Ⅳ：护层的代号及其代表的含义如下。

Y——聚乙烯护层。 V——聚氯乙烯护层。

U——聚氨酯护层。 A——铝 - 聚乙烯粘接护层。

L——铝护套。 G——钢护套。

Q——铅护套。 S——钢 - 铝 - 聚乙烯综合护套。

Ⅴ：外护层的代号及其代表的含义如下。

外护层是指铠装层及铠装层外的外护层，外护层的代号及其代表的含义如表 2-4 所示。

表 2-4 外护层的代号及其代表的含义

代号	铠装层（方式）	代号	外护层（材料）
0	无	0	无
1	—	1	纤维层
2	双钢带	2	聚氯乙烯套
3	细圆钢丝	3	聚乙烯套
4	粗圆钢丝	4	聚乙烯套加覆尼龙套
5	单钢带皱纹纵包	5	聚乙烯套保护管
6	非金属丝束	6	阻燃聚乙烯套
7	非金属带	7	尼龙套加覆聚乙烯套

2. 光缆的规格代号

光缆的规格由光纤、通信线和馈电线的有关规格组成，如图 2-20 所示。

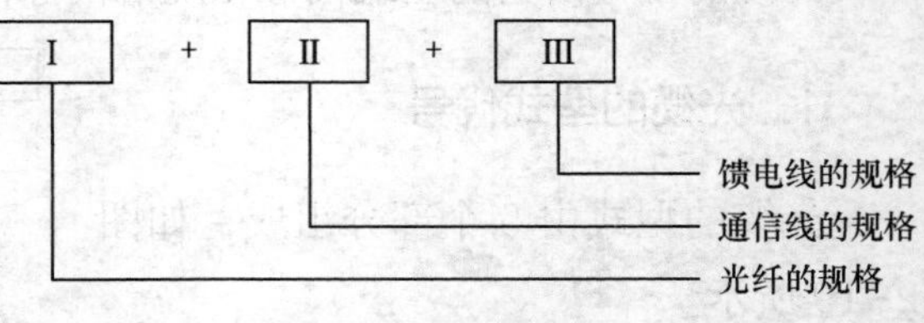

图 2-20 光缆的规格

光纤的规格由光纤数和光纤的类别组成。如果同一根光缆中有两种或两种以上规格的光纤时，中间应该用“+”连接予以标识。

在我国标准中，光纤数用光缆中同类别光纤的实际有效数目表示；而光纤的类别采用光纤产品的分类代号表示，即用大写字母 A 表示多模光纤，用大写字母 B 表示单模光纤，再用数字和小写字母区别不同光纤类型。常用多模光纤和单模光纤的分类代号分别如表 2-5 和表 2-6 所示。

例：光缆型号为 GYFTA53-12B1.3+2×2+2×0.4+4×1.5，则表示的是非金属增强件、松套层绞填充式、铝 - 聚乙烯粘接护套、钢带皱纹铠装、聚乙烯外护套通信室外光缆，它包含 12 根 B1.3 类单模光纤、2 对标称直径为 0.4mm 的通信线和 4 根标称截面积为 $1.5mm^2$ 的馈电线。

表 2-5　常用多模光纤的分类代号

分类代号	特征	纤芯直径（μm）	包层直径（μm）	材料
A1a.1	渐变折射率	50	125	二氧化硅
A1a.2	渐变折射率	50	125	二氧化硅
A1a.3	渐变折射率	50	125	二氧化硅
A1b	渐变折射率	62.5	125	二氧化硅
A1d	渐变折射率	100	140	二氧化硅

表 2-6　常用单模光纤的分类代号

分类代号	名称	ITU-T 分类代号
B1.1	非色散位移光纤	G.652.A、G.652.B
B1.2	截止波长位移光纤	G.654
B1.3	波长段扩展的非色散位移光纤	G.652C、G.652.D
B2	色散位移光纤	G.653
B4a	非零色散位移光纤	G.655.A
B4b		G.655.B
B4c		G.655.C
B4d		G.655.D
B4e		G.655.E
B5	宽带光传输用非零色散光纤	G.656
B6a1	接入网用弯曲损耗不敏感单模光纤	G.657.A1
B6a2		G.657.A2
B6b2		G.657.B2
B6b3		G.657.B3

2.6　小结

1. 光纤的结构从里到外依次是纤芯、包层和涂覆层。纤芯和包层所用的材料都是高纯度的二氧化硅，这两部分组成裸纤。

2. 按照光纤的横截面折射率分布是否均匀，光纤可以分为阶跃型多模光纤和渐变型多模光纤；按照光纤的传输模式数量划分，光纤可以分为单模光纤和多模光纤；按照 ITU-T 关于光纤的建议划分，光纤可以分为 G.651 光纤、G.652 光纤、G.653 光纤、G.654 光纤、G.655 光纤等光纤。

3. 光纤基于光的全反射现象实现光信号在纤芯内的传输，光纤传导光信号的前提条件是纤芯折射率 n_1 大于包层折射率 n_2；光从光纤端面入射时，入射角应小于等于

NA，进入纤芯后才能发生光的全反射，实现光的传导。$NA=\sqrt{n_1^2-n_2^2}=n_1\sqrt{2\Delta}$，$\Delta$ 是纤芯和包层的相对折射率差，$\Delta=\dfrac{n_1^2-n_2^2}{n_1^2}$。

4．光纤实现单模传输的条件是 0<V<2.40483，V 是光纤的归一化频率，$V=\dfrac{2\pi}{\lambda}a\sqrt{n_1^2-n_2^2}=\dfrac{2\pi a n_1\sqrt{2\Delta}}{\lambda}$。

5．光纤的损耗特性是指光信号在光纤中传输时，随传输距离的增加会出现信号功率下降的现象。损耗影响光信号的传输距离。损耗系数表示每传输一千米信号功率下降的程度，其计算公式为$\alpha=\dfrac{P_i-P_o}{L}$

6．光纤的损耗主要分为吸收损耗、散射损耗和其他损耗。

7．光纤的色散是指光信号在光纤中传输时，随传输距离的增加会出现信号脉冲展宽的现象。色散主要影响信号的传输容量，对传输距离也有影响。色散主要分为模式色散、色度色散和 PMD，多模光纤中的主要色散是模式色散，单模光纤中主要的色散是材料色散。PMD 只存在于单模光纤中。

8．光缆的组成包括缆芯、加强芯和护层。光缆的主要结构形式有层绞式、骨架式、束管式和单芯。光缆的敷设方式主要有架空、管道、直埋和水下敷设方式。光缆的型号由光缆的型式代号和规格代号组成。

2.7 思考与练习

1．光纤的结构从里到外依次是________、________和________。

2．根据光纤的横截面折射率分布不同，光纤可以分为________和________。按照光纤的传输模式数量不同，光纤可以分为________和________。

3．光纤导光的前提条件是________。光纤导光是基于光在纤芯中发生实现的________。

4．若光纤纤芯折射率为 1.468，包层折射率为 1.4685，试求：

（1）光纤的相对折射率差为多少？

（2）光纤的数值孔径为多少？

5．若发送光功率为 0.1mW 的光信号在光纤中传输 100km 后，接收光功率为 −30dBm，则光纤的损耗系数为多少？

6．单模光纤中的主要色散是________，其在波长________处可以实现零色散。

7．试对光缆型号 GYTA53-12A1 进行说明。

第 3 章
光通信器件

03

学习目标

① 了解光通信器件的种类；
② 掌握LD和LED的作用、工作原理及工作特性；
③ 掌握PIN和APD的作用、工作原理及工作特性；
④ 掌握常用无源器件的种类及作用。

组建光纤通信系统，仅仅只有光传输设备和光纤、光缆是不够的，还需要有完成多种辅助应用功能的光通信器件。光通信器件种类多样，根据工作方式的不同，可以分成有源器件和无源器件两大类型。

有源器件是光通信系统中实现电信号与光信号之间相互转换的器件，其特点是工作时需要外加电源，并能实现信号能量的转换。有源器件主要包括光源和光检测器，其中光源是光发送机的核心器件，主要作用是将电信号转换为光信号。光检测器是光接收机的核心器件，主要作用是将光信号转换为电信号。

无源器件是不含信号能量转换能力的光通信器件的总称。无源器件在使用时不需要外加电源，会消耗一定能量，但没有光/电转换能力或电/光转换能力。无源器件有光纤活动连接器、光开关、光衰减器、光纤耦合器、光波分复用器、光调制器、光滤波器、光隔离器、光环行器等。它们在光路中分别实现连接、能量损耗、反向隔离、分路或合路、信号调制、滤波等功能。无源器件具有高回波损耗，低插入损耗，高可靠性、稳定性、机械耐磨性和抗腐蚀性，易于操作等特点，广泛应用于长距离通信、区域网络，以及光纤到户、视频传输、光纤感测等场景。

下面对各种常用的光通信器件工作原理和工作特性进行介绍。

3.1 光源

如前所述，光源是光发送机的核心器件，作用是将电信号转换成光信号。目前光纤通信中常用的光源主要是 LD（激光二极管）和 LED（发光二极管），它们是使用半导体材料制作的二极管，本质上是一个外加正向偏压的 PN 结。在光纤通信中，占主要地位的是 LD，它主要用于长距离通信和大容量的光纤通信系统中；而 LED 一般只能用于短距离通信、小容量的光纤通信系统或者模拟系统。

作为光纤通信系统的发光器件，光源应满足以下基本要求。

（1）体积小，发光面积应与光纤芯径的尺寸相匹配，而且光源和光纤之间应有较高的耦合效率。

（2）发射的光波波长与光纤的低损耗或小色散波长相一致，即短波长 0.8 ~ 0.9μm 和波长 1.2 ~ 1.6μm。

（3）谱线宽度可以做得较窄，以减少光纤中的色散的影响。

（4）发射的光功率应足够大，输出功率满足光纤通信系统的要求，并且响应速度要足够快。

（5）温度特性要好，能够在室温下连续工作，当温度发生变化时，其输出光功率及工作波长的变化在允许的范围内。

（6）可靠性高，工作寿命长，稳定性与互换性好。

1. 光与物质相互作用的3个过程

在爱因斯坦提出的光量子假说中，光是由能量为 hv 的光量子组成的，其中的 $h \approx 6.626 \times 10^{-34}$J・S，称为普朗克常量；$v$ 是光波频率。人们将光量子也称为光子，不同频率的光子具有不同的能量，当光与物质相互作用时，光子的能量作为一个整体被吸收或发射。

物质是由原子构成的，原子由原子核和核外电子所构成。核外电子在原子核外面按照一定的能级排列，一般先排满低能级，再排至高能级。但是电子是在不停地进行无规则运动的，可以在不同能级之间跃迁。一般情况下，电子占据各个能级的概率是不相等的，占据低能级的电子数量多，而占据高能级的电子数量少。

光可以被物质吸收，也可以从物质中发射。在研究光与物质之间的相互作用时，存在着 3 个不同的基本过程，即自发辐射、受激辐射和受激吸收。下面仅以两个能级为例，简述其物理意义。

（1）自发辐射

处在高能级 E_2 的电子往往是不稳定的，即使没有外界的作用，也会自动地跃迁到低能级 E_1 上与空穴复合，释放的能量转换为光子辐射出去，这种跃迁被称为自发辐射，如图 3-1 所示。

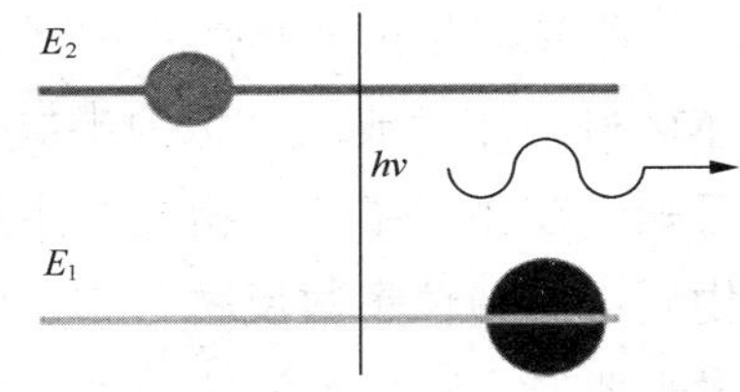

图 3-1　自发辐射过程示意图

（2）受激辐射

高能级 E_2 的电子，受到入射光的作用，被迫跃迁到低能级 E_1 上与空穴复合，释放的能量产生光辐射，这种跃迁被称为受激辐射，如图 3-2 所示。

（3）受激吸收

电子处于低能级 E_1，在入射光的作用下，它会吸收光子的能量跃迁到高能级 E_2 上，电子跃迁后，在低能级留下相同数目的空穴，这种跃迁被称为受激吸收。如图 3-3 所示。

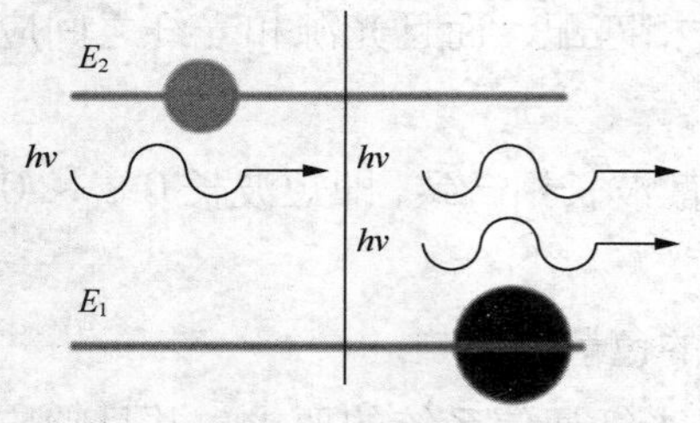

图 3-2　受激辐射过程示意图

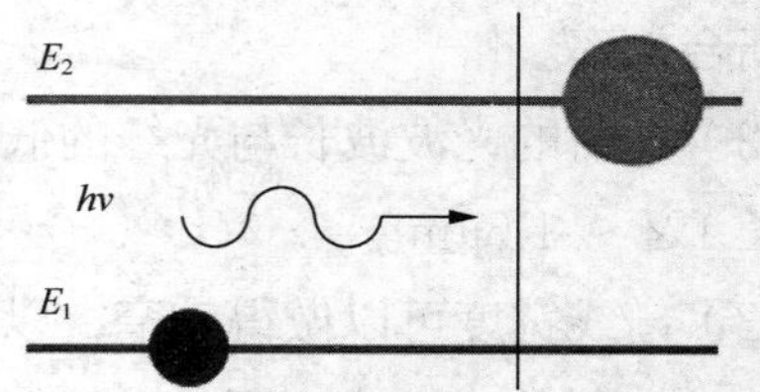

图 3-3　受激吸收过程示意图

受激辐射是受激吸收的逆过程。受激辐射和自发辐射产生的光是不同的。受激辐射光的频率、相位、偏振态及传播方向均与入射光相同，这种光被称为相干光，即激光。自发辐射光是由大量不同激发态的电子自发跃迁产生的，其频率和方向分布在一定范围内，相位和偏振态是混乱的，这种光被称为非相干光，即普通的荧光。

2. 粒子数反转分布

由物理学知识可知，正常状态下在热平衡系统中，低能级上的电子多，高能级上的电子少。如设低能级上的粒子密度为 N_1，高能级上的粒子密度为 N_2，则在正常状态下，$N_1 > N_2$。因此在单位时间内，从高能级跃迁到低能级上的粒子数总是少于从低能级跃迁到高能级上的粒子数，这时受激吸收作用大于受激辐射作用，物质不可能产生光放大作用。反之，如果能在物质中实现 $N_2 > N_1$，则受激辐射作用大于受激吸收作用，物质能够产生光放大作用，这种粒子数一反常态的分布，被称为粒子数反转分布。因此，形成粒子数反转分布状态是物质实现光放大作用的必要条件，通常将处于粒子数反转分布状态的物质称为增益物质或激活物质。

3. LD的工作原理

激光器是指能够产生激光的自激振荡器。目前通信系统中采用的光源都是由半导体材料制作而成的，称为半导体光源，因此 LD 又称为半导体激光器。由前面的讨论可知，在物质中要使得光产生振荡，必须使光能得到放大，而产生光放大的前提是在物质中实现粒子数反转分布，使受激辐射作用大于受激吸收作用。因此，受激辐射是激光器产生激光的关键。

激光器主要由以下 3 个部分组成。

（1）工作物质

工作物质可以处于粒子数反转分布状态，是产生激光的前提。这种工作物质必须有确定能级的原子系统，可以在所需要的光波范围内辐射光子。

（2）能够使工作物质处于粒子数反转分布状态的激励源（泵浦源）

物质在激励源的作用下，使粒子从低能级跃迁到高能级，使得 $N_2 > N_1$。在这种情况下，受激辐射作用大于受激吸收作用，从而有光放大作用。这时的工作物质已被激活，被称为激活物质或增益物质。

（3）能够完成频率选择及反馈作用的光学谐振腔

增益物质只能使光放大，要形成激光振荡还需要有光学谐振腔，以提供必要的反馈及进行频率选择。光学谐振腔是在增益物质两端的适当位置上，放置两个互相平行的反射镜 M_1 和 M_2 构成的，如图 3-4 所示。

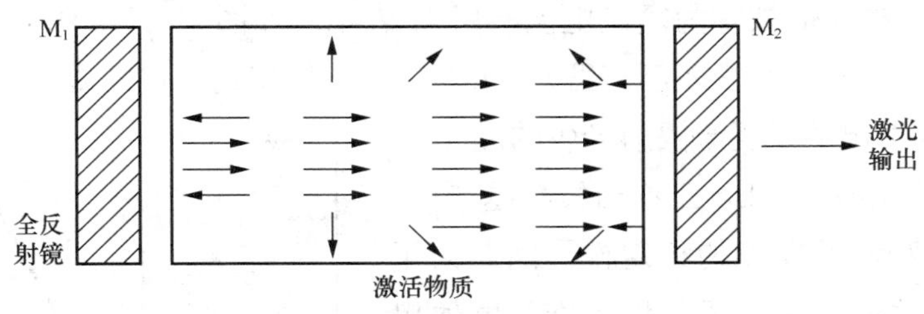

图 3-4　光学谐振腔

其中反射镜 M_1 的反射系数 r_1=1，能实现光的全反射；M_2 的反射系数 r_2< 1，实现部分光的反射，产生的激光就从 M_2 这一侧射出。当在激励源激发下处于粒子数反转分布状态的工作物质被置于光学谐振腔内，光学谐振腔的轴线应该与激活物质的轴线相重合。被放大的光在光学谐振腔内，在两块反射镜之间来回反射，并不断激发出新的光子，进一步实现光的放大。由于传输方向不平行于光学谐振腔轴线的光就会很快射出光学谐振腔外，另外反射镜的透射等也会产生能量损耗，因此在这个运动中也要损耗一部分能量。当放大到光强度足以抵消光学谐振腔内的损耗时，就可以使这种运动不停进行下去，即形成光振荡放大。当光强度大于光学谐振腔内的能量损耗时，就会从部分透射的反射镜 M_2 透射出激光。

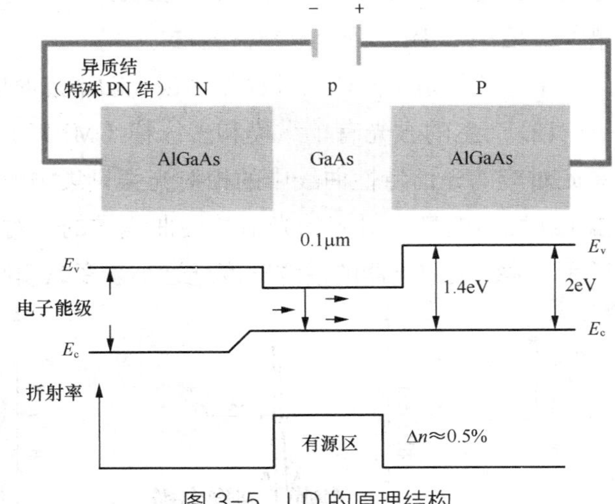

图 3-5　LD 的原理结构

LD 的原理结构如图 3-5 所示，LD 的本质结构是一个外加正向偏压的 PN 结。其中，外加正向偏压就是激励源；由半导体材料制作的 PN 结就是激活物质，在外加正向偏压的作用下，在 PN 结区形成粒子数反转的有源区；在有源区的两个天然解理面采用两块光学反射镜构成光学谐振腔，实现光信号的频率选择和光放大。当外加正向偏压足够大时，PN 结区会出现粒子数反转分布状态，受激辐射作用大于受激吸收作用，可产生光的放大作用。被放大的光在由 PN 结构成的光学谐振腔中来回反射，不断增强，达到阈值后即可发出激光。

4. LD的工作特性

LD 属于半导体二极管，除具有二极管的一般特性，还具有特殊的光频特性。

（1）阈值特性

对于 LD，当外加正向电流达到某一值时，输出光功率将急剧增加，这时将产生激光振荡，这个电流值被称为阈值电流，用 I_{th} 表示。如图 3-6 所示，LD 的输出光功率特性通常用 P–I 特性曲线表示，当 $I < I_{th}$ 时，LD 发出的是自发辐射产生的荧光；当 $I \geqslant I_{th}$ 时，LD 发出的是受激辐射产生的激光。

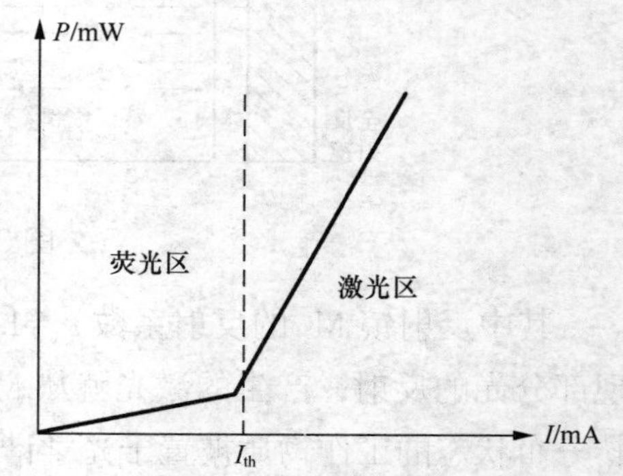

图 3-6　LD 的 P–I 特性曲线

由于阈值电流越大，LD 工作时发热越严重，会影响其工作寿命及发光的稳定性。因此为了使光纤通信系统能稳定、可靠地工作，阈值电流应越小越好。

（2）光谱特性

光谱特性反映的是光源发送的光波的波长范围及所包含的各波长成分对应的功率分布。反映光谱特性的主要参数有谱线宽度和中心波长。

谱线宽度一般是指光谱特性曲线中最大功率的一半对应的波谱宽度，记为 $\Delta\lambda$。由于光源的谱线宽度与色散成正比，因此在短距离、低速率传输和小容量的系统中，应选用谱线宽度为 30 ~ 50nm 的 LED；在中距离、中速率传输和中容量的系统中，应选用谱线宽度为 1 ~ 3nm 的 LD；在长距离、高速率传输和大容量的系统中，应采用谱线宽度小于 1nm 的单纵模激光器。

中心波长是指光谱特性曲线中最大功率点对应的波长，一般记为 λ_0。

LD 产生的激光有单纵模和多纵模（MLM）之分。单纵模激光器是指 LD 发出的激光对应的光谱特性曲线中的相对光强只集中的于单一波长附近，而多纵模激光器是指 LD 发出的激光对应的光谱特性曲线中的相对光强分布于多个波长附近。如图 3-7 所示，单纵模激光器的谱线宽度远远小于多纵模激光器的谱线宽度，一般在 1nm 以下。

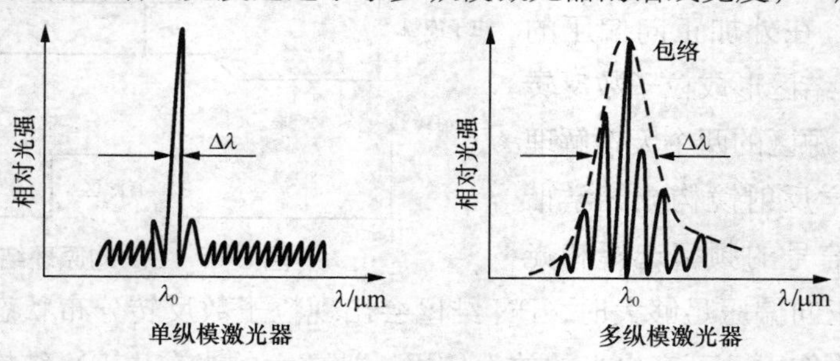

图 3-7　单纵模激光器和多纵模激光器的光谱特性

（3）温度特性

LD 的阈值电流和输出光功率随温度变化而变化的特性即为 LD 的温度特性。阈值电流随着温度的升高会逐渐变大，其变化情况如图 3-8 所示。

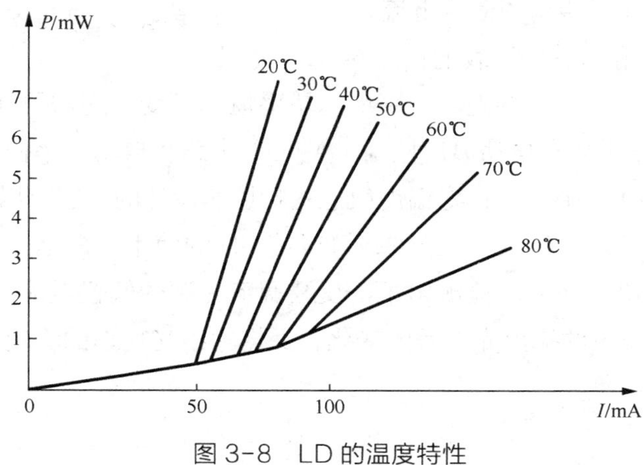

图 3-8 LD 的温度特性

从图 3-8 中所示曲线可以看出，温度对 LD 的影响很大，主要表现在以下两点。

① LD 的阈值电流 I_{th} 随温度升高而增大，并且在超过一定数值（一般为初始阈值电流的 1.5 倍）时，LD 就会产生寿命告警。

② 光 / 电转换效率随温度升高而降低。所以为了保证系统能稳定、可靠地运行，一般要采用自动温度控制电路来稳定 LD 的阈值电流和输出光功率。

（4）光 / 电转换效率

LD 是把电功率转换成光功率的器件。衡量光 / 电转换效率的高低常用输出光功率与消耗的电功率之比表示，记为 η_P，如式（3-1）所示。

$$\eta_P = RV(1 - I_{th}/I) \quad (3\text{-}1)$$

在式（3-1）中，R 是与 LD 的内部量子效率、激光波长、模式损耗有关的常数；V 是工作电压；I_{th} 是阈值电流；I 是工作电流。

在光纤通信系统中常用的光源，除 LD 之外，还有 LED。在 LED 内部没有光学谐振腔，因此 LED 是无阈值器件。它的发光属于自发辐射，发射的是普通荧光，因此光谱较宽，与光纤的耦合效率较低。LED 的温度特性较好，寿命长，因此在中低速率、短距离传输的数字光纤通信系统和模拟光纤通信系统中得到了广泛应用。

5. 光发送机的结构

光发送机的核心器件是光源，而光源的电 / 光转换功能，实际上是通过电信号对光源的输出光强度进行调制实现的。如图 3-9 所示，光发送机的构成包括光源、驱动电路和控制电路等。根据光源种类（LED 和 LD）和调制方式（模拟和数字）的不同，驱动电路和控制电路也是不同的。驱动电路也被称为调制电路，主要是为光源提供调制电流，调制电流 I 一般包含大小固定的直流偏置电流 I_b 和所传输的信号电流 I_s，即 $I=I_b+I_s$，实现将用电信号承载的信息转换为用光信号承载。为了保持光源的平均光功率恒定不变，还需要在光发送机中设置控制电路，控制电路主要有自动温度控制（ATC）电路和自动功率控制（APC）电路。其中，ATC 电路主要是针对 LD 对温度敏感的特性所设计的，它可以对 LD 进行吸热，从而能将 LD 的温度保持在 20 ~ 25℃，可以使 LD 的使用寿命延长。而 APC 电路主要是根据光源的输出光功率的检测结果，反馈调节光源的偏置电流，从而消除温度变化和光源器件老化导致的输出光信号的变化，保持输出光功率的稳定性。

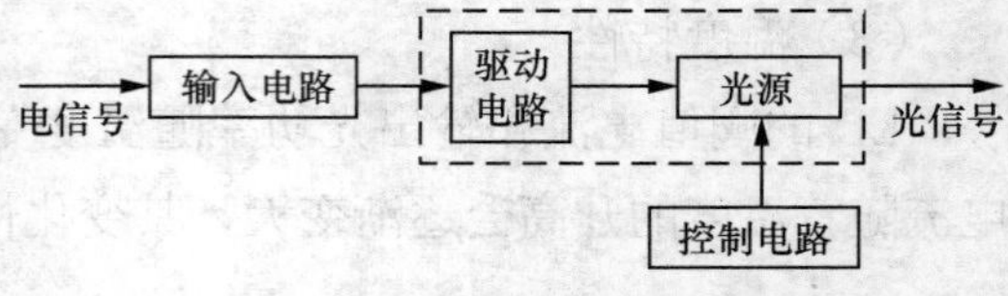

图 3-9　光发送机的结构

3.2　光检测器

如图 1-2 所示，光信号经过光纤传输到达接收端后，在接收端有一个接收光信号的器件——光接收机，光接收机中的光检测器会将光信号转变成电信号，然后再通过放大电路对该电信号进行放大，最后还原成原来的信号。综上所述，实现光 / 电转换的器件被称作光检测器，或者光电检测器。

如前文所述，光检测器是光接收机的核心器件，其性能会直接影响接收信号的质量，因此目前光纤通信系统对光检测器的要求如下。

（1）接收灵敏度高

接收灵敏度高表示光检测器对低功率光信号的捕捉能力强。在实际的光接收机中，由于损耗等影响，光接收机从光纤上接收到的光信号一般都比较微弱，有时只有 1nW 左右。为了保证接收信号的准确性，人们希望光检测器的接收灵敏度应尽可能高。

（2）响应速度快

响应速度快表现为在光信号输入光检测器后，应很快就有电信号输出；而光信号一停止输入，电信号也应停止输出。因此响应速度可以用光 / 电转换过程的时延来表示，时延越短，响应速度越快。实际上从光信号输入到电信号输出之间完全没有时延是不可能的，但是应该将时延长短限制在一个范围之内。这样才能满足光纤通信系统的超高速传输对光检测器响应速度的要求，因此这也对光检测器的制造技术提出了更高要求。

（3）噪声小

为了提高光纤通信系统的性能，要求系统的各个组成部分的噪声足够小，对于光检测器的噪声要求尤其严格，因为它是在极其微弱的信号条件下工作的，又处于光接收机的最前端，如果在光 / 电转换过程中引入的噪声过大，则会使接收信号的信噪比降低，影响原来信号的恢复。

（4）性能稳定可靠

光检测器的主要性能应尽可能不受或者少受外界温度变化和环境变化的影响，以提高系统的稳定性和可靠性。

（5）具有较小的体积、较长的工作寿命。

1. 半导体材料的光电效应

目前广泛应用于通信中的主要是由半导体材料制作的光检测器，常用的光检测器包括 PIN 型光电二极管和雪崩光电二极管（APD）。

半导体材料的光电效应是指光照射到半导体材料的 PN 结上，若光子能量足够大，则半导体材料中的电子会吸收光子能量产生受激吸收，从低能级跃迁至高能级，就会在高能级中出现电子，在低能级中出现对应的空穴，即电子 - 空穴对，又称光生载流子，如图 3-10（a）所示。

光生载流子在外加反向偏压和内建电场的作用下，在外电路产生光生电流，如图 3-10（b）所示，从而在电阻 R 上产生信号电压，这样就实现了输出电压随着输入光信号的变化而变化的光 / 电转换，即光检测器就是利用半导体材料的光电效应实现光信号到电信号的转换。

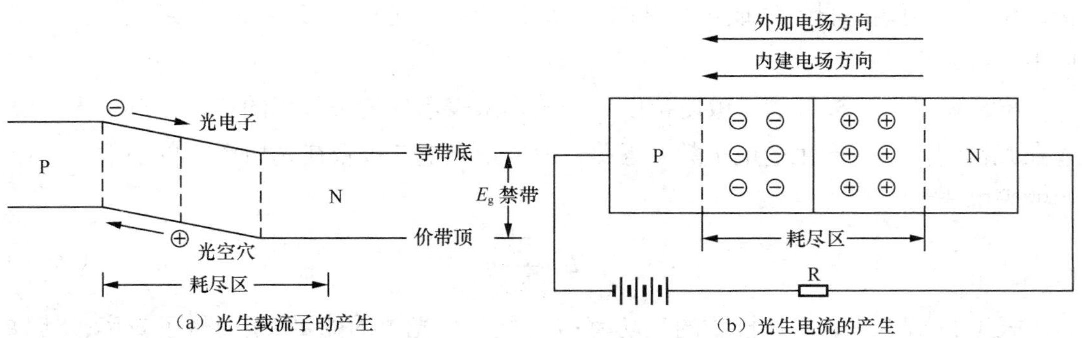

图 3-10　半导体材料的光电效应

由图 3-10（b）可见，外加反向偏压产生的外加电场方向与内建电场的方向一致，有利于耗尽区的展宽。

2. PIN型光电二极管

通过进一步分析半导体材料的光电效应可以发现，在 PN 结中，由于内建电场的作用，耗尽区中光生载流子的运动速度加快，使光生电流能快速跟随光信号的变化而变化，即响应速度快。而在耗尽区之外产生的光生载流子，由于不受内建电场的作用，响应速度慢，而且容易被复合，从而使光/电转换效率降低。因此，为了加快光检测器的响应速度与提升光/电转换效率，适当增加耗尽区的宽度是有利的。PIN 型光电二极管就是基于这一点设计出来的。

如图 3-11(a) 所示，PIN 型光电二极管在掺杂浓度很高（重掺杂）的 P 型、N 型半导体之间加入一层轻掺杂的 N 型材料，被称为 I(本征) 层。由于是轻掺杂，电子浓度很低，加上反向偏置电压后形成一个很宽的耗尽区。当光射入光检测器时，发生受激吸收产生的大部分光生载流子就都在耗尽区内转换成光生电流了，从而提高光电转换效率。

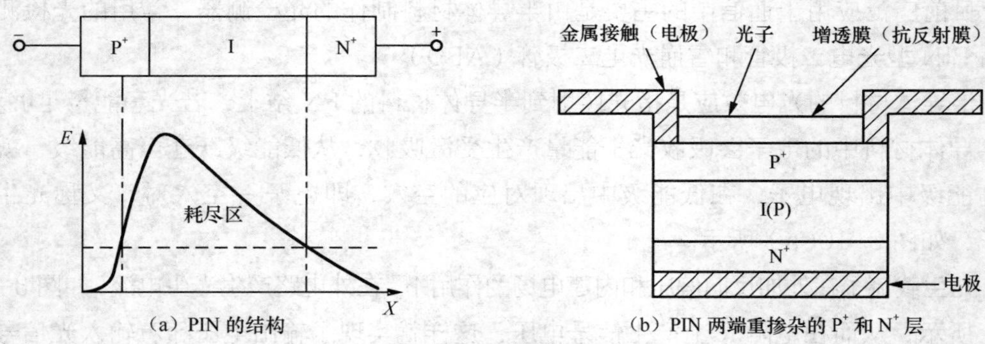

图 3-11 PIN 的结构示意图

另外，如图 3-11(b) 所示，为了降低 PN 结两端的接地电阻，以便与外电路相接，将 PIN 两端的材料做成重掺杂的 P^+ 和 N^+ 层。目前制作 PIN 的主要材料是 Si 和 InGaAs。

PIN 型光电二极管的灵敏度常以量子效率来表示。量子效率的意义是一个光子照射在光检测器上所产生的电子数。因此，PIN 型光电二极管在光功率 P 的照射下，产生的光电流为

$$I=\frac{Pe}{h\nu}\eta \tag{3-2}$$

式（3-27）中，P 是接收的光功率；$h\nu$ 是一个光子的能量；η 为量子效率，其数值总是小于 1；e 为电子电量，$e\approx1.6\times10^{-19}$C。显然 η 的含义就是平均一个光子激发的电子数。光检测器的 η 与器件材料、光波长有关。

通常也采用响应度 R 表示 PIN 型光电二极管的性能，它代表 PIN 型光电二极管在光照下产生的光电流 I 与入射的光功率 P 之比，即响应度为

$$R=\frac{I}{P} \tag{3-3}$$

由上可见，响应度 R(和 η)是描述器件光/电转换能力的物理量，它也与器件材料、光波长有关。

响应速度是指光检测器对入射微弱调制光信号产生光电流的响应快慢，通常用响应时间（上升时间和下降时间）来描述。若从频域出发，当光检测器在接收正弦调制光信号时，则以器件的极限工作频率（截止频率）f_c 来表示。可见响应速度直接关系到器件的频带宽度。就 PIN 型光电二极管而言，为得到较快的响应速度，需要有较窄的耗尽区，以便缩短光生载流子在电场中的漂移时间，但这与为提高 η 应有较宽耗尽区的要求相矛盾，因此二者必须兼顾。PIN 型光电二极管的响应速度一般都能满足实际要求。

无光照射时，PIN 型光电二极管具有的电流被称为暗电流 I_d，暗电流会引起噪声，应该尽量减小。

PIN 型光电二极管特性参数的典型值如表 3-1 所示。

表 3-1　PIN 型光电二极管特性参数的典型值

材料	响应波长 λ（μm）	量子效率 η（%）	响应度 R（A/W）	暗电流 I_d（nA）	截止频率 f_c（GHz）
Si	0.7 ~ 0.9	80（0.8μm）	0.5（0.8μm）	0.3	>3
InGaAs	1.0 ~ 1.6	80（1.3μm）	0.8（1.3μm）	1	>1

3. APD

在长途光纤通信系统中，仅有毫瓦数量级的光信号从光发送机发出，经过几十千米长光纤的传输后，将产生大量损耗，到达光接收机的光信号将十分微弱。为了使光接收机的接收判决电路正常工作，需要采用光放大器，而光放大器会引入噪声，导致光接收机的信噪比降低、接收灵敏度下降。

如果能够使光检测器在把转换成的电信号送入光放大器之前，先进行内部放大，就可以减轻上述对光接收机的影响。APD 就是不但能实现信号的光 / 电转换，还具有内部放大能力的光检测器，其内部放大作用是通过雪崩倍增效应完成的。

APD 的结构基本与 PIN 型光电二极管一样，仍然是外加反向偏压的 PN 结，如图 3-12 所示。不同之处是 APD 在 P 层和 N 层中采用重掺杂，在外加的很高的反向偏压（一般为几十伏到 200V）的作用下，PN 结区形成强电场区，在耗尽区内运动的光生载流子（一次电子 - 空穴对），就可以在强电场的作用下获得足够的能量而加速，通过高速碰撞产生新的电子 - 空穴对（二次电子 - 空穴对），这就是光生载流子的碰撞电

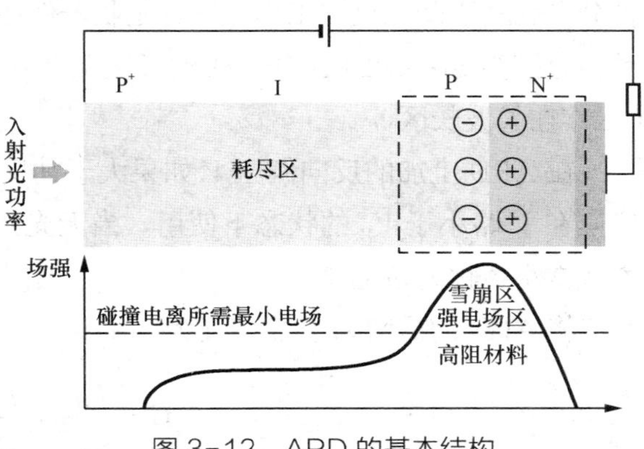

图 3-12　APD 的基本结构

离。新产生的二次电子 - 空穴对在强电场的作用下向相反的方向运动，在运动中又不断产生新的碰撞电离……从而引起光生载流子的雪崩倍增，实现光生电流的放大，这就是 APD 的雪崩倍增效应。

目前光纤通信系统中主要采用的是拉通型 APD（RAPD），它的结构及电场分布如图 3-13 所示。

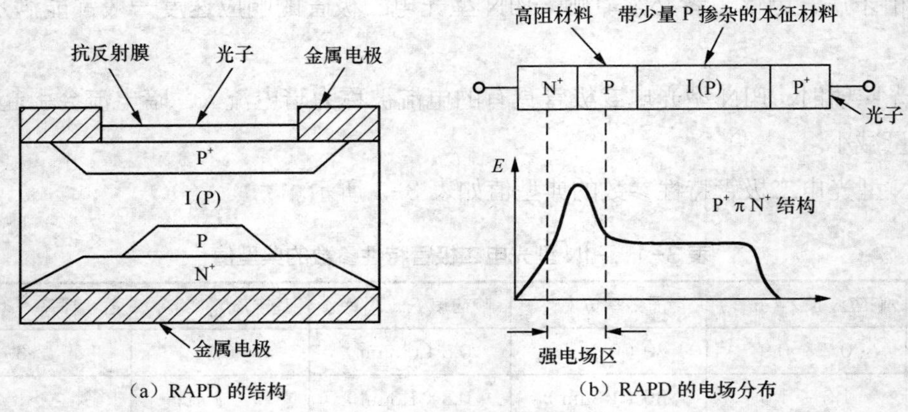

（a）RAPD 的结构　　（b）RAPD 的电场分布

图 3-13　RAPD 的结构及电场分布

RAPD 中的 P 区是由 P 层、I（P）层和 P^+ 层 3 部分构成的。光子从 P^+ 层入射，进入 I（P）层后，材料吸收光能并产生初级电子 - 空穴对。这时电子 - 空穴对在 I 层被耗尽区的弱电场区加速，向 PN 结区移动。当电子 - 空穴对运动到强电场区时，受到强电场的加速作用会高速运动，撞击原子晶格产生电离引发雪崩倍增效应。最后获得雪崩倍增后的光电子到达 N^+ 层，空穴被 P^+ 层吸收。P^+ 层之所以做成重掺杂，是为了减小接触电阻以利于与电极相连。

由图 3-13 还可以看出，RAPD 的耗尽区从 PN 结区一致拉通到 I 层与 P^+ 层相接的范围内，在整个范围内，电场增加较小。这样，RAPD 中的电场分为两部分，一部分是光生载流子逐渐加速的弱电场区；另一部分是产生雪崩倍增效应的强电场区。这种分布有利于降低反向工作电压，延长器件使用寿命。目前制作 APD 的主要材料有几种，分别为 Si-APD（工作在短波长区）、Ge-APD（工作在短波长区）、InGaAs-APD（工作在长波长区）。

在 APD 上加的反向偏压 V 如果大于其反向击穿电压 V_B，APD 会被击穿，因此一般应在 V 略小于 V_B 的状态下使用。当无光照（即输入光功率 $P=0$）时，APD 的电流非常小，称为暗电流 I_d。

将 APD 的倍增因子 G 定义为

$$G=\frac{I_{ph}}{I_{ph0}}=\frac{I-I_d}{I_0-I_{d0}} \tag{3-4}$$

在式（3-4）中，I_{ph} 是倍增后的光电流；I 为倍增后的总电流；I_{ph0} 是无倍增时的光电流，即由光子直接产生的平均一次电流；I_0 和 I_{d0} 分别为无倍增时的总电流和暗电流。暗电流的大小影响光检测器的噪声大小。暗电流一般很小，这里可忽略不计。

倍增因子 G 在外加反向偏压 V 接近击穿电压 V_B 时迅速增大，当 $V = V_B$ 时，G 达到最大值（G_{max}），随后出现增益饱和效应，因此 G 和 V 之间的关系可以近似用式（3-5）表示。

$$G = \frac{1}{1-\left(\frac{V}{V_B}\right)^n} \tag{3-5}$$

式（3-5）中，n 为一个常数，由半导体材料、半导体掺杂分布和入射光波长决定。显然通过调整，V 可获得需要的 G 值，但 G 值并不是越大越好，因为信增噪声随倍增因子 G 的增大而增大，结果导致光接收机信噪比恶化，灵敏度降低。G 值的选取应使信噪比最大值为最佳 G 值。在实际应用中，常取值在几十至一百之间。

PIN 型光电二极管无雪崩倍增，故雪崩倍增因子 M=1。

此外，使用 APD 可以提供一定的动态范围，即当进入 APD 的光功率过大时，可以通过减小其 V 值使 G 值减小，反之当光功率较小时，可通过增大 V 值使 G 值增大。温度变化对 APD 的特性，特别是 G 的影响也很大，G 值随温度的升高而减小，为此需要相应地改变 V 值，故在实际应用中须采用 ATC 补偿措施。

当光接收机采用 APD 作为光检测器时，光检测器的信号功率正比于 G^2（这里的 G 为平均的雪崩增益值）；而倍增噪声功率却正比于 F，这里 F 称为过剩噪声系数，这是倍增过程的随机性引起的附加噪声，一般情况下（G<100），F 可近似表示为

$$F = G^x \tag{3-6}$$

式（3-6）中，x 称为过剩噪声指数，x=0.2 ~ 1，与材料与工艺等有关。因此倍增噪声功率可用过剩噪声指数 x 近似描述为

$$N \propto G^{2+x} \tag{3-7}$$

APD 脉冲响应上升时间可小于 1ns；APD 的增益带宽乘积可做到 Si-APD 的为 200GHz，Ge-APD 的为 30GHz，InGaAs-APD 的为 60GHz，均可以满足高速率传输系统的要求。Si-APD、Ge-APD、InGaAs-APD 特性的典型值如表 3-2 所示。

表 3-2 APD 特性的典型值

材料	Si	Ge	InGaAs
响应波长 λ（μm）	0.7 ~ 0.9	1.0 ~ 1.5	1.0 ~ 1.6
量子效率 η（%）	80（0.8μm）	80（1.3μm）	80（1.3μm）
响应度 R（A/W）	0.5	0.8	0.8

续表

击穿电压 V_B（V）	150	30	95
暗电流 I_d（nA）	0.3	100	60
截止频率 f_c（GHz）	0.5	>1	>1
过剩噪声系数 F	4	9	5
过剩噪声指数 x（$F=G^x$）	0.3	0.95	0.7

一般来说，APD 适用于接收对灵敏度要求高的长距离传输和高速率通信系统；PIN 适用于中、短距离传输和中、低速率系统，尤其是 PIN/FET 组件使用广泛。

3.3 光纤活动连接器

光纤活动连接器，俗称活接头，ITU 建议将其定义为“用以稳定地、但并不是永久地连接两根或多根光纤的无源组件”，是用于在光纤与光纤之间进行可拆卸（活动）连接的无源器件。它把光纤的两个端面精密对接起来，以便使发射光纤输出的光能量能被最大限度地耦合到接收光纤中去，并将由于其介入光链路而对系统造成的影响减到最小。光纤活动连接器还有对光纤与有源器件、光纤与其他无源器件、光纤与系统和仪表进行连接的功能。光纤活动连接器伴随着光通信的发展而发展，现在已形成门类齐全、品种繁多的系统产品，是光纤应用领域中不可缺少的、应用最广泛的基础元件之一。

光纤活动连接器的应用很广泛，一般主要用于下述位置。

① 在光端机与光纤配接箱之间采用光纤跳线。

② 在光纤配接箱内部采用转换器将光端机的光纤跳线与光缆尾纤连通。

③ 各种光测试仪一般将转换器的一端固定在测试口上，将另一端与测试点连接。

④ 在光端机内部采用尾纤与转换器相连以引出 / 引入光信号。

⑤ 在光发送机内部，激光器输出尾纤通过转换器与系统主干尾纤相连。

⑥ 光分路器的输入、输出尾纤与转换器的活动连接。

3.3.1 光纤活动连接器的结构

尽管各光纤活动连接器的结构千差万别、品种多种多样，但按其功能可以分为连接器插头、光纤跳线、转换器、变换器等。这些部件可以单独作为器件使用，也可以合为组件使用。实际上，一个光纤活动连接器习惯上是指两个连接器插头加上一个转换器，如图 3-14 所示。

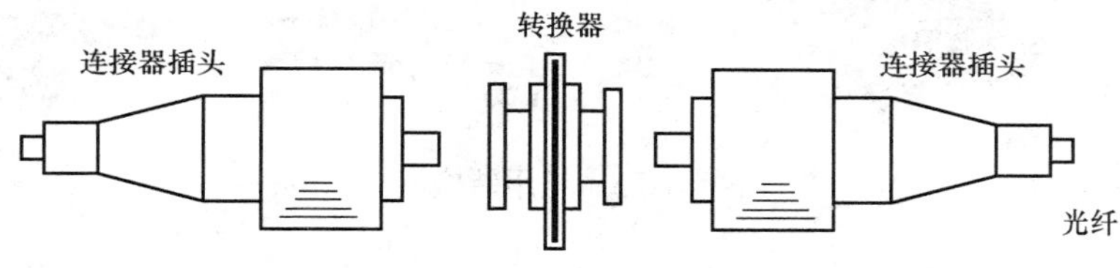

图 3-14 光纤活动连接器的结构

使光纤在转换器或变换器中完成插拔功能的部件被称为连接器插头，连接器插头由插针体和若干外部机械结构零件组成。两个连接器插头在插入转换器或变换器后可以实现光纤（缆）之间的对接；连接器插头的机械结构用于对光纤进行有效的保护。插针是一个带有微孔的精密圆柱体。插针的材料有不锈钢、全陶瓷、玻璃和塑料几种。现在市场上用得最多的是陶瓷，陶瓷材料具有极好的温度稳定性、耐磨性和抗腐蚀能力，但价格也较高。塑料连接器插头价格便宜，但不耐用。

插针和光纤相结合成为插针体。插针体的制作是将选配好的光纤插入微孔中，用胶固定后，再加工其端面，连接器插头端面的曲率半径对反射损耗影响很大，通常曲率半径越小，反射损耗越大。

连接器插头按其端面的形状可分为 PC 型、SPC 型、APC 型 3 类。PC 型连接器插头端面的曲率半径最大，近乎平面接触，反射损耗最低；SPC 型连接器插头端面的曲率半径为 20mm，反射损耗可达 45dB，插入损耗可以做到小于 0.2dB；反射损耗最高的是 APC 型连接器插头，它除采用球面接触外，还把端面加工成斜面，以使反射光反射出光纤，避免反射回光发送机。斜面的倾角越大，反射损耗越大。但插入损耗也会随之增大，一般取倾角为 8° ~ 9°，此时插入损耗约 0.2dB，反射损耗可达 60dB，在 CATV（有线电视）系统中所有的光纤连接器插头端面均为 APC 型。

要想保证插针体的质量，光纤的几何尺寸必须达到下列要求。光纤外径比微孔直径小 0.0005mm；光纤纤芯的不同轴度小于 0.0005mm。因此，插针和光纤以及两者的选配对连接器插头质量的影响极大，也是决定连接器插头质量好坏的关键。在实际应用中，一个连接器插头插入损耗的正常值应小于 0.5dB。在工程应用中，质量低劣的连接器插头对系统的影响是很大的。

转换器也称法兰盘，是把连接器插头连接在一起，从而使光纤接通的机械装置。根据连接方式和连接器插头种类不同，转换器有多种类型，在实际应用中可根据所连接的两个连接器插头的型号进行选用。常用的转换器如图 3-15 所示。

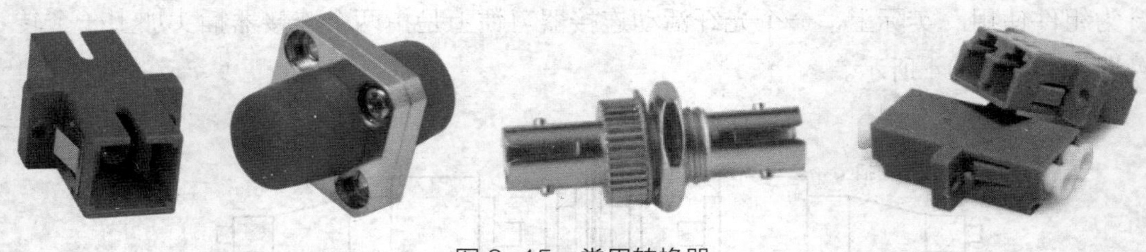

图 3-15　常用转换器

3.3.2　常用光纤活动连接器类型

1. FC型光纤活动连接器

FC 型光纤活动连接器是一种用螺纹连接，外部元件采用金属材料制作的圆形光纤活动连接器，如图 3-16 所示。它是我国采用的主要品种，在我国长途传输网中和有线电视光网络系统中都得到了大量应用；其有较强的抗拉强度，能适应各种工程的要求。

FC/PC 型光纤活动连接器

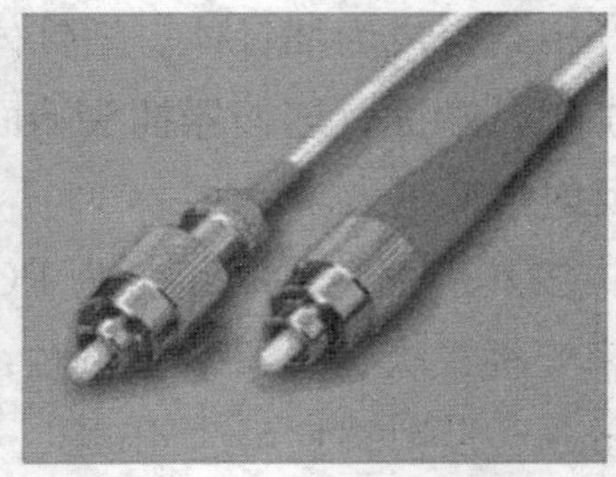

FC/APC 型光纤活动连接器

图 3-16　FC 型光纤活动连接器

2. SC型光纤活动连接器

SC 型光纤活动连接器外壳采用工程塑料制作，采用矩形结构，便于进行密集安装；不用螺纹连接，可以直接插拔，操作空间小，使用方便，如图 3-17 所示。

SC/PC 型光纤活动连接器

SC/APC 型光纤活动连接器

图 3-17　SC 型光纤活动连接器

3. ST型光纤活动连接器

ST型光纤活动连接器采用带键的卡口式锁紧结构，确保连接时准确对准。如图3-18所示。

4. LC型光纤活动连接器

如图 3-19 所示，LC 型光纤活动连接器是著名的贝尔实验室开发出来的，采用操作方便的模块化插孔（RJ）闩锁机理制成。该光纤活动连接器所采用的插针和套筒的尺寸是普通 SC 型光纤活动连接器、FC 光纤活动连接器等所用尺寸的一半，为 1.25m，提高了光缆配线架中光纤活动连接器的密度。目前 LC 型光纤活动连接器在单模应用中已经占据了主导地位，在多模应用中也增长迅速。

ST 型光纤活动连接器

图 3-18　ST 型光纤活动连接器

LC 型光纤活动连接器

图 3-19　LC 型光纤活动连接器

以上的光纤活动连接器虽然外观不一样，但核心元件套筒是一样的。套筒是一个加工精密的套管（有开口套管和不开口套管两种），两个插针在套筒中对接并保证两根光纤对准。其原理是以插针的外圆柱面为基准面，插针与套筒之间为紧配合；当光纤纤芯外圆柱面的同轴度、插针的外圆柱面和端面及套筒内孔的加工非常精密时，两个插针在套筒中对接，就实现了两根光纤的对准。

5. 光纤跳线

在两端都装上连接器插头，用来实现光路活动连接的光纤被称为光纤跳线，如图 3-20 所示。尾纤是光纤跳线的特殊情况，即只在光纤的一端装有连接器插头。在工程及仪表应用中，大量使用着各种型号、规格的光纤活动连接器，光纤活动连接器中光纤两头的连接器插头可以是同一型号，也可以是不同的型号。光纤活动连接器可以是单芯的，也可以是多芯的。

光纤跳线主要是用作从设备到光纤布线链路的跳接线。

光传输网络中所用的光纤跳线按传输媒介不同可分为单模光纤跳线、多模光纤跳线，其中单模光纤跳线一般为黄色，接头和保护套为蓝色，传输距离较长。多模光纤跳线一般为橙色或灰色，接头和保护套用米色或者黑色，传输距离较短。

光纤跳线两端的连接器插头可以相同，也可以不相同，因此按连接器插头的结构形式可分为FC-FC型光纤跳线、FC-SC型光纤跳线、FC-LC型光纤跳线、FC-ST型光纤跳线、SC-SC型光纤跳线、SC-ST型光纤跳线等。图3-20中所示的即为FC-SC型光纤跳线。

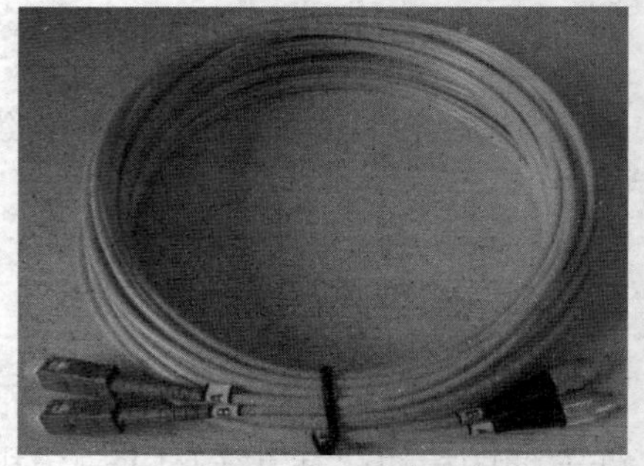
图3-20　FC-SC型光纤跳线

3.3.3　光纤活动连接器的主要性能指标

1. 插入损耗

将插入损耗 α_i 定义为光纤中的光信号通过光纤活动连接器之后，其输出光功率相对输入光功率的比率对数值，单位为dB。其表达式为

$$\alpha_i = 10\lg\frac{P_i}{P_o} \tag{3-8}$$

其中 P_i 是输入光功率，P_o 是输出光功率。插入损耗越小越好，一般应小于0.5dB。从理论上讲影响插入损耗的主要因素有以下几种，即纤芯错位损耗、光纤倾斜损耗、光纤端面间隙损耗、光纤端面的菲涅尔反射损耗、纤芯直径不同损耗、*NA* 不同损耗。不管哪种损耗都和生产工艺有关，因此生产工艺技术是关键。

2. 回波损耗（*RL*）

回波损耗又称反射损耗，是指在光纤连接处，后向反射光功率相对于输入光功率的比率对数值，单位为dB，其表达式为

$$RL = 10\lg\frac{P_r}{P_o} \tag{3-9}$$

其中 P_o 为输入光功率，P_r 为后向反射光功率。回波损耗越大越好，一般应大于40dB，以减少反射光对光源和系统的影响。改进回波损耗的途径只有一个，即将连接器插头端面加工成球面或斜球面。球面接触，使纤芯之间的间隙接近于“0”，达到“物理接触”，使端面间隙和多次反射所引起的插入损耗消除，从而使后向反射光大为减少。斜球面接触除实现光纤端面的物理接触以外，还可以将微弱的后向光加以旁路，使其难以进入原来的纤芯，斜球面接触可以使回波损耗达到60dB以上，甚至达到70dB，在CATV系统中都选用APC型连接器接头。

3. 重复性

重复性是指对同一对连接器插头，在同一个转换器中，多次插拔之后，其插入损耗的变化范围，单位用 dB 表示。插拔次数一般取 5 次，先求出 5 个数据的平均值，再计算相对于平均值的变化范围。性能稳定的光纤活动连接器的重复性应小于 ±0.1dB。重复性和使用寿命是有区别的，前者是指在有限的插拔次数内，插入损耗的变化范围；后者是指在插拔一定次数后，器件就不能保证完好无损了，通常光纤活动连接器的使用寿命应大于 1000 次。

4. 互换性

互换性是指不同连接器之间或同一个转换器任意置换之后，其插入损耗的范围，单位也用 dB 表示。这个指标更能说明光纤活动连接器性能的一致性。质量较好的光纤活动连接器，其互换性应能控制在 ±0.15dB 以内。

重复性和互换性考核光纤活动连接器结构设计和加工工艺合理与否，也是表明光纤活动连接器实用化的重要标志。质量好的光纤跳线和转换器，即使是不同厂家的产品在一起混合使用，其重复性和互换性也是合格的，而质量低劣的产品即使是同一厂家的产品一起使用，其重复性和互换性也很差。

3.4　光分路器

与同轴电缆传输系统一样，光纤传输网络中也需要对光信号进行耦合、分支、分配，这就需要光纤耦合器来实现了。目前光纤宽带接入网中最重要的无源器件之一就是光分路器，也称分光器。它是具有多个输入端和多个输出端的光纤汇接器件，常用 $M \times N$ 来表示一个光分路器有 M 个输入端和 N 个输出端。在光纤宽带接入网中使用的通常是 1×4 光分路器、1×8 光分路器、1×16 光分路器、1×64 光分路器，而在 CATV 系统中使用的一般都是 1×2 光分路器、1×3 光分路器及由它们组成的 1×N 光分路器。常用的 1×8 插片式光分路器如图 3-21 所示。

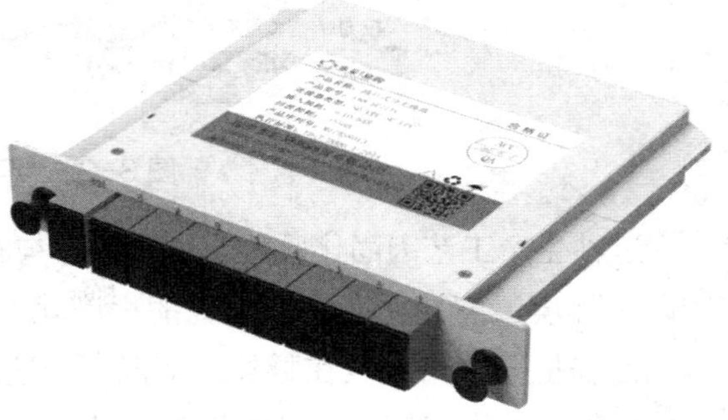

图 3-21　1×8 插片式光分路器

3.4.1 光分路器的工作原理

光分路器按不同的工作原理可以分为熔融拉锥型光分路器和平面波导型光分路器两种，熔融拉锥型产品是对两根或多根光纤实施侧面熔融拉锥而成的；平面波导型光分路器是微光学元件型产品，采用光刻技术，在介质或半导体基板上形成光波导，实现分支、分配功能。这两种形式的分光原理类似，它们通过改变光纤间的消逝场相互耦合（耦合度、耦合长度），以及改变光纤纤芯半径来实现不同大小的分光量，反之也可以将多路光信号合为一路信号，也可叫作光合路器。

1. 熔融拉锥型光分路器（FBT Splitter）

如图 3-22 所示，熔融拉锥法就是将两根（或两根以上）除去涂覆层的光纤以一定的方法靠拢，在高温加热下熔融，同时向两侧拉伸，最终在加热区形成双锥体形式的特殊波导结构，通过控制光纤扭转的角度和拉伸的长度，并实时监控分光比的变化，在分光比达到要求后结束熔融拉伸，把拉锥区用固化胶固化在石英基片上，插入不锈钢管内，最后把其中一端保留一根光纤（其余光纤剪掉）作为输入端，另一端则作为多路输出端。

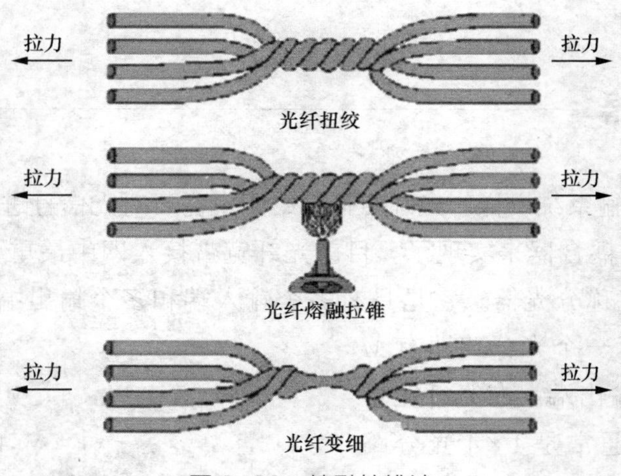

图 3-22 熔融拉锥法

这种生产工艺因固化胶的热膨胀系数与石英基片、不锈钢管的热膨胀系数不一致，所以在环境温度变化时热胀冷缩的程度就不一致，此种情况容易导致光分路器损坏，尤其是在把光分路器放在野外的情况下，这也是光分路器容易损坏的最主要原因。目前成熟熔融拉锥工艺一次只能拉 1×4 以下。1×4 以上的光分路器，则将多个 1×2 光分路器连接在一起。再整体封装在光分路器盒中。

熔融拉锥型光分路器因具有制作方法简单、价格便宜、容易与外部光纤连接成为整体，而且对机械振动和温度变化等耐受性强的优点，已成为市场主流。图 3-23 所示为 1×2 熔融拉锥型光分路器。

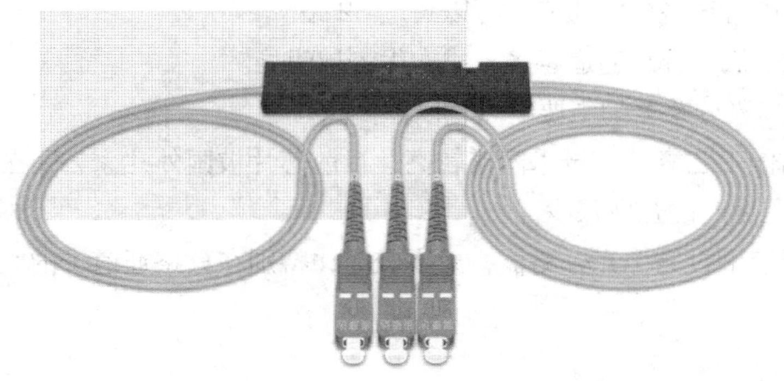

图 3-23　1×2 熔融拉锥型光分路器

2. 平面波导型光分路器（PLC Splitter）

PLC 光分路器采用半导体工艺（光刻、腐蚀、显影等技术）制作，内部由一个 PLC 光分路器芯片和两端的光纤阵列耦合而成，芯片采用半导体工艺在石英基底上制作一层分光波导，芯片有一个输入端和 N 个输出端波导。然后在芯片两端分别耦合输入、输出光纤阵列。外部有 ABS 盒子和方形钢管、光缆及光纤连接器插头。光波导阵列位于芯片的上表面，将光分路功能集成在芯片上，也就是在一只芯片上实现 1×4、1×8 等光分路，然后，在芯片两端分别耦合输入端及输出端的多通道光纤阵列并进行封装。图 3-24 所示为 1×8 插片式 PLC 光分路器内部结构。

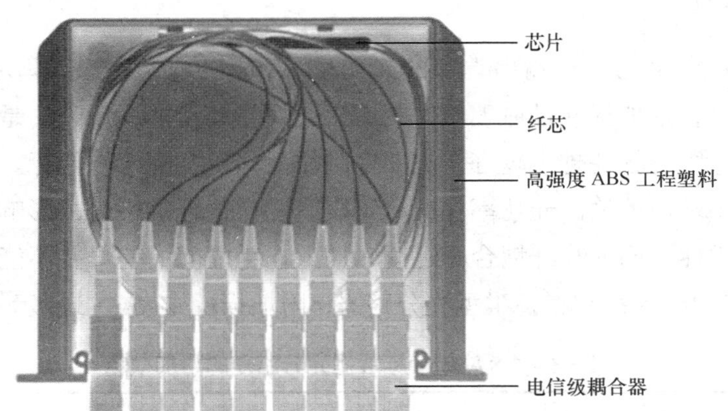

图 3-24　1×8 插片式 PLC 光分路器内部结构

与熔融拉锥型光分路器相比，PLC 光分路器具有更多的优点，具体如下。

① 损耗对光波长不敏感，可以满足不同波长的传输需要。

② 分光均匀，可以将信号均匀分配给用户。

③ 结构紧凑，体积小，可以直接安装在现有的各种交接箱内，不需要留出很大的安装空间。

④ 单只器件有很多分路通道，可以超过 32 路。

⑤ 多路成本低，分路通道越多，成本优势越明显。

同时，PLC 光分路器的主要缺点有以下 2 点。

① 器件制作工艺复杂，技术门槛较高，目前芯片被国外几家公司垄断，国内能够实现大批量封装生产的企业很少。

② 相较于熔融拉锥型光分路器，成本较高，特别在分路通道少的光分路器方面更处于劣势。

3.4.2 光分路器的常用性能指标

1. 插入损耗

光分路器的插入损耗 α_i 是指每一路输出端口的光功率相对于输入光功率损失的 dB 数，其数学表达式如式（3-10）所示。

$$\alpha_i = 10\lg\frac{P_{\text{out}i}}{P_{\text{in}}} \tag{3-10}$$

其中 α_i 是指第 i 个输出端口的插入损耗；$P_{\text{out}i}$ 是第 i 个输出端口的光功率；P_{in} 是输入端口的光功率。

2. 附加损耗

将附加损耗定义为所有输出端口的光功率总和相对于输入光功率损失的 dB 数。对于光纤耦合器，附加损耗是体现器件制造工艺质量的指标，反映的是器件制作过程中的固有损耗，固有损耗越小越好，是器件制作质量优劣的考核指标。而插入损耗则仅表示各个输出端口的输出光功率状况，不仅有固有损耗的带来的影响，更考虑了分光比的影响。因此不同的光纤耦合器之间，插入损耗之间的差异并不能反映器件制作质量的优劣。对于 1×*N* 单模标准型光分路器，附加损耗如表 3-3 所示。

表 3-3　1×*N* 单模标准型光分路器的附加损耗

分路数	2	3	4	5	6	7	8	9	10	11	1
附加损耗（dB）	0.2	0.3	0.4	0.45	0.5	0.55	0.6	0.7	0.8	0.9	1

3. 分光比

将分光比定义为光分路器各输出端口的输出光功率比值，在系统应用中，是根据实际系统光节点所需要多少光功率，确定合适的分光比（平均分配的情况除外）。光分路器的分光比与传输光的波长有关，如一个光分路器在传输波长为 1.31μm 的光时两个输出端的分光比为 50 : 50；在传输波长 1.5μm 的光时，则变为 70 : 30(之所以出现这种情况，是因为光分路器都有一定的带宽，即分光比基本不变时所传输光信号的频带宽度)，所以在选择光分路器时一定要注意光的波长。

4. 隔离度

隔离度是指光分路器的某一光路对其他光路中的光信号的隔离能力。在以上各指标中，隔离度对于光分路器的意义更为重大，在实际系统应用中，往往需要使用隔离度达到 40dB 以上的器件，否则将影响整个系统的性能。

5. 稳定性

光分路器的稳定性也是一个重要的指标，所谓稳定性是指在外界温度变化、其他器件的工作状态变化时，光分路器的分光比和其他性能指标都应基本保持不变，实际上光分路器的稳定性完全取决于生产厂家的工艺水平，不同厂家出厂的产品，质量差距相当大。在实际应用中，也确实会碰到质量低劣的光分路器，不仅劣化快，而且损坏率相当高，作为光纤干线的重要器件，在选购时一定加以注意，不能光看价格（但工艺水平低的光分路器价格一般情况也低）。

典型光分路器的特性参数如表 3-4 所示。

表 3-4　典型光分路器的特性参数

光分路器参数		指标				
分路		1 分 4	1 分 8	1 分 16	1 分 32	1 分 64
插入损耗（dB）	典型值	7.0	10.2	13.2	16.5	19.6
	最大值	7.3	10.6	13.5	17.0	20.0
偏振相关损耗（dB）		≥ 0.3	≥ 0.3	≥ 0.3	≥ 0.3	≥ 0.3
均匀性（dB）		≥ 0.6	≥ 0.6	≥ 0.6	≥ 1.2	≥ 1.7
回波损耗（dB）		≥ 55	≥ 55	≥ 55	≥ 55	≥ 55
方向性（dB）		≥ 55	≥ 55	≥ 55	≥ 55	≥ 55
工作波长		1260 ~ 1610nm				
工作温度		40℃ ~ 85℃				
储藏温度		40℃ ~ 85℃				
工作湿度		≤ 85%				

3.5 光衰减器

如图 3-25 所示，光衰减器是一种非常重要的无源器件，它可按用户的要求对光信号能量进行如预期一般的衰减，常用于吸收或反射光功率余量、评估系统的损耗及各种测试中。目前，系列化光衰减器已广泛应用于光通信领域，给用户带来了方便。利用插入光路中可使光信号功率按设定要求衰减的光学器件，可以调节光通信系统或测试系统所传输的光信号的功率，使系统达到良好的工作状态，也常用以检测光接收机的灵敏度和动态范围。

图 3-25　光衰减器

3.5.1 光衰减器的分类

光衰减器一般分为可变光衰减器和固定光衰减器两大类。

可变光衰减器在光通信领域中具有广泛的应用，其主要功能是用来降低光信号的功率或控制光信号。可变光衰减器一般用于测试和测量，但也广泛使用在 EDFA 中，起到均衡不同通道之间光功率的作用。可变光衰减器由掺有金属离子的衰减光纤制造而成，能把光功率调整到所需要的水平。如果大部分外部材料的折射率大于其模式有效折射率，该模式可以漏掉一些辐射的光功率。如果外部材料的衰减指数可以被调整到一个可控的水平，则具有可控衰减的设备是可以实现的。

固定光衰减器的外形像适配器，是各种应用中衰减单模光纤连接器的理想选择。它有两大类，分别是线型固定光衰减器和插头型固定光衰减器。线型固定光衰减器看起来像一个普通的光纤跳线，它由一根光缆连接两个指定类型的连接器。插头型固定光衰减器看起来像一个大头光纤连接器，它有一个公头和一个母头，插头型固定光衰减器与相同类型的普通连接器一样，例如 FC 型光纤连接器、ST 型光纤连接器、SC 型光纤连接器和 LC 型光纤连接器，如图 3-26 所示。固定光衰减器一般做成光纤活动连接器的形式，可以实现与光纤线路的连接。另外，也会在光纤端面上镀上一层有一定厚度的金属膜，并在光通路上留一个几微米的气隙，以便获得固定光衰减。

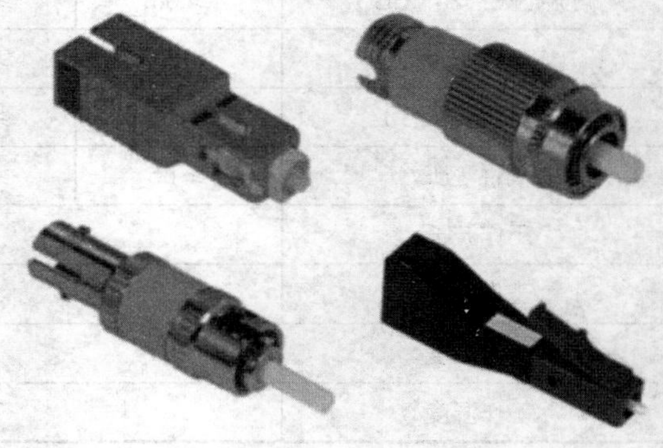
图 3-26　固定光衰减器

目前，光衰减器的市场越来越大，在无源器件中，其产量仅次于光纤连接器、光纤耦合器等。

固定光衰减器主要用于对光路中的光能量进行固定量的衰减，其温度特性极佳。在系统的调试过程中，常用于模拟光信号经过一段光纤后相应的衰减或用在中继站中减少富余的光功率，防止光接收机饱和；也可用于对光测试仪器的校准定标。对于不同的线路接口，可使用不同的固定光衰减器；如果接口是尾纤型的，可将尾纤型的固定光衰减器熔接于光路的两段光纤之间；如果是在系统的调试过程中有连接器接口，则用转换器式或变换器式的固定光衰减器比较方便。

但在实际应用中常常需要使用衰减量可随用户需要而改变的光衰减器。所以可变光衰减器的应用范围更广泛。例如由于 EDFA、CATV 系统的设计富余度和实际系统中光功率的富余度不完全一样，在对系统进行 BER（误码率）评估，防止光接收机饱和时，就必须在系统中插入可变光衰减器，另外，对光纤的光学计量、定标也将使用可变光衰减器。

从市场需求的角度看，一方面，光衰减器正向着小型化、系列化、低价格的方向发展。另一方面，由于普通型光衰减器已相当成熟，光衰减器也向着高性能的方向发展，如智能化光衰减器、高回波损耗光衰减器等。

3.5.2　光衰减器的工作原理

根据工作原理的不同，可以将光衰减器分为位移型光衰减器、薄膜型光衰减器和衰减片型光衰减器。不同类型的光衰减器的工作原理具体如下。

1. 位移型光衰减器

众所周知，当对两段光纤进行连接时，必须达到相当高的对中精度，才能使光信号以较小的损耗传输过去。反过来，如果对光纤的对中精度进行适当的调整，就可以控制其衰减量。位移型光衰减器就是根据这个原理，有意让光纤在对接时发生一定的错位，损失一些光能量，从而达到控制衰减量的目的，位移型光衰减器又分为两种，即横向位移型光衰减器、轴向位移型光衰减器。横向位移型光衰减器是一种比较传统的光衰减器，由于横向位移参数的数量级均在微米级，所以一般不用来制作可变光衰减器，仅用于固定光衰减器的制作，并采用熔接或粘接法，目前仍有较大的市场，其优点在于回波损耗高，一般都大于 60dB。轴向位移型光衰减器在工艺设计上只要用机械的方法将两根光纤拉开一定距离进行对中，就可实现衰减。这种原理主要用于固定光衰减器和一些小型可变光衰减器的制作。图 3-27 所示为轴向位移型可变光衰减器。

2. 薄膜型光衰减器

图 3-27 轴向位移型可变光衰减器

这种光衰减器利用光在金属薄膜表面的反射光强与薄膜厚度有关的原理制成。如果在玻璃衬底上蒸镀的金属薄膜的厚度固定，就制成了固定光衰减器。如果在光纤中斜向插入蒸镀有不同厚度的一系列圆盘型金属薄膜的玻璃衬底，使光路中插入厚度不同的金属薄膜，则能改变反射光的强度，即可得到不同的衰减量，制成可变光衰减器。

3. 衰减片型光衰减器

衰减片型光衰减器直接将具有吸收特性的衰减片固定在光纤的端面或光路中，达到衰减光信号的目的，这种方法不仅可以用来制作固定光衰减器，也可用来制作可变光衰减器。衰减片型光衰减器的结构如图 3-28 所示，其中衰减片可以设计为固定式、步进式和连续式，当调节步进式衰减片或连续式光衰减片的不同位置时，会产生不同的衰减量，即实现可变光衰减。

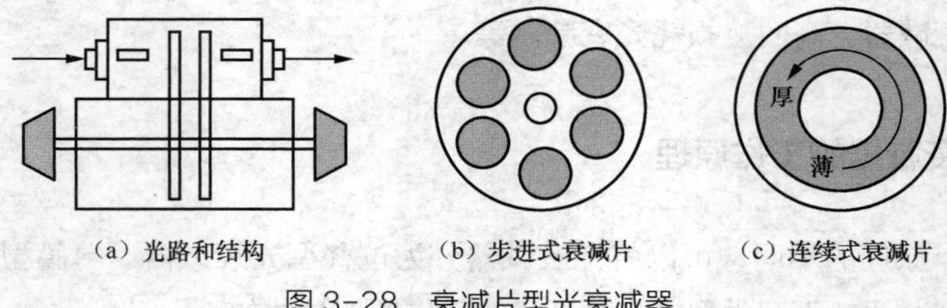

图 3-28 衰减片型光衰减器

3.5.3 光衰减器的性能指标

光衰减器的主要性能指标是衰减量和插入损耗、衰减精度及回波损耗。

1. 衰减量和插入损耗

衰减量和插入损耗是光衰减器的重要指标，固定光衰减器的衰减量指标实际上就是其插入损耗，而可变光衰减器除衰减量外，还有单独的插入损耗指标，高质量的可变光衰减器的插入损耗在 1.0dB 以下，一般情况下普通可变光衰减器的该项指标小于 2.5dB 即可使用。在实际选用可变光衰减器时，插入损耗越小越好。

2. 衰减精度

衰减精度是光衰减器的重要指标。通常机械式可变光衰减器的衰减精度为其衰减

量的 ±0.1 倍。其大小取决于机械元件的精密加工程度。固定光衰减器的衰减精度很高。通常衰减精度越高，光衰减器的价格就越高。

3. 回波损耗

光衰减器的回波损耗是指射入光衰减器的光信号的能量和衰减器中沿入射光路反射出的光信号的能量之比。高性能光衰减器的回波损耗在 45dB 以上。事实上基于工艺等方面的因素，光衰减器的实际回波损耗离理论值还有一定差距，为了不降低整个线路回波损耗，必须在相应线路中使用高回波损耗光衰减器，同时还要求光衰减器具有更大的工作温度范围和频谱范围。

3.6 光隔离器

光隔离器是一种非互易无源器件，它只容许光束沿一个方向通过，对反射光有很强的阻挡作用。在光传输系统中，由于光纤活动连接器、光纤熔接头、光学元件的存在和光纤本身的瑞利散射的作用，总是存在反射光波，会对系统性能产生有害的影响，因此就必须采用光隔离器消除反射光波的影响，在光发送机、光放大器中都装有光隔离器。如图 3-29 所示。

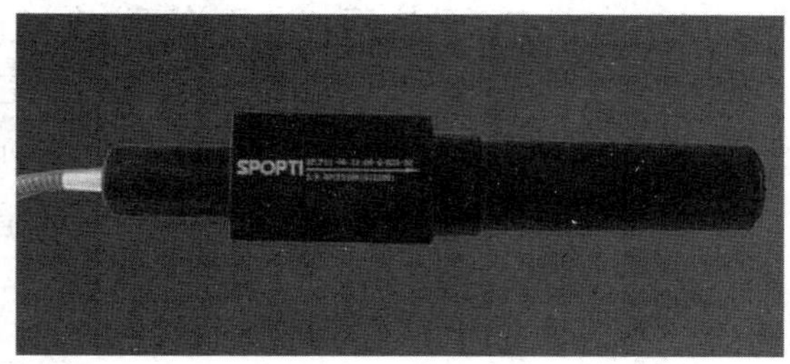

图 3-29　光隔离器

光隔离器由起偏器、旋光器和检偏器 3 部分组成。如图 3-30 所示，起偏器是一种无源器件，当光束入射到它上面时，其输出光束变成了某一方向的线性偏振光，该方向就是起偏器的偏振轴。当入射光的偏振方向与起偏器的偏振轴垂直时光不能通过，因此起偏器又可作检偏器用。旋光器由旋光性材料和套在外面的永久磁铁组成，借助磁光效应，使通过它的光的偏振方向发生一定程度的旋转。

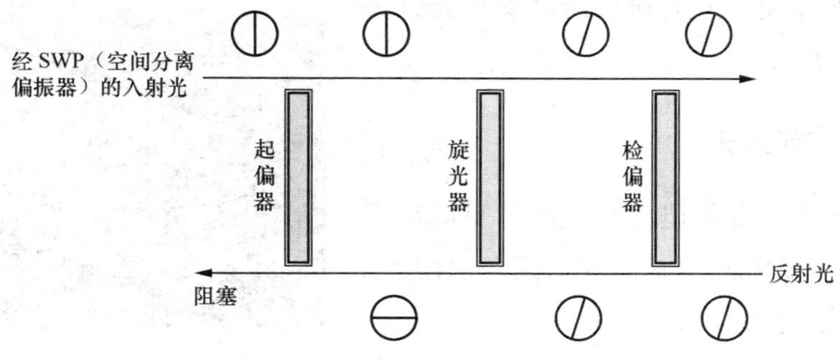

图 3-30　光隔离器的结构及原理示意图

光隔离器的工作原理为起偏器与检偏器的偏振轴相差 45°，当入射光经过起偏器时，变成线性偏振光，然后经过旋光器，其偏振面被旋转 45°，刚好与检偏器的偏振方向一致，于是光信号顺利通过光隔离器而进入光路。如果在有反射光出现时，反射光通过检偏器和旋光器后，其偏振方向与起偏器的偏振方向正交而不能通过起偏器，从而达到了隔离反射光的目的，每级光隔离器对反射光的损耗高达 35dB。

通信系统中对光隔离器性能的要求是正向损耗低、反向隔离度高、回波损耗高、器件体积小、环境性能好。由于光隔离器比较贵重，所以一般应用在光源中，不用在光纤线路中，这主要是从成本角度考虑。如果光隔离器价格便宜且插入损耗又小，也可以用在线路中，以提高系统传输性能。

3.7 光开关

光开关是一种光路控制器件，具有一个或多个可选的传输端口，在光网络系统中可对光信号进行通断和切换。光开关在光分插复用器（OADM）、时分复用（TDM）、WDM 中有着广泛的应用。光开关可以在皮秒（10^{-12}s）内完成切换。在光纤传输网络和各种光交换系统中，可实现分光交换，完成各终端之间、终端与中心之间信息的智能化分配与交换；在普通的光传输系统中，可用于主备用光路的切换，也可用于光纤、光学器件的测试及光纤传感网络中，使光纤传输系统、测量仪表或光纤传感系统工作稳定可靠，使用方便。

3.7.1 光开关的类型

目前，在 OTN 中，各种基于不同交换原理和实现技术的光开关被广泛地提出。基于不同交换原理和技术的光开关具有不同的特性，适用于不同的场合。依据光开关工作原理不同，光开关可分为机械式光开关和非机械式光开关。依据光开关的交换介质来划分，光开关可分为自由空间交换光开关和波导交换光开关。

1．机械式光开关

机械式光开关发展已比较成熟，目前市场上的光开关一般为机械式光开关。图 3-31 所示为机械式光开关示意。

图 3-31　机械式光开关示意

机械式光开关是通过光纤或光学器件移动

使光路发生改变，其开关的功能通过机械的方法实现，如通过将镜片移出或置入光路可实现光信号的通断，如图 3-32 所示。

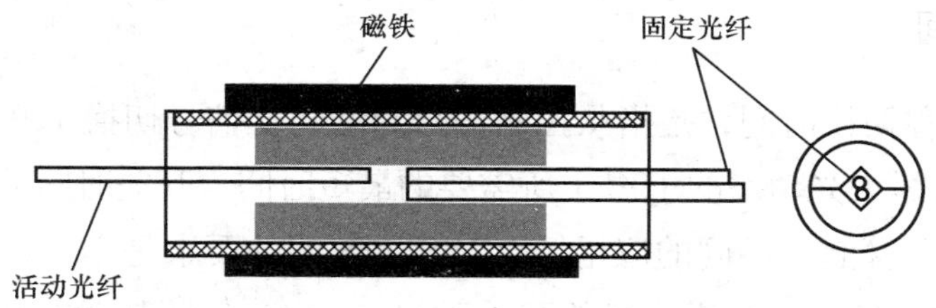

图 3-32　机械式光开关的工作原理示意图

机械式光开关的优点是插入损耗低，一般小于 1.5dB；隔离度高，一般大于 45dB，不受偏振和波长的影响。其缺陷在于开关时间较长，一般为毫秒量级，有时还存在回跳抖动和重复性较差的问题。另外其体积较大，不易制作成大型的光开关矩阵。

2. 非机械式光开关

非机械式光开关则依靠电光效应、磁光效应、声光效应及热光效应来改变波导折射率，使光路发生改变，这是一项新技术，这类开关的优点是开关时间短、体积小，便于光集成或光电集成；不足之处是插入损耗高，隔离度低。

3.7.2　光开关的主要性能参数

光开关是光交换的关键器件，它在光网络中有许多应用场合，衡量光开关的主要性能参数如下。

1. 插入损耗

如图 3-33 所示，光开关的插入损耗表示为输出光功率 P_o 与输入光功率 P_i 的比值，即

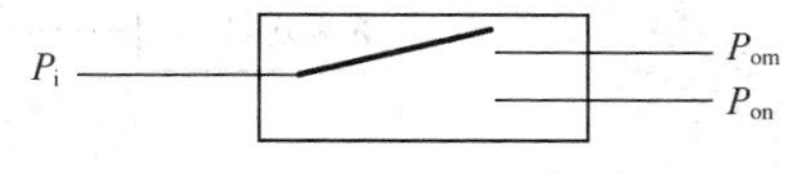

图 3-33　光开关的插入损耗计算示意图

$$IL = 10\lg\frac{P_i}{P_O} \tag{3-11}$$

其中的 P_o 分为导通状态的输出光功率 P_{om} 和非导通状态的输出光功率 P_{on}，故插入损耗与光开关的状态有关。

2. 回波损耗

回波损耗表示为从输入端返回的光功率 P_r 与输入光功率 P_i 之间的比值，如式（3-12）所示。

$$RL = 10\lg\frac{P_r}{P_o} \tag{3-12}$$

3. 开关时间

开关时间又称切换时间，是指从控制信号启动到光信号切换（开启为最大光功率的 90% 或关闭为最大光功率的 10%）所需要的最短时间。开关时间从在光开关上施加或撤去能量的时刻算起。不同的应用场合对开关时间的要求是不一样的，如保护倒换的开关时间为 1 ~ 10μs，分组交换的开关时间为 1ns，外调制器的开关时间为 10ps。对于机械式光开关，开关时间一般为 6 ~ 10ms。

3.8 光波分复用器

在一根光纤内同时传送几个不同波长的光信号的通信方式被称为 WDM。采用 WDM 技术，只要在发送端和接收端增加少量的合波、分波设备，就可以大幅度增加光纤的传输容量，提高经济效益。对于已经铺设的光缆，采用 WDM 技术，也可实现多路传输，起到降低成本和扩充传输容量的作用。

光波分复用器在光路中起到合波和分波的作用，它把不同波长的光信号汇集（合波）到一根光纤中传输，到了接收端，又把由光纤传输来的复用光信号重新分离（分波）出来，如图 3-34 所示。

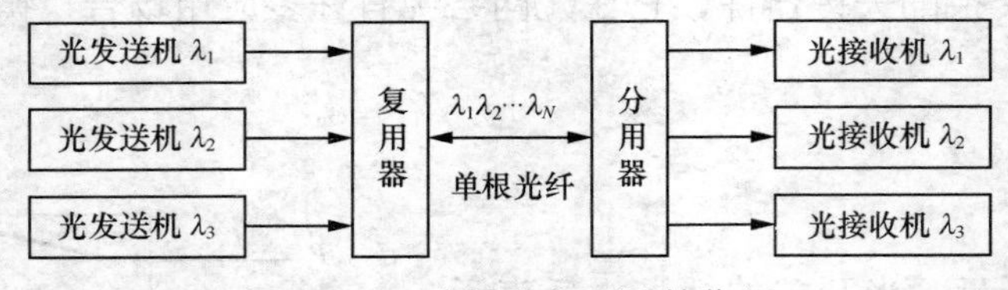

图 3-34　光波分复用器的作用

3.8.1 光波分复用器的类型

光波分复用器的种类很多，应用于不同的领域中，其技术要求和制造方法都不相同，大致可分为熔融拉锥型光波分复用器、介质薄膜型光波分复用器、光栅型光波分复用器、阵列波导光栅光波分复用器，目前市场上的产品大多数是光栅型光波分复用器。

1. 熔融拉锥型光波分复用器

光波分复用器实质上也是一种光分路器或光合路器，它根据光信号的不同波长来实施分路与合路。因此熔融拉锥型光波分复用器在制作方法上与前面所介绍的熔融拉锥型光分路器是相同的。也是将两根单模光纤的纤芯充分靠近时，单模光纤中的两个基模会相互耦合，在一定的耦合系数和耦合长度下，便可以造成不同波长成分的波道分离，而实现分波效果。

2. 介质薄膜型光波分复用器

介质薄膜型光波分复用器的基本单元由在玻璃衬底上交替地镀上折射率不同的两种光学薄膜制成，它实际上就是在光学仪器中广泛应用的增透膜。

3. 光栅型光波分复用器

光栅型光波分复用器用于 WDM 中的主要是闪耀光栅，它的刻槽具有一定的形状，如图 3-35 所示。当光纤阵列中某根输入光纤中的光信号经透镜准直后，以平行光束射向闪耀光栅。由于光栅的衍射作用，不同波长的光信号以方向略有差异的各种平行光束返回透镜传输，再经透镜聚焦后，以一定规律分别注入输出光纤。

4. 阵列波导光栅（AWG）光波分复用器

阵列波导光栅光波分复用器的结构如图 3-36 所示，由输入输出波导群、两个盘形波导及阵列波导光栅一起集成在衬底上而构成。各波导路径长度差所产生的效应与闪耀光栅的沟槽作用相当，从而起到光栅的作用，输入端和输出端通过扇形波导与阵列波导光栅相连。当某根输入光纤含有多波长信号时，在输出端的各光纤中分别具有相关波长的光信号。

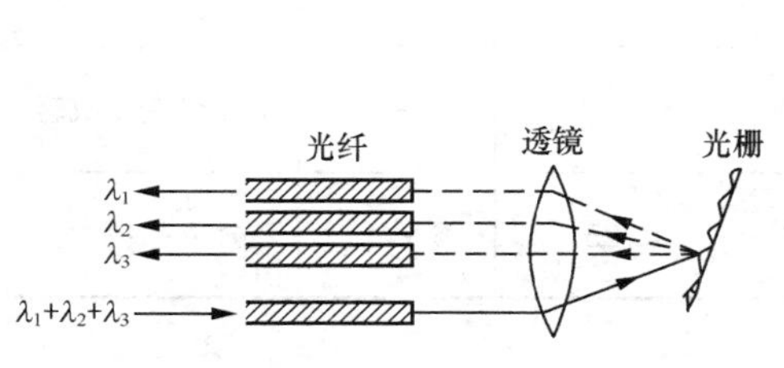

图 3-35　光栅型光波分复用器

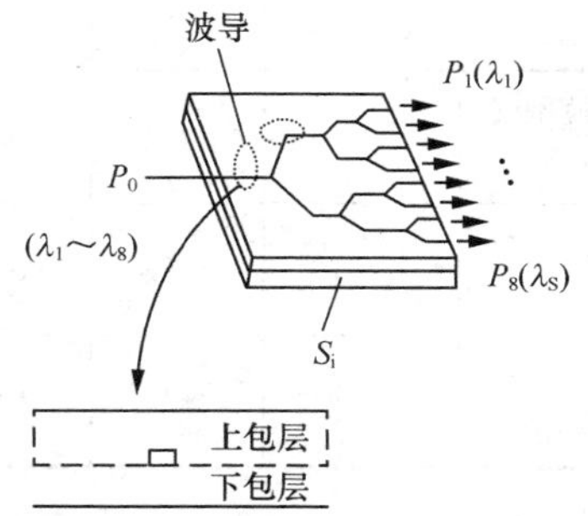

图 3-36　阵列波导光栅光波分复用器的结构示意图

3.8.2　光波分复用器的主要性能指标

光波分复用器的主要性能指标有插入损耗、串音损耗和信道隔离度等。

1. 插入损耗

插入损耗是指因使用光波分复用器而带来的光功率损耗，它包括两个以下方面。一方面是器件本身的固有损耗；另一方面是由于器件的接入在光纤线路连接点上产生的连接损耗。目前光波分复用器的插入损耗一般可以达到 0.5dB 以下。

2. 串音损耗

串音损耗表示光波分复用器对各波长的分隔程度。串音衰减越大越好，应大于 20dB。

3. 信道隔离度

信道隔离度是用于衡量信道之间的串扰程度的参数，它表示的是第 i 条信道与第 j 条信道之间的最大串扰信号功率。信道隔离度的表示公式为

$$L_i = 10\lg\frac{P_i}{P_{ij}} \tag{3-13}$$

式中，L_i 表示隔离度；P_{ji} 表示的是第 j 条信道与第 i 条信道之间的最大串扰信号功率，P_i 表示的是第 i 条信道中的信号功率。

几种类型的光波分复用器的性能比较如表 3-5 所示。

表 3-5　几种类型的光波分复用器的性能比较

器件类型	工作机理	批量生产	通道间隔（nm）	通道数	信道隔离度（dB）	插入损耗（dB）	主要缺点
熔融拉锥型光波分复用器	波长依赖型	较容易	10 ~ 100	2 ~ 6	≤ -45 ~ 100	0.2 ~ 0.5	通路数较少
介质薄膜型光波分复用器	干涉	一般	1 ~ 100	2 ~ 32	≤ -25	2 ~ 6	通路数较少
光栅型光波分复用器	角色散	一般	0.5 ~ 10	4 ~ 131	≤ -30	3 ~ 6	对温度变化敏感
阵列波导光栅光波分复用器	平面波导	容易	1 ~ 5	4 ~ 32	≤ 25	6 ~ 11	插入损耗大

3.9 光放大器

光放大器是为解决光纤和光学器件衰减问题而设计的器件。光放大器的主要功能是提供光信号增益，以补偿光信号在通路中的传输衰减，增大系统的无中继传输距离。

光放大器的基本工作原理是在泵浦能量（电或光）的作用下，实现粒子数反转，然后通过受激辐射实现对入射光的放大。因此光放大器是基于受激辐射或受激散射原理实现入射光信号放大的一种器件，其机制与激光器完全相同。实际上，光放大器在结构上是一个没有反馈或反馈较小的激光器。

光放大器一般可以被分为光纤放大器和半导体光放大器两种。光纤放大器还可以被分为 EDFA、掺镨（Pr）光纤放大器（PDFA）及拉曼放大器等几种类型。其中 EDFA 工作于 1550nm 波长处，已经广泛应用于光纤通信工业领域中。PDFA 可以工作于 1310nm 波长处，但是由于转换效率不理想，现在仍然处于实验室研究阶段。拉曼放大器是近几年开始商用的一种新型光纤放大器，主要应用于需要进行分布式放大的场合。半导体光放大器结构小巧、方便集成，但是由于偏振效应不太理想，一直没有大规模商用化。

与其他光放大器相比，EDFA 具有以下优点。

① 工作频带正处于光纤损耗最低处（波长为 1525 ~ 1565nm）。

② 频带宽，可以对波分复用系统中的多路信号同时进行放大。

③ 对数据率 / 格式透明，系统升级成本低。

④ 增益高（>40dB）、输出功率大（14 ~ 30dBm）、噪声小（3 ~ 4dB）。

⑤ 全光纤结构，与光纤连接容易，连接损耗可低至 0.1dB。

⑥ 增益与信号偏振态无关，故稳定性好。

⑦ 激励掺铒光纤（EDF）所需要的泵浦光功率低（数十毫瓦），而拉曼放大器需要的泵浦光功率达到 0.5 ~ 1W。

目前在光纤通信系统中使用最多的是 EDFA，因此下面重点介绍 EDFA 的组成、结构、工作原理及主要性能指标。

3.9.1　EDFA 的组成

EDFA 的组成如图 3-37 所示，主要包括 EDF、泵浦光源、光隔离器、合波器、光滤波器几个部分。

其中，EDF 和高功率泵浦光源是关键组成部分。

EDF 是一段长度大约为 10 ~ 100m 的掺铒石英光纤，其纤芯中掺杂有浓度大约为 25mg/kg 的稀土元素铒离子 Er^{3+}，在泵浦光的激励下可以实现粒子数反转分布，被称为具备光放大能力的工作物质。EDF 的增益取决于 Er^{3+} 的浓度、光纤长度和直径，以及泵浦光功率等多种因素，通常由实验获得最佳增益。

泵浦光源是发送波长通常为 980nm 或 1480nm 的半导体激光器，对泵浦光源的基本要求是大功率和长寿命，一般输出功率为 10 ~ 100mW。研究表明发送波长为

980nm 的泵浦光源工作效率最高，且噪声较小，是未来发展的方向。

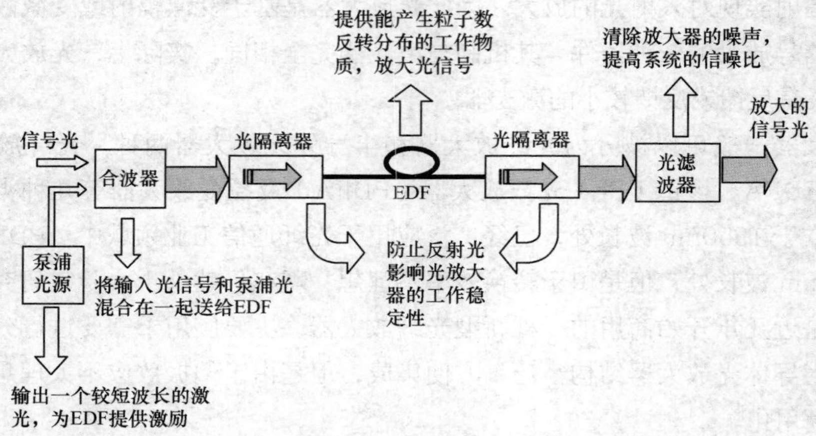

图 3-37　EDFA 的组成

合波器的作用是把泵浦光与信号光耦合在一起注入光纤。对合波器的基本要求是采用插入损耗低的熔融拉锥型光纤耦合器。

光隔离器的作用是置于 EDF 两端防止光反射，以保证器件稳定工作和减小噪声。

光滤波器的作用是滤除光放大器噪声，提高系统的信噪比。

3.9.2　EDFA 的结构

基于不同的用途，EDFA 已经发展出多种不同结构。根据泵浦光源所在的不同位置，可以分成同向泵浦、反向泵浦及双向泵浦 3 种泵浦方式。

1. 同向泵浦

如图 3-38 所示，在同向泵浦方式下，泵浦光与信号光从同一端注入 EDF。由于输入泵浦光较强，故粒子反转激励也强，其增益系数大。同向泵浦的优点是构成简单，噪声指数较小；缺点是输出功率较低。

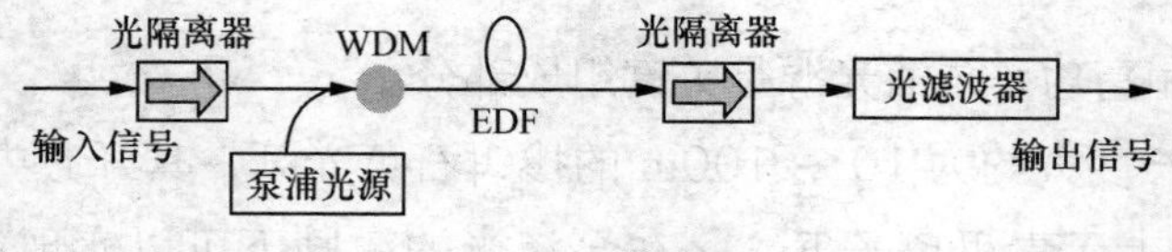

图 3-38　同向泵浦方式

2. 反向泵浦

如图 3-39 所示，在反向泵浦方式下，泵浦光与信号光从不同的方向输入 EDF，两者在 EDF 中反向传输。其优点是当光信号放大到功率很强时，泵浦光也强，不易达到饱和，输出功率比同向泵浦高；缺点是噪声较大。

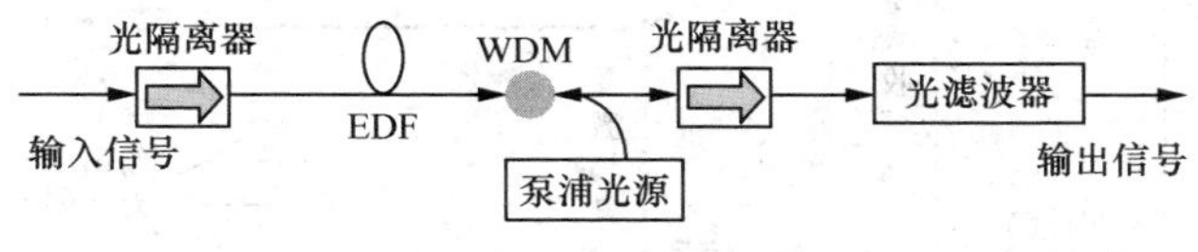

图 3-39　反向泵浦方式

3. 双向泵浦

双向泵浦方式如图 3-40 所示，可用多个泵浦光源从多个方向激励光纤。多个泵浦光源部分前向泵浦、部分后向泵浦，结合了同向泵浦和反向泵浦两种方式的优点，使泵浦光在光纤中均匀分布，从而使其增益在光纤中均匀分布。

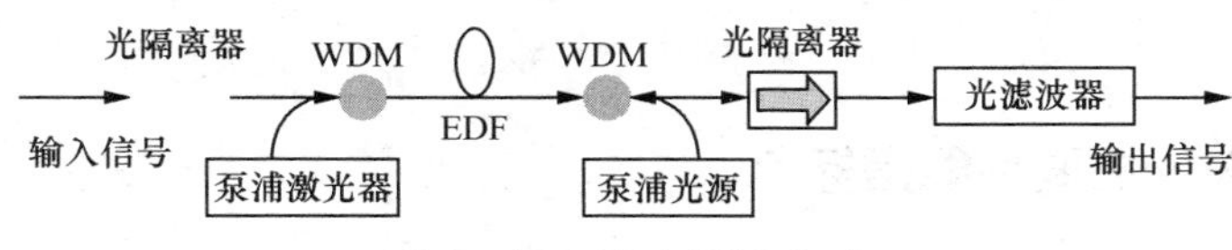

图 3-40　双向泵浦方式

双向泵浦方式不但可以使泵浦光在光纤中分布均匀，而且从输出功率的角度看，单向泵浦的输出功率为 14dB 左右，而双向泵浦的输出功率可以达到 17dB，输出功率更大，当然双向泵浦的成本也比单向泵浦高。

3.9.3　EDFA 的工作原理

EDFA 的放大原理与激光器发光原理类似，它之所以能放大光信号，是由于在泵浦光源的作用下，在 EDF 中出现了粒子数反转分布，产生受激辐射，从而使光信号得到放大。由于 EDFA 具有细长的纤形结构，使得有源区的能量密度很高，光与物质的作用区很长，这样可以降低对泵浦光源功率的要求。

由理论分析得知，Er^{3+} 有 3 个工作能级，分别为 E_1、E_2 和 E_3。如图 3-41 所示，其中 E_1 能级最低，被称为基态；E_2 为亚稳态；E_3 能级最高，被称为激发态。其中亚稳态和基态的能量差相当于 1550nm 光子的能量。Er^{3+} 在未受任何光激励的情况下，处在 E_1 上。当用泵浦光源的激光不断地激发 EDF 时，处于 E_1 的粒子获得了能量就会向高能级跃迁，即从 E_1 跃迁至 E_3，这个过程就是受激跃迁。由于粒子在 E_3 上是不稳定的，它将迅速产生自发辐射过程落到 E_2 上。在该能级上，粒子相对来讲有较长的存活寿命。由于泵浦光源不断地激发 EDF，则 E_2 上的粒子数就会不断增加，而 E_1 上的粒子数就会减少，这样，在这段 EDF 中就实现了粒子数反转分布状态，具备了光放大的条件。

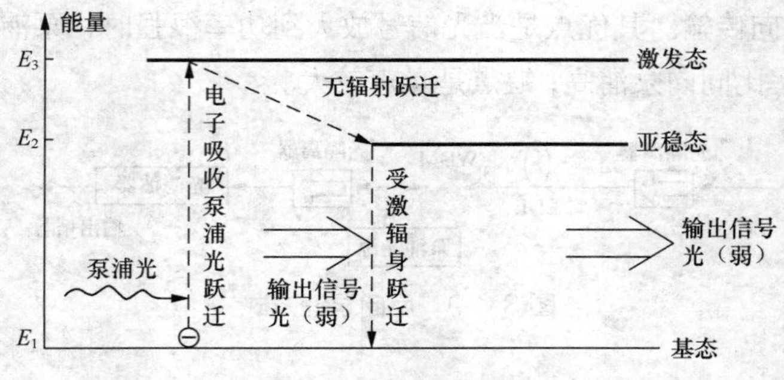

图 3-41　EDFA 的工作原理

当输入光信号的光子能量 $E=hf$ 正好等于 E_1 和 E_2 之间的能级差，即 $E_2-E_1=hf$ 时，则位于 E_2 的粒子将以受激辐射的形式跃迁到 E_1 上，并辐射出和输入光信号中的光子一样的全同光子，从而大大增加了光子数量，使得输入信号光在 EDF 中变为较强的输出光信号，实现了光的直接放大。

3.9.4　EDFA 的主要性能指标

EDFA 的主要性能指标是指功率增益、饱和输出光功率和噪声系数。

1. 功率增益

将功率增益 G 定义为

$$G=10\lg\frac{P_o}{P_i} \tag{3-14}$$

其中，P_i 是输入光功率，P_o 是输出光功率。

功率增益表示了光放大器的放大能力，功率增益的大小与泵浦光功率及 EDF 的长度等因素有关。

图 3-42 所示的是 EDFA 的功率增益与泵浦光功率之间的关系曲线。可以看出，EDFA 的功率增益随着泵浦光功率的增加而增加，当泵浦光功率达到一定的值时，EDFA 的功率增益出现饱和，即泵浦光功率继续增加，功率增益也基本保持不变。

图 3-43 所示的是 EDFA 的功率增益与 EDF 的长度之间的关系曲线。可以看出，开始时功率增益是随着 EDF 的长度增加而上升的，当 EDF 的长度达到一定的值后，功率增益反而逐渐下降。从图 3-44 中可以看出，当 EDF 为某一长度时，可以获得最大功率增益，这个长度即为最佳功率增益长度。

因此在给定 EDF 的情况下，应选择合适的泵浦光功率和 EDF 的长度，以达到最佳功率增益。目前采用的主要泵浦光源的发送波长是 980nm 和 1480nm，如果采用发送波长为 1480nm 的泵浦光源，当泵浦光功率为 5mW 且 EDF 长度为 30m 时，可以获得 35dB 的功率增益。

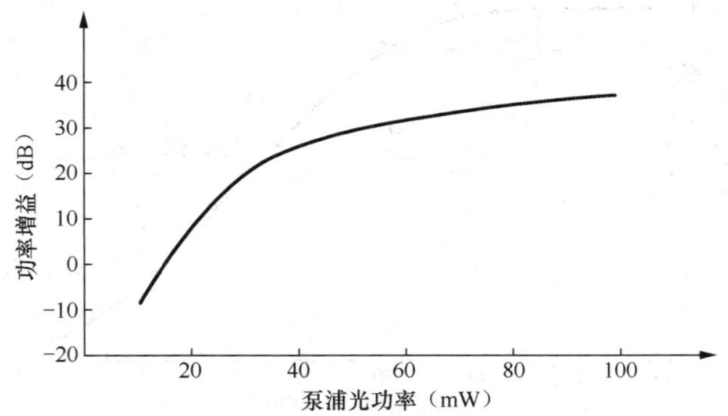

图 3-42　EDFA 的功率增益与泵浦光功率之间的关系曲线

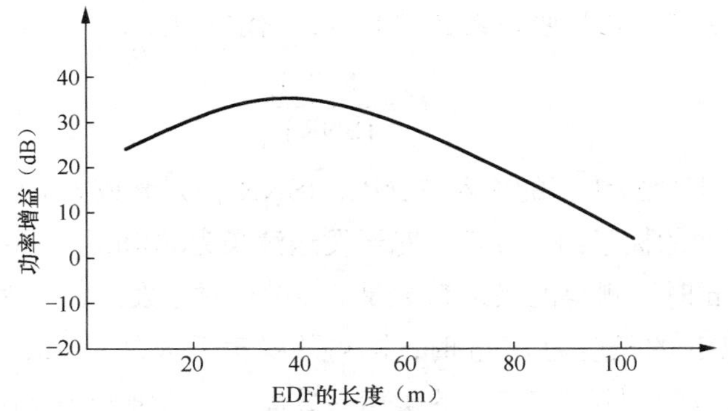

图 3-43　EDFA 的功率增益与 EDF 的长度之间的关系曲线

2. 饱和输出光功率

如图 3-44 所示，在 EDFA 中，输入光功率与输出光功率之间并不是始终成正比的关系，而是存在输出光功率饱和的现象。当输入光功率比较小时，功率增益 G 是一个常数，用符号 G_0 表示，称为 EDFA 的小信号增益。但当 G 增大到一定数值后，EDFA 的功率增益开始下降，这种现象被称为功率增益饱和；当 EDFA 的功率增益降至小信号增益 G_0 的一半时，也就是用分贝表示为下降 3dB 时，所对应的输出功率被称为饱和输出光功率，是 EDFA 的一个重要参数，饱和输出光功率用 Pouts 表示，它代表了 EDFA 的最大输出能力。

3. 噪声系数

EDFA 噪声的主要来源包括信号光的散粒噪声、信号光与光放大器自发辐射光之间的差拍噪声、被放大的自发辐射光的散粒噪声、光放大器自发辐射光的不同频率光波之间的差拍噪声。

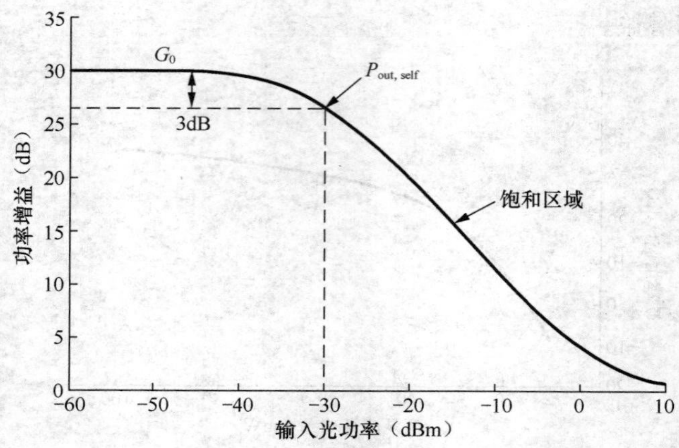

图 3-44　EDFA 的功率增益饱和输出功率

EDFA 的噪声特性可以用噪声系数 F 表示，它定义为

$$F=\frac{(\mathrm{SNR})_{\mathrm{in}}}{(\mathrm{SNR})_{\mathrm{out}}} \tag{3-15}$$

其中，$(\mathrm{SNR})_{\mathrm{in}}$ 是光放大器的输入信噪比，$(\mathrm{SNR})_{\mathrm{out}}$ 是光放大器的输出信噪比。

EDFA 噪声系数的极限约为 3dB。对于发送波长为 980nm 的泵浦光源的 EDFA，EDF 的长度为 30m 时，测得的噪声系数是 3.2dB；对于发送波长为 1480nm 的泵浦光源的 EDFA，EDF 的长度为 60m 时，测得的噪声系数是 4.1dB。由此可见，发送波长为 980nm 的泵浦光源的 EDFA 的噪声系数优于发送波长为 1480nm 的泵浦光源的 EDFA 的噪声系数。

3.10　光模块

在早期的传输设备上，光接口是被固定在设备单板上的，如果出现光接口与线缆之间不匹配或者光接口损坏的情况，更换很不方便。为了使设备便于维护并且能适用于多种应用场景，目前传输设备大多采用可以进行热插拔的光模块提供光接口，实现与光纤的连接，光模块也成为在光传输网络的维护工作中使用频率很高的器件。

3.10.1　光模块的组成

光模块可以分为光接收模块、光发送模块、光收发一体模块、光转发模块等，其主要作用是完成对光信号的光 / 电转换或电 / 光转换。光模块由光电子器件、功能电路和外部配件等组成，光电子器件包括发射和接收两部分，外部配件则由外壳、底座、

PCBA、拉环、卡扣、解锁件、橡胶塞组成。如图 3-45 所示。

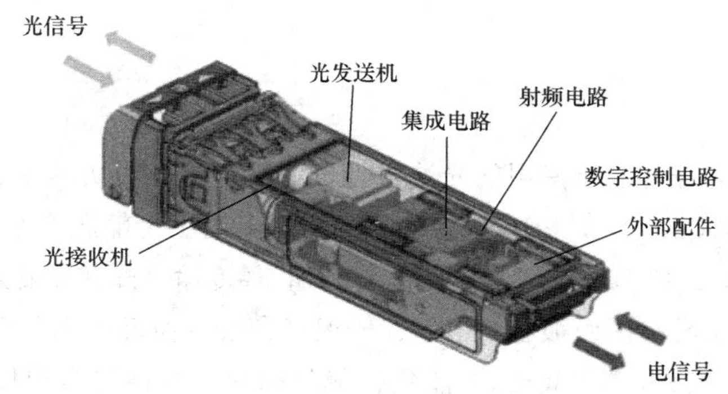

图 3-45　光模块的结构

发射部分的作用是实现电 / 光转换，也就是将输入的一定码率的电信号经内部的驱动芯片处理后，驱动 LD 或 LED 发射出相应速率的调制光信号，其内部带有光功率自动控制电路（APC），使输出的光信号功率保持稳定。

接收部分的作用实现光 / 电转换，是将一定码率的光信号输入模块后由光探测二极管转换为电信号，经前置放大器后输出相应码率的电信号，同时对接收的光信号功率进行检测，若光功率低于设定的门限值，则会发出相应的告警信号。

3.10.2　光模块的参数

如图 3-46 所示，光模块的类型可以从在模块上标注的参数进行识别。以下就是光模块的主要参数。

1. 传输速率

传输速率指每秒传输的比特数，单位为 Mbit/s 或 Gbit/s。主要速率有百兆比特每秒、千兆比特每秒、2.5Gbit/s、4.25Gbit/s、10Gbit/s、100Gbit/s、400Gbit/s。

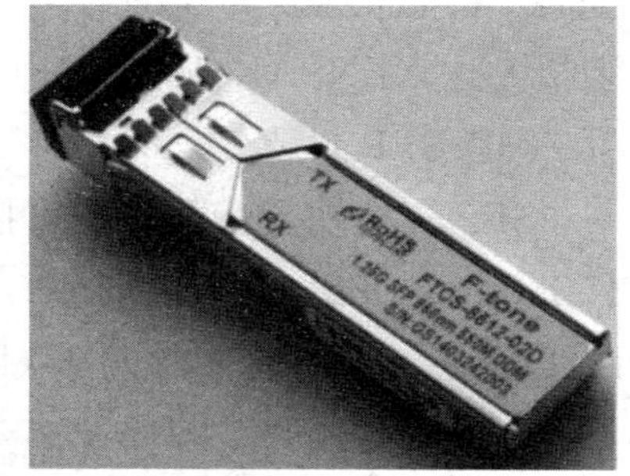

图 3-46　光模块的参数

2. 传输距离

光模块的传输距离分为短距离传输、中距离传输和长距离传输 3 种。一般认为 2km 及以下的传输距离为短距离，10 ~ 20km 的传输距离为中距离，30km、40km 及以上的传输距离为长距离。光模块一般有以下几种规格。多模传输距离为 550m；单模传输距离为 15km、40km、80km 和 120km 等。光模块的传输距离受到限制，主要是因为光信号在光纤中传输时会有一定的损耗和色散。传输距离越远，光模块的价格越高，用户需要根据自己的实际组网情况选择合适的光模块，以满足不同的传输距离要求。

3. 中心波长

中心波长指光信号传输所使用的光波段。目前常用的光模块的中心波长主要有 3 种，即 850nm、1310nm 及 1550nm。其中 850nm 多用于传输距离小于等于 2km 的短距离传输；1310nm 和 1550nm 则多用于中长距离传输，即传输距离在 2km 以上的传输。裸模块如果没有标识很容易混淆，一般厂家会在拉环的颜色上进行区分，如黑色拉环代表多模，波长是 850nm；蓝色、黄色和紫色拉环代表单模，波长分别是 1310nm、1550nm、1490nm。

4. 光纤类型

按光在光纤中的传输模式可将光纤分为多模光纤和单模光纤两种。多模光纤的纤芯较粗，可传输多种模式的光。但其模间色散较大，且随传输距离的增加，模间色散情况会逐渐加重，因此多模光纤的传输距离较短。单模光纤的纤芯较细，只能传输一种模式的光。因此，其模间色散很小，适用于远程通信。

5. 封装方式

光模块的封装就是指光模块的外形，随着科技的进步，光模块的封装也是一步步在进化，体积正在逐渐变小，在速率、功耗、传输距离、成本等方面也在不断地改善、提高。目前光模块常见的封装类型有 SFP 封装，XFP 封装，SFP+ 封装，QSFP+ 封装和 X2、XENPAK 封装，CFP 封装等。

（1）SFP 封装

SFP 光模块是一种小型可插拔光模块，属于千兆光模块，目前较高传输速率有 155Mbit/s、622Mbit/s、1.25Gbit/s、2.125Gbit/s、4.25Gbit/s，通常与 LC 型光纤跳线连接。图 3-47 中的光模块即为采用 SFP 封装的光模块。

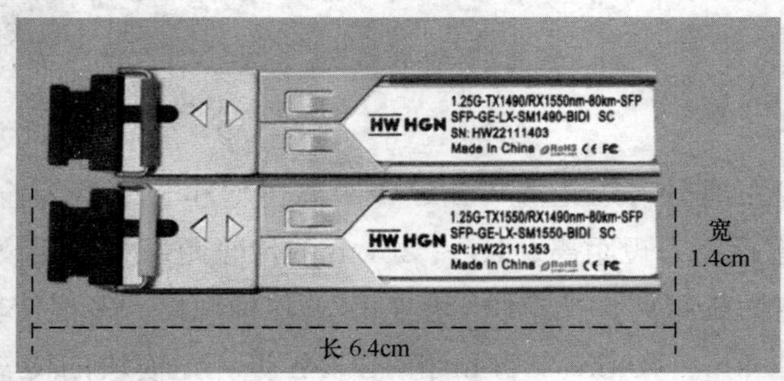

图 3-47　SFP 光模块

（2）XFP 封装

X 在罗马数字中代表 10，传输速率 9.953Gbit/s ~ 10.3Gbit/s，属于 10G 光模块。采用双 LC 型光纤接口，可热插拔，包含了数字诊断功能。多用在万兆以太网、SONET（同步光网络）等多种系统中。XFP 光模块如图 3-48 所示。

（3）SFP+ 封装

如图 3-49 所示，SFP+ 光模块的外形和 SFP 光模块是一样的，只是支持的传输速率可以达到 10Gbit/s，常用于中短距离的传输。和 XFP 光模块相比，SFP+ 将信号调制功能、串并变换器、MAC（介质访问控制）、时钟和数据恢复，以及电子色散补偿功能从模块移到主板卡上，实现高速率传输、体积小型化和低成本制造，所以 SFP+ 光模块的体积和功耗都比 XFP 光模块小。目前 SFP+ 光模块已经成为 10G 光模块的主力。

图 3-48　XFP 光模块

图 3-49　SFP+ 光模块

（4）QSFP+ 封装

QSFP+ 光模块如图 3-50 所示，QSFF+ 光模块是一种 4 通道小型可热插拔光模块，它具有 4 个独立的全双工收发通道，用多通道并行的高密度光模块替换单通道的 SFP 光模块，支持和 LC 型光纤跳线连接。

QSFP+ 光模块的体积只比标准的 SFP 光模块大 30%。这种 4 通道的可插拔接口的传输速率达到了 4 × 10Gbit/s。

（5）X2、XENPAK 封装

X2、XENPAK 光模块如图 3-51 所示，多应用于 10G 以太网，通常与 SC 型光纤跳线连接。X2 光模块由 XENPAK 光模块的标准演变而来，由于在将 XENPAK 光模块安装到电路板上时需要在电路板上开槽，实现过程较复杂，无法实现高密度应用，X2 光模块经过改进后体积只有 XENPAK 光模块的一半左右，可以直接被放置到电路板上，因此适用于高密度的机架系统和 PCI 网卡应用。

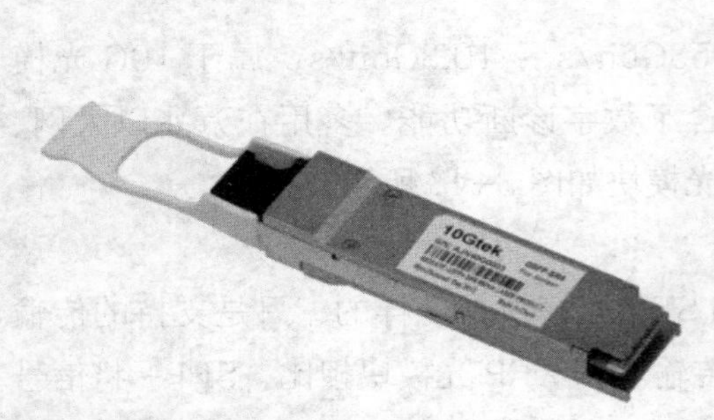

图 3-50 QSFP+ 光模块

图 3-51 X2、XENPAK 光模块

（6）CFP 封装

CFP 光模块中的 C 代表 100，主要针对的是传输速率在 100Gbit/s 及以上的应用，CFP 封装主要包括 CFP 封装 /CFP2 封装 /CFP4 封装 /CFP8 封装，CFP 后面的数字代表了此封装模式的更新换代，数字越大则光模块尺寸更小，传输速率更高。将 CFP 光模块每路电接口速率定义为 10Gbit/s 等级，通过 4×10Gbit/s 和 10×10Gbit/s 电接口实现 40Gbit/s 和 100Gbit/s 的光模块传输速率。

3.10.3 光模块的性能指标

1. 输出光功率

输出光功率指光模块发送端光源输出的光功率，可以理解为光的强度，单位为 W、mW 或 dBm，公式为

$$P_{\mathrm{dBm}}=10\log\frac{P}{1\mathrm{mW}} \tag{3-16}$$

由公式可知，光功率衰减一半，即降低 3dB；0dBm 的光功率对应 1mW。

2. 接收灵敏度

接收灵敏度指的是在一定速率、误码率的情况下光模块的最小接收光功率，单位为 dBm。在一般情况下，速率越高，接收灵敏度越差，即最小接收光功率越大，对于光模块接收端器件的要求也越高。考虑到光纤老化或其他不可预见因素导致的链路损耗增大，应将最佳接收光功率范围控制在接收灵敏度以上 2 ~ 3dB 至过载点以下 2 ~ 3dB。

3. 饱和光功率值

饱和光功率值是指光模块接收端最大允许接收的光功率，一般为 -3dBm。当实际

接收光功率大于饱和光功率值的时候，光检测器在强光照射下会出现光电流饱和现象。当出现此现象后，光检测器需要一定的时间恢复，此时接收灵敏度下降，有可能对接收到的信号进行误判，从而造成误码现象，而且还非常容易损坏光检测器，在使用操作的过程中应尽量避免超出其饱和光功率值。

对于长距离传输的光模块，由于其平均输出光功率一般大于其最大输入光功率（即饱和光功率值），因此请用户使用时关注光纤使用长度，以保证光模块的实际接收光功率小于其饱和光功率值，否则有可能造成光模块的损坏。

3.11　小结

1. 光通信器件分为有源器件和无源器件两大类，光源和光检测器属于有源器件。

2. 光与物质相互作用的主要过程有自发辐射、受激辐射、受激吸收。物质实现发光必须实现辐射过程的作用大于吸收过程的作用，因此粒子数反转分布是实现光放大的前提。

3. 光源的作用是实现电 / 光转换，常用的光源是 LD 和 LED，其本质结构都是外加正向偏压的 PN 结。其中 LD 是基于受激辐射过程发射激光，LED 基于自发辐射过程发射荧光。

4. 激光器的主要结构应包括激励源、增益物质和光学谐振腔。其中光学谐振腔的主要作用是实现光放大和波长选择。

5. 光检测器的作用是实现光 / 电转换，常用的光检测器是 PIN 和 APD，PIN 和 APD 都是外加反向偏压的 PN 结。PIN 通过扩展耗尽区宽度提高光 / 电转换效率，APD 具有雪崩倍增效应，可以实现光生电流的内部放大，因此灵敏度较高。

6. 常用的光纤活动连接器类型可以分为 LC 型光纤活动连接器、SC 型光纤活动连接器、FC 型光纤活动连接器、ST 型光纤活动连接器等类型，连接器插入损耗一般应低于 0.5dB。

7. EDFA 是目前最常用的光纤放大器之一，其组成主要包括泵浦光源、EDF、光隔离器和光滤波器。EDFA 主要工作波长在 C 波段。

8. 光模块可以分为光接收模块、光发送模块、光收发一体模块、光转发模块等种类，主要作用是完成对光信号的光 / 电转换或电 / 光转换。光模块由光电子器件、功能电路和外部配件等组成。光模块的主要性能指标包括封装方式、工作波长、传输速率和传输距离。

3.12 思考与练习

1. 光通信器件分为__________和__________两大类。光源属于__________器件。

2. 常用的光源是__________和__________；常用的光检测器是__________和__________。

3. 光与物质相互作用的主要过程有__________。

A．自发辐射　　　　B．受激辐射

C．自发吸收　　　　D．受激吸收

4. 激光器的组成主要包括__________、__________和__________。其中实现光波长选择的是__________。

5. PIN 和 APD 的主要区别是什么？

6. 无源器件中的__________用于实现光源反向光的隔离，__________用于实现光信号的分路和合路；__________用作光波分复用系统的关键器件。

7. EDFA 是什么？画图说明其组成及各部分功能。

第 4 章
SDH 传输技术

04

学习目标

① 了解SDH的定义及特点；
② 掌握SDH信号的帧结构与速率等级；
③ 掌握SDH复用映射过程；
④ 掌握常见的SDH网元类型及功能；
⑤ 掌握SDH网络保护技术；
⑥ 掌握SDH同步技术原理；
⑦ 了解SDH网络管理系统的作用。

20 世纪 80 年代，电信运营商的主要业务是语音业务，因此光传输技术是以电路交换的 SDH 技术为主。后来为满足日益增长的互联网业务需求，2000 年左右逐渐发展出了 MSTP 技术。同时，为增大长途网传输带宽，推出了 WDM 技术。随着 4G 网络的大规模应用，业务逐渐趋于全 IP 化。由于 MSTP/SDH 都是以电路交换为核心的，承载 IP 业务效率低，调度灵活性差，无法适应移动网的承载、传输需要，所以自 2009 年起，电信运营商在网络中部署了 PTN 和 IPRAN，标志着通信网络的传输技术逐渐向全 IP 化方向转型。

光传输技术的发展历程如图 4-1 所示。

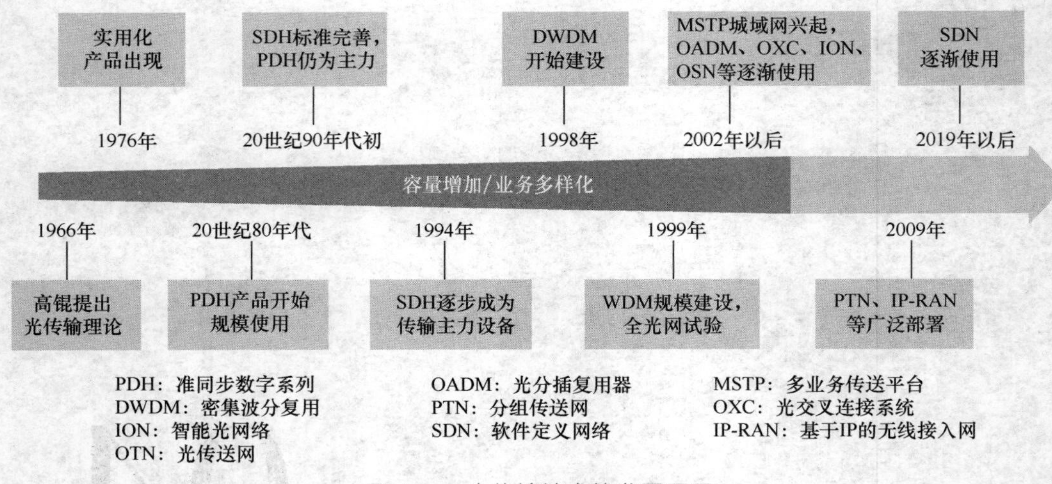

图 4-1　光传输技术的发展历程

4.1 SDH 基本复用原理

4.1.1 SDH 的定义及特点

SDH 是一种采用全球统一的接口以实现设备在多厂家环境下的兼容，在全程全网范围内实现高效协调一致的管理和操作，完成信号复用、传输级交叉连接等处理功能的智能化网络。它能实现灵活的组网与业务调度，具备网络自愈功能，并且由于维护功能的加强大大降低了设备的运行维护费用，从而成为我国自 20 世纪 90 年代开始广泛采用的传输技术。

1. SDH的优点

相较于 PDH 技术，SDH 具有明显的优势，具体如下。

（1）光接口方面

接口的规范化与否是决定不同厂家的设备能否互连的关键。SDH 体制对 NNI（网络节点接口）进行了统一的规范。规范的内容包括数字信号速率等级、帧结构、复接方法、线路接口、监控管理等，这使 SDH 设备容易实现多厂家互连和横向兼容。

（2）复用方式

低速 SDH 信号是以同步字节间插方式复用进高速 SDH 信号的，故低速 SDH 信号在高速 SDH 信号帧结构中的位置是固定且有规律的，可以从高速 SDH 信号中直接分 / 插出低速 SDH 信号，从而简化信号的复接和分接，提升设备的可靠性，降低信号损伤、设备成本、功耗、复杂性等，使业务的处理更加简便。SDH 的这种复用方式也使数字交叉连接（DXC）功能更易于实现，使网络具有很强的自愈功能，便于用户按需动态组网，实现灵活的业务调配。

（3）运行维护方面

SDH 信号的帧结构中有丰富的用于 OAM（运行管理维护）功能的开销字节，使网络的监控功能和维护的自动化程度都大大加强，可以降低系统的维护费用。与 PDH 系统相比，SDH 系统的综合成本仅为 PDH 系统综合成本的 65.8% 左右。

综上所述，SDH 的优点主要包括：具有全球标准统一的光接口；具有强大的 OAM 能力；采用同步字节间插复用，可以快速上下话路。

2. SDH的缺点

SDH 的缺点主要有以下几点。

（1）频带利用率低

通信系统的有效性和可靠性是一对矛盾，提升有效性必将降低可靠性，而提升可靠性也会相应地使有效性降低。SDH 的突出优势是系统的可靠性增强，这是由于在 SDH 信号中加入了大量的用于实现 OAM 功能的开销字节，但是这样必然会使在传输同样有效信息的情况下，PDH 的频带利用率比 SDH 高。

（2）指针调整机理复杂

可从高速 SDH 信号中直接分接出低速 SDH 信号，省去了多级复用 / 解复用过程，而这种功能的实现是通过指针调整机理来完成的。指针是 SDH 的一大特色，但是指针功能的实现也增加了系统的复杂性，最重要的是使系统产生了 SDH 的一种特有抖动——由指针调整引起的结合抖动。这种抖动多发于网络边界处（SDH/PDH），其频率低、幅度大，会导致低速 SDH 信号在分接出后性能劣化。

（3）软件的大量使用对系统安全性的影响很大

SDH 的一大特点是 OAM 的自动化程度高，软件在系统中占有相当大的比重，这就使系统很容易受到计算机病毒的侵害。另外，网络层上人为的错误操作、软件故障，对系统的影响也是致命的。因此，SDH 网络的安全性就成了很重要的一个方面。

4.1.2 SDH 信号的帧结构和速率等级

1. STM-*N*的帧结构

ITU-T 规定，SDH 信号采用以字节（8bit）为单位的矩形块状帧结构，称为 STM-*N*（*N*=1,4,16,64,...）（同步传送模块）。STM-1 是 SDH 最基本的结构。

如图 4-2 所示，STM-*N* 的帧结构是 9 行 ×270×*N* 列，即包含 9×270×*N* 个字节每一列的宽度是 8bit。每一帧按照从左到右、从上到下的顺序进行传输。STM-*N* 的帧结构由三部分组成，即信息净负荷、SOH（段开销）、AU-PTR（管理单元指针），这三部分的功能分别如下。

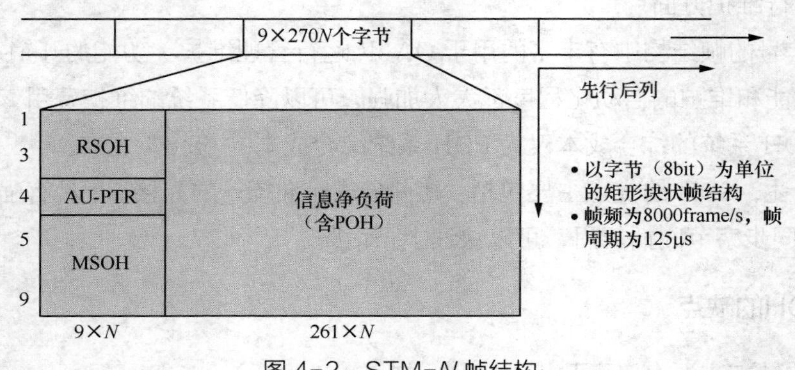

图 4-2 STM-*N* 帧结构

（1）信息净负荷

信息净负荷是在STM-*N* 帧结构中存放将由STM-*N* 传送的各种信息码块的地方。

如果将 STM-N 比喻为运货车，那么信息净负荷区相当于 STM-N 这辆运货车的车厢，车厢内装载的货物就是经过打包的低速信号——待运输的货物。为了实时监测待运输的货物（打包的低速信号）在传输过程中是否有损坏，在打包低速信号的过程中加入了监控开销字节——通道开销（POH）字节。POH 作为信息净负荷的一部分与信息码块一起装载在 STM-N 这辆运货车上，在 SDH 网中传送，它负责对低速信号进行通道性能监视、管理和控制。

（2）SOH

SOH 是为了保证信息净负荷能正常、灵活地传送所必须附加的供网络 OAM 使用的字节。SOH 又分为 RSOH（再生段开销）和 MSOH（复用段开销），分别对相应的段层进行监控。段其实相当于一条大的传输通道，RSOH 和 MSOH 的作用就是对这一条大的传输通道进行监控。RSOH 和 MSOH 的区别在于监管的范围不同。举个简单的例子，若光纤上传输的是 2.5Gbit/s 的信号，那么 RSOH 监控的便是 STM-16 信号整体的传输性能，而 MSOH 则监控 STM-16 信号中每一个 STM-1 的性能。

RSOH 在 STM-N 帧中的位置是第 1 ~ 3 行的第 1 ~ 9×N 列，共 3×9×N 个字节；MSOH 在 STM-N 帧中的位置是第 5 ~ 9 行的第 1 ~ 9×N 列，共 5×9×N 个字节。与 PDH 信号的帧结构相比，SOH 丰富是 SDH 信号帧结构的一个重要特点。

（3）AU-PTR

AU-PTR 位于 STM-N 帧中第 4 行的 9×N 列，共 9×N 个字节。SDH 能够从高速信号中直接分 / 插出低速支路信号（如 2Mbit/s），因为低速支路信号在高速 SDH 信号帧中的位置是有规律的，规律性的实现的关键就在于 SDH 帧结构中的指针开销字节功能。

AU-PTR 是用来指示信息净负荷的第一个字节在 STM-N 帧内的准确位置的指示符，以便接收端能根据这个位置指示符的值（指针值）正确分离信息净负荷。

指针有高阶、低阶之分，高阶指针是 AU-PTR，低阶指针是 TU-PTR（支路单元指针），TU-PTR 的作用类似于 AU-PTR，只不过所指示的信息结构更小一些而已。

2. SDH的传输速率等级

根据 SDH 帧结构，每一帧包含 9×270×8×N=（19440×N）bit。SDH 帧的帧周期为 125s，帧频是 8000Hz，故 STM-N 的传输速率为 19440×N×8000=（155520×N）kbit/s，其速率等级如表 4-1 所示。

表 4-1　SDH 速率等级

SDH 速率等级	比特率（kbit/s）	速率（bit/s）
STM-1	155520	155M
STM-4	622080	622M

续表

SDH 速率等级	比特率（kbit/s）	速率（bit/s）
STM-16	2488320	2.5G
STM-64	9953280	10G

由表 4-1 可以看出，STM-N 是由 N 个 STM-1 经同步字节间插复接而成的，故其速率为 STM-1 的 N 倍。

4.1.3 SDH 的复用结构和步骤

1. SDH复用结构

ITU-T 为 SDH 定义了一套独特的复用步骤和复用结构，G.709 复用结构如图 4-3 所示。

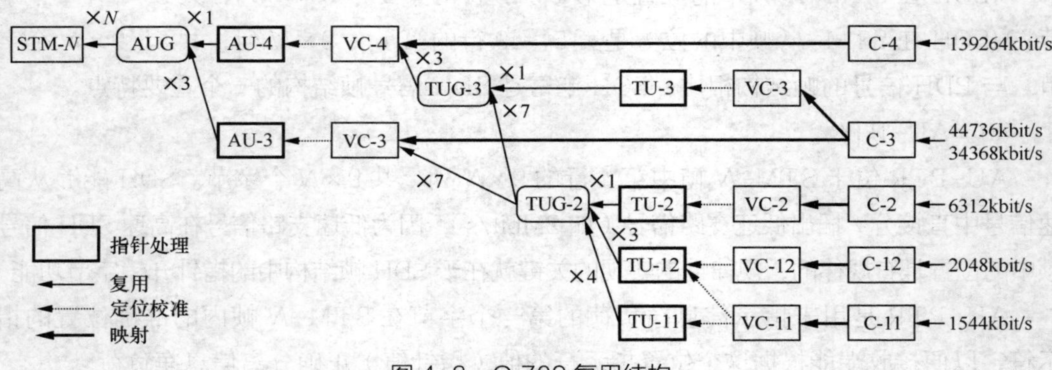

图 4-3　G.709 复用结构

此复用结构包括基本的信息复用单元，分别为：C 代表容器、VC 代表虚容器、TU 代表支路单元、TUG 代表支路单元组、AU 代表管理单元、AUG 代表管理单元组。这些复用单元后的数字表示与此复用单元相应的信号级别。

在图 4-3 中，从一个有效负荷到 STM-N 的复用路线不是唯一的，而是有多条路线，但是同一个国家或地区则必须使复用路线唯一化，因此我国的光同步传送网（OSTN）技术体制规定了以 2Mbit/s 信号为基础的 PDH（准同步数字系列）作为 SDH 的有效负荷，并选用 AU-4 的复用路线，其结构如图 4-4 所示。

由图 4-4 可见，我国的 SDH 复用结构规范可有 3 个 PDH 支路信号输入口。一个 139.264Mbit/s PDH 信号可被复用成一个 STM-1（155.520Mbit/s）；63 个 2.048Mbit/s PDH 信号可被复用成一个 STM-1；3 个 34.368Mbit/s PDH 信号也能复用成一个 STM-1。

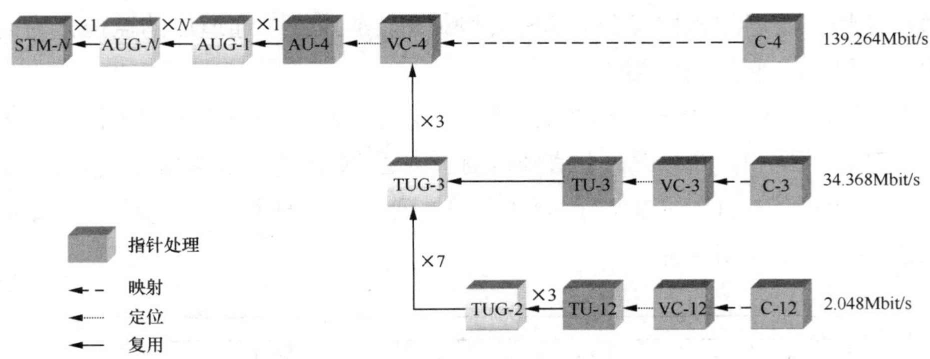

图 4-4　我国的 SDH 复用结构

各速率等级的 PDH 信号和 SDH 复用中的信息结构的一一对应关系如下。

2Mbit/s PDH 信号—— C-12 —— VC-12 —— TU-12；

34Mbit/s PDH 信号—— C-3 —— VC-3 —— TU-3；

140Mbit/s PDH 信号—— C-4 —— VC-4 —— AU-4。

2. SDH复用的基本步骤

在 SDH 复用结构中，各种业务信号复用进 STM-*N* 帧的过程都要经历映射、定位、复用 3 个步骤。

（1）映射是一种在 SDH 网络边界处（如 SDH/PDH 边界处），将 PDH 支路信号适配进 VC 的过程。例如，经常使用的各种速率（140Mbit/s、34Mbit/s、2Mbit/s）PDH 信号先经过码速调整，分别装入各自相应的标准容器中，再加上相应的低阶或高阶的通道开销，形成各自相对应的 VC 的过程。

（2）定位是指通过调整指针，使指针的值时刻指向低阶 VC 帧的起点在 TU 净负荷中的具体位置或高阶 VC 帧的起点在 AU 净负荷中的具体位置，使接收端能据此正确地分离相应的 VC。

（3）复用的概念比较简单，它是一种使多个低阶通道层的信号适配进高阶通道层[如 TU-12(×3) → TUG-2(×7) → TUG-3(×3) → VC-4]或把多个高阶通道层的信号适配进复用层的过程[如 AU-4(×1) → AUG-1(×*N*) → AUG-*N*(×1)STM-*N*]。复用也就是通过字节间插方式把 TU 组织进高阶 VC，或者把 AU 组织进 STM-*N* 的过程。由于经过 TU 和 AU 指针处理后的各 VC 支路信号已相位同步，因此该复用过程是同步复用过程。

4.1.4　SDH 的 SOH

SDH 开销的功能是为 SDH 信号提供层层细化的监控管理，监控可分为段层监控和通道层监控。段层的监控又分为 RS 层和 MS 层的监控，通道层的监控分为高阶通道层的监控和低阶通道层的监控。

STM-*N* 帧的 SOH 位于帧结构的（1 ~ 9）行 ×（1 ~ 9×*N*）列（注意，第 4 行为 AU-PTR，除外）。以 STM-1 信号为例来讲述 SOH 各字节的用途。对于 STM-1 信号，SOH 包括帧中（1 ~ 3）行 ×（1 ~ 9）列的 RSOH 和（5 ~ 9）行 ×（1 ~ 9）列的 MSOH，如图 4-5 所示。

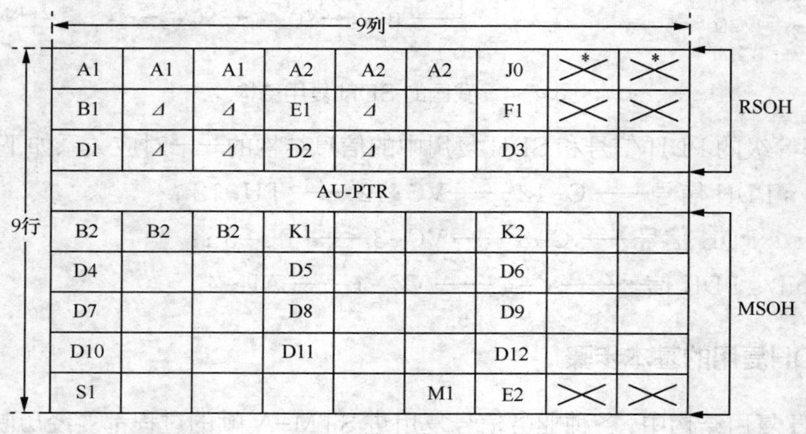

图 4-5　STM-*N* 帧的 SOH 字节

图 4-5 中标注出了 RSOH 和 MSOH 在 STM-1 帧中的位置，它们的区别主要在于监控的范围不同。开销字节的功能具体介绍如下。

1．定帧字节：A1和A2

定帧字节的作用有点类似于指针，起定位的作用。A1、A2 有固定的值，A1 是 11110110（f6H），A2 是 00101000（28H）。接收端检测信号流中的各个字节，当发现连续出现 3*N* 个 A1 字节，又紧跟着出现 3*N* 个 A2 字节时（在 STM-1 帧中，各有 3 个 A1 和 A2 字节），就断定现在开始接收到一个 STM-*N* 帧，接收端通过 A1 和 A2 字节定位每个 STM-*N* 帧的起点，区分不同的 STM-*N* 帧，以达到分离不同帧的目的。

当连续 5 帧以上（625μs）接收不到正确的 A1、A2 字节时，接收端进入帧失步（OOF）状态，产生 OOF 告警；若 OOF 持续 3ms，则进入帧丢失（LOF）状态——设备产生 LOF 告警，下插 AIS（告警指示信号），整个业务中断。在 LOF 状态下，若接收端连续 1ms 以上又处于定帧状态，则设备可回到正常状态。

2. 再生段踪迹字节：J0

该字节被用来重复地发送段接入点标识符，以便使接收端能据此确认与指定的发送端处于持续连接状态。在同一个电信运营者的网络内，该字节可为任意字符，而在不同的两个电信运营者的网络边界处，要使设备收、发两端的 J0 字节相匹配。通过 J0 字节可使运营者提前发现和解决故障，缩短网络恢复时间。

3. DCC（数据通信通道）字节：D1～D12

D1 ～ D12 字节提供了所有 SDH 网元都可接入的通用 DCC，作为 ECC（嵌入式控制通道）的物理层，在 SDH 网元之间传输 OAM 信息，构成 SDH 管理网的传送通道。其中，D1 ～ D3 是 MS 数据通道字节，传送速率为 3×64kbit/s = 192kbit/s，用于 MS 终端间传送 OAM 信息；D4 ～ D12 是 RS 数据通道字节，传送速率为 9×64kbit/s= 576kbit/s，用于在 RS 终端间传送 OAM 信息。DCC 速率总共为 768kbit/s，它为 SDH 网络的管理提供了强大的通信基础。

4. 公务联络字节：E1和E2

E1 和 E2 字节分别提供一个 64kbit/s 的公务联络语音通道，将语音信息存放于这两个字节中传输。E1 字节属于 RSOH，用于 RS 的公务联络；E2 字节属于 MSOH，用于终端间直达公务联络。例如，SDH 网络如图 4-6 所示，若仅使用 E1 字节作为公务联络字节，A、B、C、D 4 个网元均可互通公务。因为终端复用器（TM）的作用是将低速支路信号分 / 插到 SDH 信号中，所以要处理 RSOH 和 MSOH，因此使用 E1、E2 字节均可进行公务联络。再生中断器（REG）的作用是信号的再生，只需处理 RSOH，所以仅使用 E1 字节也可进行公务联络。若仅使用 E2 字节作为公务联络字节，那么就仅有 A、D 两个网元之间可以进行公务联络了，因为 B、C 网元不处理 MSOH，也就不会处理 E2 字节。

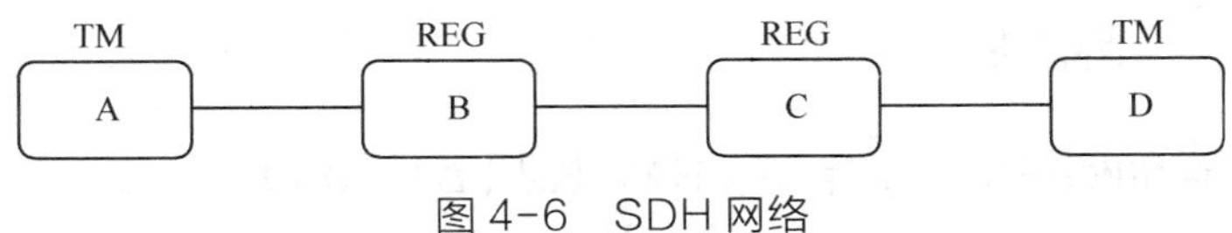

图 4-6　SDH 网络

5. 使用者通路字节：F1

F1 字节用于提供速率为 64kbit/s 的数据 / 语音通路，保留给使用者（通常指网络提供者）用于特定维护目的的临时公务联络。

6. BIP-8（比特间插奇偶校验8位码）：B1

B1 字节是用于 RS 层误码监测的 8 位奇偶校验码。奇偶校验码是一种差错控制编码，其编码方法举例如下。若某信号帧由 4 个字节（A1=00110011、A2=11001100、A3=10101010、A4=00001111）组成，则对个帧进行 BIP-8 偶校验的方法是以 8bit 为一个校验单位，将此帧按照每字节为一块分成 4 块，按图 4-7 所示的方式排列后，依次计算每一列中“1”的个数，若为奇数，则在得数（B）的相应位填“1”，否则填“0”。也就是 B 的相应位的值，使 A1、A2、A3、A4 摆放的块的相应列中“1”的个数为偶数。偶校验就是要保证编码后每一列中“1”的个数为偶数。B 的值就是对 A1、A2、A3、A4 进行 BIP-8 偶校验后所得的结果。

BIP-8	A1	00110011
	A2	11001100
	A3	10101010
	A4	00001111
	B	01011010

图 4-7　BIP-8 偶校验示意图

综上所述，B1 字节的工作机理是：发送端对本帧（第 N 帧）加扰后的所有字节进行 BIP-8 偶校验，将结果放在下一个待扰码帧（第 N+1 帧）的 B1 字节中；接收端对当前待解扰帧（第 N 帧）的所有比特进行 BIP-8 校验，所得的结果与下一帧（第 N+1 帧）解扰后的 B1 字节的值进行相异或比较，若这两个值不一致，则异或结果中有“1”出现，根据出现多少个“1”，则可监测出第 N 帧在传输中出现了多少个误码块。

7. 比特间插奇偶校验 $N\times24$ 位的（BIP-$N\times24$）字节：B2

B2 字节的工作机理与 B1 字节类似，只不过它检测的是 MS 层的误码情况。B1 字节是对整个 STM-N 帧信号进行传输误码检测，一个 STM-N 帧中的 B2 字节用于对 STM-N 帧的每一个 STM-1 帧中的传输误码情况进行监测。B2 字节的工作机理是发送端 B2 字节对前一个待扰的 STM-1 帧中除 RSOH（包括 B1 字节对整个 STM-N 帧的校验结果）以外的全部比特进行 BIP-24 校验，将结果放于本帧待扰 STM-1 帧中的 B2 字节位置上。接收端对当前解扰后 STM-1 帧中除 RSOH 以外的全部比特进行 BIP-24 校验，其结果与下一 STM-1 帧解扰后的 B2 字节相异或，根据异或后出现“1”的个数来判断该 STM-1 帧在 STM-N 帧的传输过程中出现了多少个误码块，B2 字节最多可检测出 24 个误码块。

8. APS（自动保护倒换）字节：K1、K2（b1～b5）

这两个字节用作传送 APS 信令，用于保证设备在出现故障后能自动切换，使网络业务得以恢复，用于 MS 保护倒换自愈情况。

9. MS-RDI（复用段远端失效指示）字节：K2（b6～b8）

这是一个对端告警信息，由接收端（信宿）回送给发送端（信源），表示接收端检测到来话故障或正收到 MS 告警指示信号。也就是说，当接收端收信劣化，这时回送给发送端 MS-RDI 告警信号，以使发送端知道接收端的状态。若接收到的 K2（b6 ～ b8）=

110，则此信号为对端对告的 MS-RDI 告警信号；若接收到的 K2(b6 ~ b8)=111，则此信号为本端接收到的 MS-AIS(复用段告警指示信号)，此时要向对端发送 MS-RDI 告警信号，即在发往对端的信号帧 STM-*N* 中，K2(b6 ~ b8)=110。

10. 同步状态字节：S1（b5~b8）

不同的 S1 比特图案表示 ITU-T 的不同时钟质量级别，使设备能据此判定接收的时钟信号的质量，以此决定是否切换时钟源，即是否切换到较高质量的时钟源上。S1（b5-b8）的值越小，相应的时钟质量级别越高。

11. （MS-REI）复用段远端误码块指示字节：M1

这是一个对告信息，由接收端回送给发送端。M1 字节用来传送接收端由 B2 字节所检测出的误块数，以便发送端据此了解接收端的收信误码情况。

12. 传输媒质指示字节：Δ

Δ 字节专用于具体传输媒质的特殊功能，如在用单根光纤进行双向传输时，可用此字节来实现辨明信号方向的功能。

13. 国内保留使用的字节：×

所有未进行标记的字节都将留待将来的国际标准确定。

4.2 SDH 基本网元

SDH 传输网是由不同类型的网元通过光缆线路的连接组成的，通过不同的网元完成 SDH 传输网的传输功能，即上行 / 下行业务、交叉连接业务、网络故障自愈等。下面讲述 SDH 传输网中常见网元的特点和基本功能。

1. TM（终端复用器）

TM 用在网络的终端站点上，如一条链的两个端点上，它是一个双端口的器件，TM 模型如图 4-8 所示。

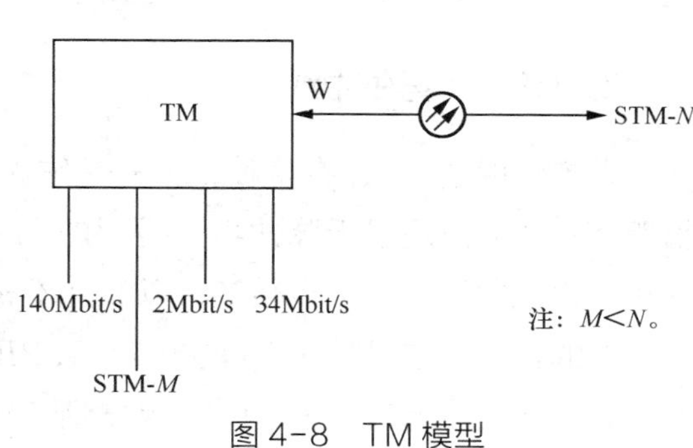

图 4-8 TM 模型

TM 的作用是将支路端口的低速信号（低速支路信号）复用到线路端口的高速信号 STM-*N* 中，或从高速信号 STM-*N*

中分出低速支路信号。它的线路端口输入 / 输出一路 STM-*N* 信号，而支路端口却可以输出 / 输入多路低速支路信号。在将低速支路信号复用进 STM-*N* 帧中（将低速信号复用到线路上）时，有一个交叉的功能，如可将支路的一个 STM-1 信号复用进线路上的 STM-16 信号中的任意位置上，也就是复用在 1 ~ 16 个 STM-1 信号的任意位置上。可将支路的 2Mbit/s 信号复用到一个 STM-1 信号的 63 个 VC-12 中的任意位置上。

2. ADM（分插复用器）

ADM 用于 SDH 传输网的转接站点处，如链的中间节点或环上节点，是 SDH 传输网上使用最多、最重要的一种网元，它是一个三端口的器件，ADM 模型如图 4-9 所示。

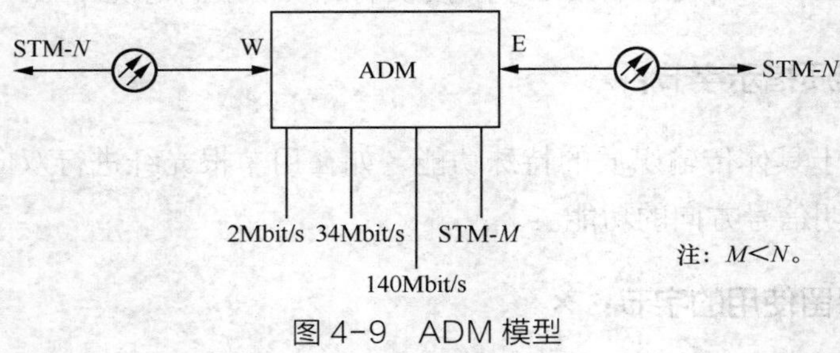

图 4-9　ADM 模型

ADM 有两个线路端口和一个支路端口。两个线路端口各接一侧的光缆，分别称为西（W）向线路端口、东（E）向线路端口。ADM 的作用是将低速支路信号交叉复用进东向或西向线路上去，或从东向或西向线路端口接收的线路信号中拆分出低速支路信号。另外，还可以对东向或西向线路侧的 STM-*N* 信号进行交叉连接，如将东向 STM-16 信号中的 3#STM-1 信号与西向 STM-16 信号中的 15#STM-1 信号相连接。

ADM 是 SDH 传输网中最重要的一种网元，通过它可配置成其他网元，完成其他网元的功能，如一个 ADM 可等效成两个 TM。

3. REG（再生中继器）

光传输网的 REG 有两种，一种是纯光的 REG，主要进行光功率放大以延长光传输距离；另一种是用于脉冲再生整形的电 REG，主要通过光 / 电转换、电信号抽样、判决、再生整形、电 / 光转换，以达到不积累线路噪声、保证线路上传送信号波形的完好性的目的。这里的 REG 是电 REG，REG 是双端口的器件，只有两个线路端口——西（W）向线路端口和东（E）向线路端口。如图 4-10 所示。

图 4-10　电 REG

它的作用是将西向或东向线路侧的光信号经光 / 电转换、电信号抽样、判决、再生整形、电 / 光转换在东向或西向线路侧发出。

真正的 REG 只需要处理 STM-N 帧中的 RSOH，且不需要交叉连接功能（西向线路和东向线路直通即可），而 ADM 和 TM 因为要将低速支路信号分 / 插到 STM-N 信号中，所以不仅要处理 RSOH，而且还要处理 MSOH；另外，ADM 和 TM 都具有交叉复用能力（有交叉连接功能）。

4. DXC（数字交叉连接设备）

DXC 主要完成 STM-N 信号的交叉连接功能，它是一个多端口的器件，实际上相当于一个交叉矩阵，完成各个端口信号间的交叉连接，如图 4-11 所示。

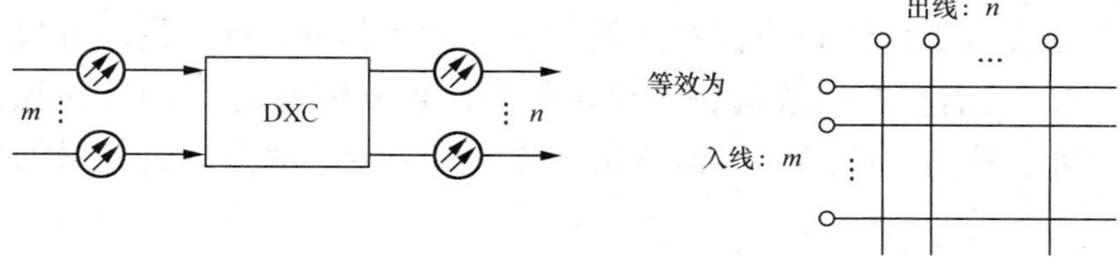

图 4-11　DXC 功能图

DXC 可将输入的 *m* 路 STM-N 信号交叉连接到输出的 *n* 路 STM-N 信号上，图 4-11 中的右图表示有 *m* 条入光纤和 *n* 条出光纤。DXC 的核心是交叉连接，功能强的 DXC 能完成高速（如 STM-16）信号在交叉矩阵内的低级别交叉（如 VC-12 级别的交叉）。

通常用 DXC*m*/*n* 表示一个 DXC 的类型和性能（注：$m \geqslant n$ 且 *m* 和 *n* 均为整数），*m* 表示可接入 DXC 的最高速率等级，*n* 表示在交叉矩阵中能够进行交叉连接的最低速率等级。*m* 越大，DXC 的承载容量越大；*n* 越小，DXC 的交叉灵活性越大。*m* 和 *n* 的数值与速率对应如表 4-2 所示。

表 4-2　*m* 和 *n* 的数值与速率对应

m 或 *n*	0	1	2	3	4	5	6
速率	64kbit/s	2Mbit/s	8Mbit/s	34Mbit/s	140Mbit/s 或 155Mbit/s	622Mbit/s	2.5Gbit/s

4.3 SDH网络保护

当前通信网络的安全性越来越受到人们的重视，SDH传输网的保护倒换方式将直接关系到网络的功能和业务传输的可靠性，SDH传输网的网络保护设计已成为市场开放环境下网络运营者或业务提供者之间的重要竞争焦点。SDH网络保护是指当网络出现故障时，可以通过保护倒换的方式，保证网络能在极短的时间内从失效故障中自动恢复所携带的业务。SDH网络保护方式一般应根据不同的组网拓扑结构进行选用、设计。下面对SDH网络中常用的网络保护方式进行介绍。

4.3.1 APS

APS(自动保护倒换)方式一般适用于线形网络结构，主要是通过设置备用系统实现对网络业务的保护。APS包括1+1和1∶N两种保护方式。

1+1保护方式如图4-12所示，在接收端、发送端双方之间，双向分别设置工作线路和保护线路，发送端同时向工作线路和保护线路发送业务信号，接收端根据线路的状态选择从工作线路或保护线路上接收业务信号，即“发端并发，收端选收”。这种方式只需要在接收端完成单端倒换，且不需要运行APS协议，因此切换时间短、可靠性高，适用于大容量业务传输时采用。缺点是需要增加线路投资成本。

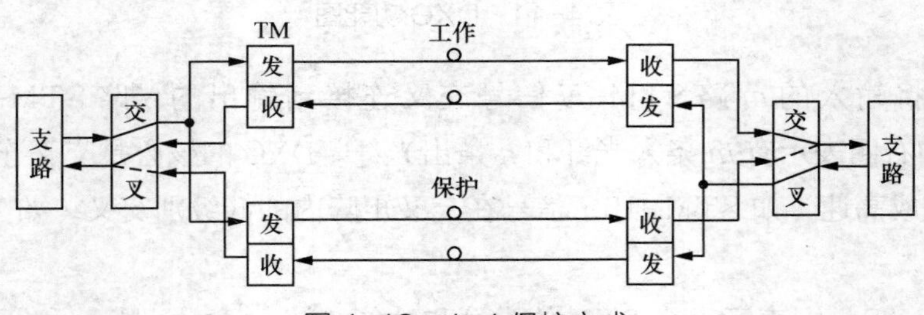

图4-12 1+1保护方式

1∶N保护方式如图4-13所示，由N个主用系统共用一个备用系统，但N的最大值不能超过14。当主用系统均正常时，备用线路处于空闲状态；当主用系统出现故障时，需要在接收端、发送端双方同时进行倒换，切换至备用系统进行业务传输，实施保护。当多个主用系统同时出现故障时，需要按照系统的业务优先级确定切换顺序，优先保证重要业务的传输。这种方式执行的是双端倒换，因此需要运行APS协议，在接收端、发送端双方之间通过K1、K2字节传输APS控制信息，因此切换时间比1+1保护方式长，但是成本低，系统保护效率高。

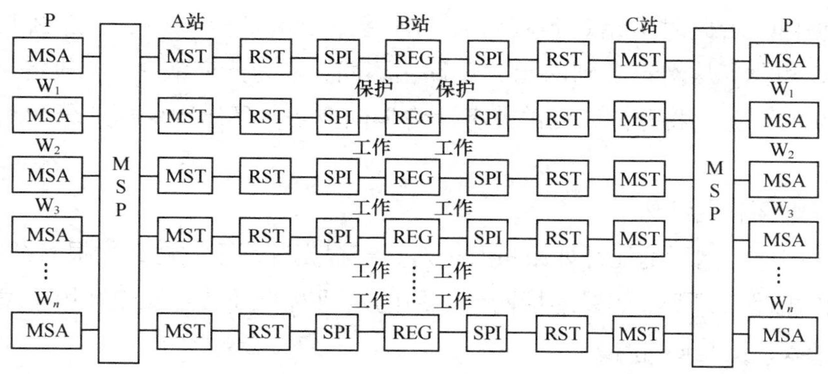

图 4-13　1：*N* 保护方式

4.3.2　自愈环

1. 自愈的概念

所谓自愈，是指在网络发生故障（如光纤断裂）时，无须人为干预，网络自动地在极短的时间内（ITU-T 规定为 50ms 以内）使业务自动从故障中恢复传输，且使用户几乎感觉不到网络出现了故障。网络具有自愈能力的先决条件是网络存在冗余路由，网元具备强大的交叉能力并具备一定的智能。

自愈仅是通过备用信道恢复失效的业务，而不涉及具体出现故障的部件和线路的修复或更换，所以故障点的修复仍需要人工干预才能完成，就像断了的光缆还需要人工接好。

2. 自愈环的分类

目前环形拓扑结构是 SDH 网络中最常用的组网结构之一，因为环形网具有较强的自愈能力。自愈环可按环上业务的方向、网元节点间的光纤数、保护的业务级别来划分。按照环上业务的方向可将自愈环分为单向环和双向环两大类；按照网元节点间的光纤数可将自愈环划分为二纤环和四纤环；按照保护的业务级别可将自愈环划分为通道保护环和 MS 保护环两大类。

（1）单向环与双向环

传输网上的业务按流向不同可分为单向业务和双向业务。如图 4-14 所示，由 4 个网元组成一个环形网。

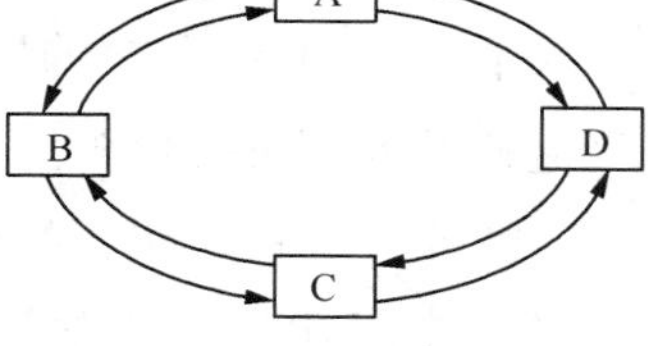

图 4-14　环形网

若网元 A 和网元 C 之间互通业务，网元 A 到网元 C 的业务路由假定是 A → B → C，若此时网元 C 到网元 A 的业务路由是 C → B → A，则业务从网元 A 到网元 C 和从网元 C 到网元 A 的路由相同，称为一致路由。若此时网元C到网元A的业务路由是C→D→A，那么业务从网元A到网元C和业务从网元C到网元A的路由不同，称为分离路由。一般将一致路由的业务称为双向业务，将分离路由的业务称为单向业务，环形网也据此分为双向环和单向环。

（2）二纤环和四纤环

环形网中连接网元的光纤如果只有一对，一根光纤用于发送，一根光纤用于接收，则该环形网就是二纤环；如果连接网元使用的是两对光纤，两根光纤用于发送，两根光纤用于接收，则是四纤环。

（3）通道保护环和MS保护环

对于通道保护环，业务的保护是以通道为基础的，也就是保护的是STM-*N*信号中的某个VC（某一路PDH信号），倒换与否是按照环上的某一个级别通道信号的传输质量来决定的，通常依据接收端是否接收到简单的告警信号来决定该通道是否应进行倒换。例如，在STM-16环上，若接收端接收到VC-4的第48个TU-12有TU-AIS（支路单元告警指示信号），那么就仅将该通道切换到备用信道上去。

MS保护环是以MS为基础的，倒换与否根据环上传输的MS信号的质量决定。倒换由K1、K2（b1 ~ b5）字节所携带的APS协议控制启动。当MS出现问题时，环上整个业务信号都被切换到备用信道上。MS保护倒换的条件是接收到LOF、LOS（信号丢失）、MS-AIS、MS-EXC（复用段误码超限）等告警信号。

3. 常用的自愈环

（1）二纤单向通道保护环

如图4-15所示，二纤单向通道保护环由两根光纤组成两个环，其中一个环为工作环S1；另一个环为保护环P1，两环的业务流向相反。通道保护环的保护功能是通过网元支路板的“发端并发、收端选收”功能来实现的，也就是在业务发送端由网元支路板将支路上环业务同时送入工作环S1和保护环P1，两环上业务完全一样且流向相反，业务接收端的网元支路板则根据环上的状态选择从工作环S1或保护环P1中接收业务。

下面以环形网中的网元A与网元C互通业务为例进行分析。

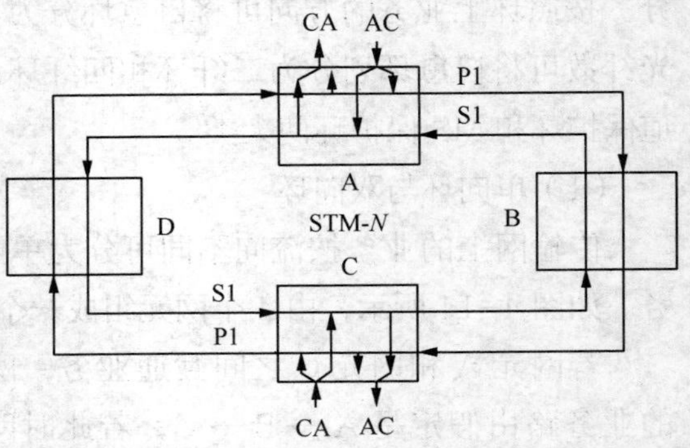

图4-15　环路正常时的二纤单向通道保护环

图4-15中，网元A和网元C都将进入环的支路业务“并发”到工作环S1和保护环P1上，S1和P1上的所传业务相同且流向相反——S1中的业务沿逆时针

方向传输，P1 中的业务沿顺时针方向传输。网络正常时，网元 A 和网元 C 都选择接收环 S1 上的业务，即网元 A 与网元 C 之间业务实际的传输路径是从网元 A 沿 S1 光纤经过网元 D 穿通再到达网元 C；网元 C 到网元 A 的业务的实际传输路径是从网元 C 沿 S1 光纤经过网元 B 穿通再到达网元 A。

如图 4-16 所示，若网元 B 与网元 C 间的光纤同时被切断，此时从网元 A 到网元 C 的业务并不受影响，仍然从网元 A 沿 S1 光纤经过网元 D 穿通再到达网元 C。但是，从网元 C 到网元 A 的业务会受此故障的影响，S1 环上的 C → A 的业务传不过来，这时网元 A 的网元支路板就会接收到 S1 上的 TU-AIS。网元 A 的网元支路板接收到该告警信号后，立即切换到选收备环 P1 光纤上的自网元 C 到网元 A 的业务，于是 C → A 的业务得以恢复，完成环上业务的通道保护，此时网元 A 的网元支路板处于通道保护倒换状态——切换到选收备环方式。

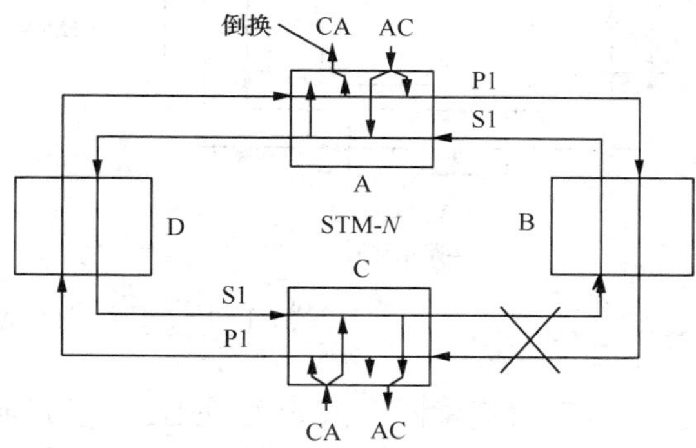

图 4-16　网元 B、C 间光纤被切断时的二纤单向通道保护环

在网元发生了通道保护倒换后，网元支路板会同时监测主环 S1 上业务的状态，当连续一段时间（如华为公司设备是 10min 左右）未发现 TU-AIS 时，发生切换的网元支路板将选收切回到主环业务，恢复成正常工作时的默认状态。

二纤单向通道保护环由于上环业务是“并发选收”，所以通道业务的保护实际上是 1+1 保护，倒换速度快（如华为公司设备的倒换时间小于等于 15ms），业务流向简洁明了，便于进行配置维护；缺点是网络的业务容量不大。二纤单向通道保护环的业务容量恒定是 STM-*N*，与环上的节点数和网元间业务分布无关。二纤单向通道保护环多用于环上有一站点是业务主站的情况，在目前的组网中，华为公司设备的二纤单向通道保护环多部署于接入层的 155Mbit/s、622Mbit/s 环形网中。

（2）二纤单向 MS 保护环

MS 保护环面向的业务是 MS 级别的业务，需要通过 STM-*N* 信号中 K1、K2 字节承载的 APS 协议来控制倒换的完成。由于倒换要通过运行 APS 协议完成，所以倒换速度不如通道保护环快，华为 SDH 设备的 MS 倒换时间小于等于 25ms。

二纤单向 MS 保护环的自愈机理如图 4-17 所示。

下面仍以环形网中的网元 A 与网元 C 互通业务为例进行分析。

若环上网元 A 与网元 C 互通业务，构成环的两根光纤 S1、P1 分别被称为工作光纤和保护光纤，S1 用于传送主用业务，P1 用于传送备用业务，因此 MS 保护环上业务的保护方式为 1∶1 保护，有别于通道保护环。

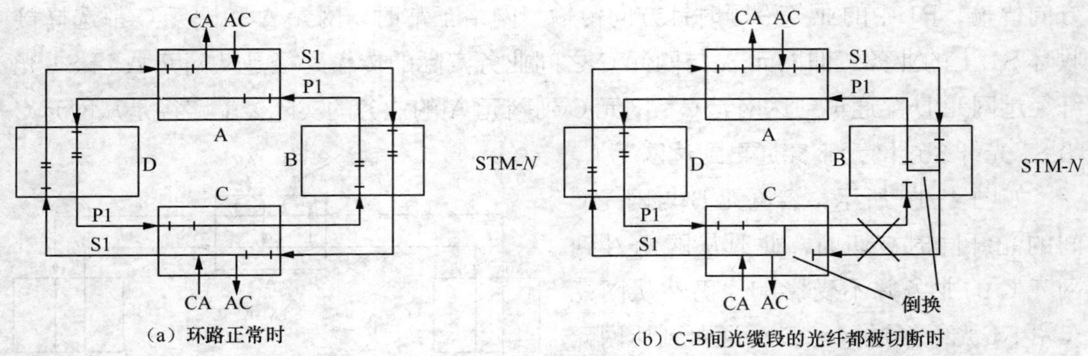

图 4-17 二纤单向 MS 保护环的自愈机理

当环路正常时，网元 A 在 S1 上发送到网元 C 的主用业务，网元 C 选收主纤 S1 上的从网元 A 发来的主用业务；同时，网元 C 在 S1 上发送到网元 A 的主用业务，网元 A 选收主纤 S1 上的从网元 C 发来的主用业务。如图 4-17(a) 所示。

若 C-B 间光缆段的光纤都被切断，两个故障端点的网元 C、B 之间通过内置高速开关切换产生环回功能，如图 4-17(b) 所示。网元 A 到网元 C 的主用业务先由网元 A 发送到 S1 光纤上，到故障端点站 B 处环回到 P1 光纤上，这时 P1 光纤上传送网元 A 到网元 C 的主用业务，经网元 A、网元 D 穿通，由 P1 光纤传送到网元 C，由于 MS 保护环中业务的收发始终只能在 S1 上完成，所以网元 C 只从 S1 上提取业务，所以这时 P1 光纤上网元 A 到网元 C 的主用业务在 C 点处（故障端点站）通过开关切换回 S1 光纤，网元 C 从 S1 光纤上接收到网元 A 到网元 C 的主用业务。网元 C 到网元 A 的主用业务因为 C → D → A 的主用业务路由未中断，所以网元 C 到网元 A 的主用业务的传输与正常时无异。通过这种方式，故障段的业务被恢复，完成业务自愈功能。

二纤单向 MS 保护环的最大业务容量与二纤单向通道保护环的最大业务容量类似，只不过是环上的业务是采用 1∶1 保护方式的，在正常时备环 P1 上可传送额外业务，因此二纤单向 MS 保护环的最大业务容量在正常时为 2×STM-*N*(包括额外业务)，发生保护倒换时为 1×STM-*N*。二纤单向 MS 保护环由于业务容量与二纤单向通道保护环相差不大，倒换速度比二纤单向通道保护环慢，所以优势不明显，在组网时应用不多。

(3) 四纤双向 MS 保护环

前面介绍的两种自愈方式，网上的业务容量与网元节点数的多少无关，随着环上网元的增多，平均每个网元的最大业务量随之减少，网络信道的利用率不高，这对资源是很大的浪费。四纤双向 MS 保护环的出现可以解决这一问题，在这种自愈方式下，环上的业务量随着网元节点数的增加而增加。如图 4-18 所示。

四纤环是由 4 根光纤组成的，这 4 根光纤分别为 S1、P1、S2、P2。其中，S1、S2 为工作光纤；P1、P2 为保护光纤，也就是说，P1、P2 光纤分别用来在工作光纤发生故障时保护 S1、S2 上的主用业务。请注意 S1、P1、S2、P2 光纤上的业务流向，从图 4-18(a) 可看出，S1 与 S2 光纤上的业务流向相反，S1 和 P2、S2 和 P1 光纤上的业务流向相同。另外，在四纤环上，每个网元节点的配置要求是双 ADM 系统，因为一个 ADM 系统只有东 / 西向两个线路端口，而四纤环上的网元节点是东 / 西向各有两个线路端口，所以要配置成双 ADM 系统。

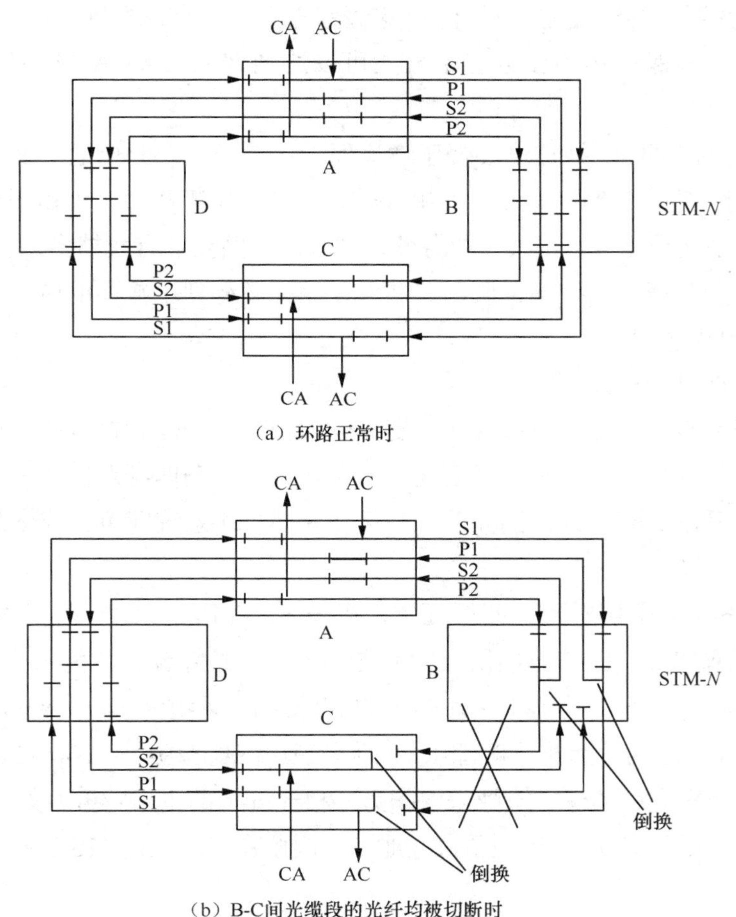

(a) 环路正常时

(b) B-C 间光缆段的光纤均被切断时

图 4-18 四纤双向 MS 保护环的自愈机理

当环路正常时，网元 A 到网元 C 的主用业务在 S1 光纤上经网元 B 到网元 C，网元 C 到网元 A 的业务在 S2 光纤上经网元 B 到网元 A。网元 A 和网元 C 通过接收工作光纤上的业务，互通两网元之间的主用业务，如图 4-18(a) 所示。

当 B-C 间光缆段的光纤均被切断后，故障两端的网元 B、网元 C 通过开关切换实现光纤 S1 和 P1、S2 和 P2 的环回，如图 4-18(b) 所示。网元 A 到网元 C 的主用业务沿 S1 光纤传送到网元 B 处，在网元 B 处通过环回，将 S1 光纤上的从网元 A 到网元 C 的主用业务送入 P1 光纤传输，经网元 A、网元 D 穿通传送到网元 C，在网元 C

处再将 P1 光纤上的业务环回到 S1 光纤上（故障端点的网元执行环回功能），网元 C 从 S1 光纤接收到网元 A 到网元 C 的主用业务。

而网元 C 到网元 A 的业务则先由网元 C 通过环回送入 P2 光纤，然后沿 P2 光纤经过网元 D、网元 A 穿通传送到网元 B，在网元 B 处执行环回功能将 P2 光纤上的从网元 C 到网元 A 的主用业务环回到 S2 光纤上，再由 S2 光纤传送回网元 A，由网元 A 从 S2 光纤上接收业务。通过这种环回、穿通方式完成了业务的 MS 保护，使网络自愈。

四纤双向 MS 保护环的业务容量最大可以达到 $K\times$STM-N 或 $2K\times$STM-N（K 是环上的节点数，K 最大不超过 14）。

尽管 MS 保护环的倒换速度要慢于通道保护环，且倒换时要通过 K1、K2 字节的 APS 协议控制，使设备倒换时涉及的单板较多，容易出现故障，但由于双向 MS 保护环最大的优点是网上业务容量大（业务分布越分散，网元节点数越多，容量也就越大）信道利用率远大于通道保护环，所以双向 MS 保护环得到了普遍的应用，主要用于业务分布较分散的网络中。

（4）二纤双向 MS 保护环

由于四纤环要求系统有较高的冗余度，成本较高，一般只在核心层进行部署，因此提出了一种新的自愈环——二纤双向 MS 保护环。它与四纤双向 MS 保护环的机理类似，只不过采用二纤方式，网元节点只采用单 ADM 系统即可，成本降低了，所以得到了广泛的应用。

从图 4-18（a）中可看到，四纤环中，光纤 S1 和 P2、S2 和 P1 上的业务流向相同，因此二纤双向 MS 保护环使用 TDM 技术将两对光纤合成为两根光纤——S1/P2 和 S2/P1，并将每根光纤的前半个时隙（如 STM-16 系统为 1# ~ 8#STM-1）作为工作时隙传送主用业务，后半个时隙（如 STM-16 系统的 9# ~ 16#STM-1）作为保护时隙，即用一根光纤的保护时隙来保护另一根光纤上的主用业务，如 S1/P2 光纤上的 P2 时隙用于保护 S2/P1 光纤上的 S2 业务，因此在二纤双向 MS 保护环上无专门的主、备用光纤。

二纤双向 MS 保护环的保护机理如图 4-19 所示。

在网络正常工作的情况下，网元 A 到网元 C 的主用业务被放在 S1/P2 光纤的 S1 时隙上，沿光纤 S1/P2 由网元 B 穿通传送到网元 C，网元 C 从 S1/P2 光纤上的 S1 时隙接收主用业务。网元 C 到网元 A 的主用业务放于 S2/P1 光纤的 S2 时隙上，经网元 B 穿通传送到网元 A，网元 A 从 S2/P1 光纤上的 S2 时隙接收主用业务。

当环形网 B-C 间光缆段的光纤被切断时，网元 A 到网元 C 的主用业务沿 S1/P2 光纤传送到网元 B，在网元 B 处进行环回（故障端点处环回），环回是将 S1/P2 光纤上 S1 时隙的业务全部环回到 S2/P1 光纤上的 P1 时隙上，然后沿 S2/P1 光纤经网元 A、网元 D 穿通传送到网元 C，在网元 C 执行环回功能（故障端点站环回），将 S2/P1 光纤上的 P1 时隙所载的网元 A 到网元 C 的主用业务环回到 S1/P2 的 S1 时隙上，网元 C 提取 S1 时隙的业务，接收网元 A 到网元 C 的主用业务，如图 4-20 所示。

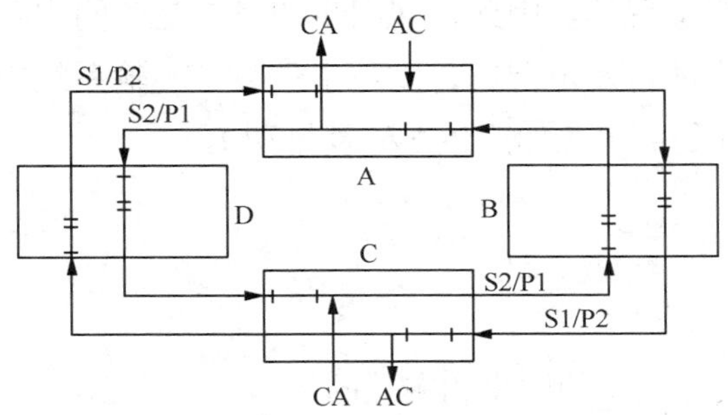

图 4-19 二纤双向 MS 保护环的保护机理

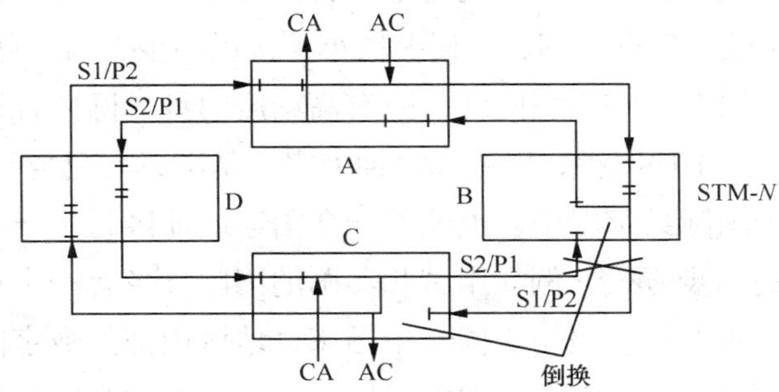

图 4-20 当 B-C 间光缆段的光纤被切断时的二纤双向 MS 保护环

而网元 C 到网元 A 的业务是先由网元 C 将主用业务 S2 环回到 S1/P2 光纤的 P2 时隙上，然后沿 S1/P2 光纤经网元 D、网元 A 穿通到达网元 B，在网元 B 处执行环回功能，将 S1/P2 光纤的 P2 时隙的业务环回到 S2/P1 光纤的 S2 时隙上去，经 S2/P1 光纤传送到网元 A 落地。

通过以上方式完成了环形网在发生故障情况下业务的自愈。

二纤双向 MS 保护环的业务容量为四纤双向 MS 保护环的业务容量的 1/2，即 $K/2$(STM-N) 或 $K\times$STM-N(包括额外业务)，其中 K 是环上的节点数。二纤双向 MS 保护环在组网中使用得较多，主要用于核心层或汇聚层的 622Mbit/s 和 2.5Gbit/s 环形网，也适用于业务分散的网络。

4.4 SDH 网同步

网同步是数字网中要解决的首要问题，因为发送端在发送数字脉冲信号时将脉冲放在特定的时间位置上（即特定的时隙中），所以接收端必须在这个特定的时间位置处将该脉冲提取、解读，才能保证接收端、发送端两端的正常通信。而保证接收端、发送端两端能在某一特定的时间位置上完成提取 / 发送信息的功能，则是由接收端、发送端两端的定时时钟来实现的。因此，网同步的目的是使网中各节点的时钟频率和相位都被限制在预先确定的容差范围内，以免由于数字传输系统中接收端、发送端定位的不准确导致传输性能的劣化（如产生误码及抖动）。

4.4.1 同步方式

数字网同步的主要方式是伪同步和主从同步。

伪同步是指数字网中各通信局在时钟上相互独立、毫无关联，而各通信局的时钟都具有极高的精度和稳定度，一般使用铯原子钟。由于时钟精度极高，网内各通信局的时钟虽然频率和相位不完全相同，但误差很小，接近同步，因此称之为伪同步。

主从同步指网内设有一个主局时钟，配有高精度时钟，网内各通信局通过局间传输链路直接或间接跟踪主局时钟，以主局时钟为定时基准，实现全网同步。

伪同步方式用于国际数字网中，也就是一个国家或地区与另一个国家或地区的数字网之间采用这样的同步方式，例如中国和美国的国际局各有一个铯时钟，二者采用伪同步方式。主从同步方式一般用于同一个国家、地区内部的数字网，它的特点是国家或地区只有一个主局时钟，网上其他网元均以此主局时钟为定时基准，伪同步和主从同步的原理如图 4-21 所示。

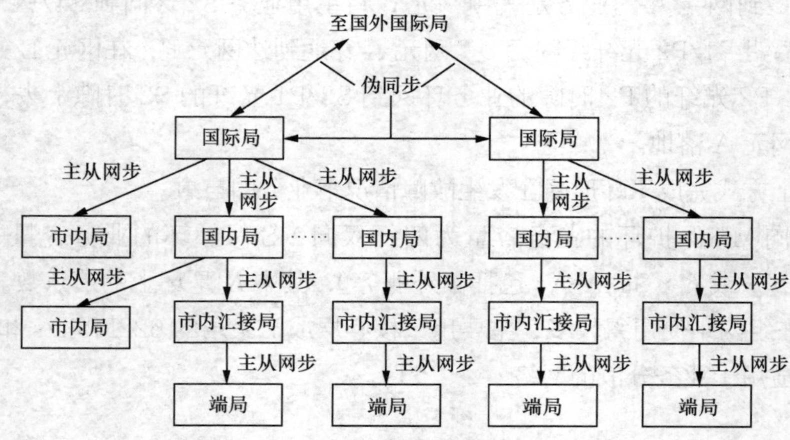

图 4-21　伪同步和主从同步的原理

为了提升主从定时系统的可靠性，可在网内设置一个备用时钟，主用时钟和备用时钟均采用铯时钟。正常工作时，主用时钟作为网络定时基准，备用时钟亦以主用时钟的时钟为定时基准。当主用时钟发生故障时，改由备用时钟为网络提供定时基准；当主用时钟恢复后，再切换回由主用时钟提供网络定时基准。

我国的同步网采用等级主从同步方式，其中主用时钟设在北京，备用时钟设在武汉和西安。采用主从同步时，上一级网元的定时信号通过同步链路或附在线路信号上由线路传输到下一级网元。该级网元提取此时钟信号，通过本身的锁相振荡器跟踪锁定此时钟，并产生以此时钟为定时基准的本网元所用的本地时钟信号，同时通过同步链路或传输线路向下级网元传输，供其跟踪、锁定。若本站接收不到从上一级网元传来的基准时钟，则本网元通过本身的内置锁相振荡器提供本网元使用的本地时钟，并向下一级网元传送时钟信号。

4.4.2 主从同步网中从时钟的工作模式

主从同步的数字网中，从站的时钟通常有 3 种工作模式。

1. 正常工作模式——跟踪锁定上级时钟模式

此时从站跟踪锁定的时钟定时基准是从上一级站传来的，可能是网中的主时钟，也可能是上一级网元内置时钟源下发的时钟，还可能是本地区的 GPS（全球定位系统）时钟。与从时钟工作的其他两种模式相比，此种工作模式从时钟的精度最高。

2. 保持模式

当所有定时基准丢失后，从时钟进入保持模式，此时从站的时钟源利用定时基准信号丢失前所存储的最后频率信息作为其定时基准而工作。也就是说，从时钟有“记忆”功能，可通过“记忆”功能提供与原定时基准较相符的定时信号，以保证从时钟的频率在长时间内与基准时钟频率只有很小的频率偏差。但是，由于振荡器的固有振荡频率会慢慢地漂移，故此种模式提供的较高精度的时钟不能持续很久。此种模式的时钟精度仅次于正常工作模式的时钟精度。

3. 自由运行模式——自由振荡模式

当从时钟丢失所有外部定时基准，也失去了定时基准记忆或处于保持模式太长时间，从时钟内部的振荡器就会工作于自由振荡模式，此种模式的时钟精度最低。

4.4.3 我国的数字同步网结构

我国的数字同步网采用“多基准时钟，分区等级同步方式”，如图 4-22 所示。

① 在北京、武汉各建一个以铯原子钟为主的、包括 GPS 接收机的高精度基准钟，称为 PRC（基准参考时钟）。

② 在其他 29 个省中心城市（北京、武汉除外）各建一个以 GPS 接收机为主，加上铷原子钟的高精度区域基准钟，称为 LPR(区域基准时钟)。

③ LPR 以 GPS 为主用，当 GPS 信号发生故障或降质时，该 LPR 转为经地面直接（或间接）跟踪北京或武汉的 PRC。

④ 各省以本省中心的 LPR 为基准时钟组建数字同步网。

⑤ 地面传输同步信号一般采用 PDH 2Mbit/s 专线，缺乏 PDH 链路时，采用 STM-*N* 光线路码流传输定时信号。

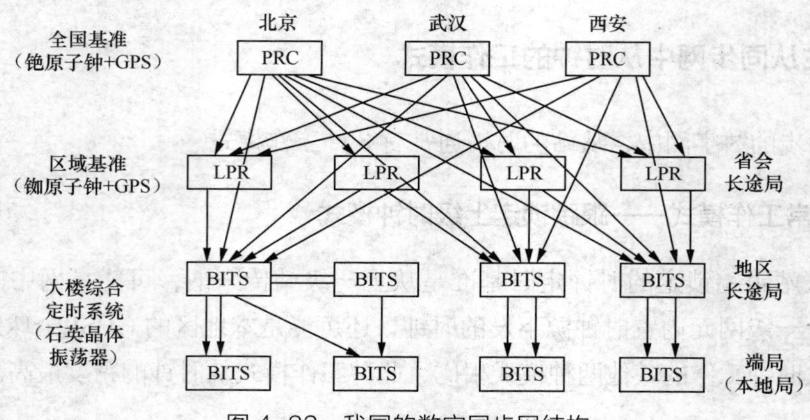

图 4-22　我国的数字同步网结构

我国 SDH 网的主从同步时钟可按精度分为 4 个级别，分别对应不同的使用范围：

一级时钟作为全网定时基准的主时钟；二级时钟作为转接局的从时钟；三级时钟作为端局(本地局)的从时钟；四级时钟作为 SDH 设备的时钟(即 SDH 设备的内置时钟)。ITU-T 对各级时钟精度进行了规范，具体如下。

- 一级时钟：满足 ITU-T G.811 规范。
- 二级时钟：满足 ITU-T G.812 规范。
- 三级时钟：满足 ITU-T G.812 规范。
- 四级时钟：满足 ITU-T G.813 规范。

4.4.4　SDH 网的同步方式

1. SDH网同步原则

在正常工作模式下，传送到相应通信局的各类时钟的性能主要取决于同步传输链路的性能和定时提取电路的性能。在网元工作于保持模式或自由运行模式时，网元所使用的各类时钟的性能主要取决于产生各类时钟的时钟源的性能（时钟源相应地位于不同的网元节点处），因此高级别的时钟须采用高性能的时钟源。

在数字网中传送基准时钟应注意以下几个问题。

① 在传送同步时钟时不应存在环路。时钟成环示意如图 4-23 所示。

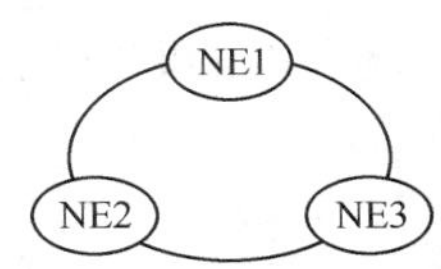

图 4-23　时钟成环示意

若 NE2 跟踪 NE1 的时钟，NE3 跟踪 NE2 的时钟，NE1 跟踪 NE3 的时钟，同步时钟的传送链路组成了一个环路，这时若某一网元的时钟劣化，就会使整个环路上网元的同步性能出现连锁性的劣化。

② 尽量缩短定时传递链路，避免由于链路太长影响传输的时钟信号的质量。

③ 从时钟要从高一级设备或同一级设备获得基准时钟。

④ 应从分散路由获得主、备用基准时钟，以防止出现当主用时钟传递链路中断后，导致时钟基准丢失的情况。

⑤ 选择可用性高的传输系统来传递基准时钟。

2. SDH网元时钟源的种类

SDH 网元时钟源主要分为以下几种类型。

① 外部时钟源——由网元外部独立时钟源提供的时钟。

② 线路时钟源——由网元从 STM-*N* 线路信号中提取的时钟。

③ 支路时钟源——由网元从 PDH 支路信号中提取的时钟。不过该时钟一般不用，因为 SDH/PDH 网络边界处的指针调整会影响时钟质量。

④ 内部时钟源——由网元内部的石英晶体振荡器提供的时钟。

如果 SDH 设备同时具备多种时钟源，则使用时外部时钟源的优先级最高，线路时钟源的优先级次之，内部时钟源的优先级最低。

根据采用的时钟源不同，SDH 设备的定时方式相应分为外部定时、线路定时、支路定时和内部定时 4 种。

3. SDH网常见的定时方式

按照主从同步方式，进行 SDH 网的时钟部署设计时，应先在 SDH 网中设置一个 SDH 网元时钟主站，网络中其他网元的时钟以此网元时钟为定时基准。时钟主站一般设在本地区时钟级别较高的转接局中，所用的时钟就是该转接局时钟，主站 SDH 网元可以通过外部时钟输入口提取转接局时钟，也可从本局上 / 下的 2Mbit/s 业务中提取时钟信息作为本 SDH 网的定时基准。

其他 SDH 网元对主站时钟的跟踪，最常用的方法是将主站时钟放在 SDH 网上传输的 STM-*N* 信号中，其他 SDH 网元通过提取 STM-*N* 信号中的时钟信息实现跟踪锁定。下面分析不同网络结构的 SDH 网中的时钟同步方式。

（1）链型网的时钟同步

链型网的时钟同步方式如图 4-24 所示。

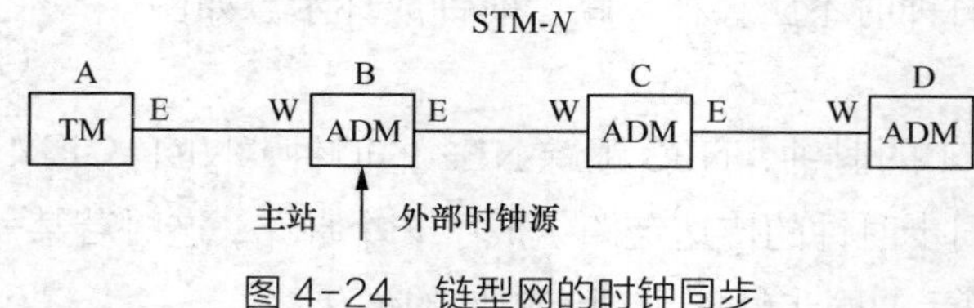

图 4-24　链型网的时钟同步

在该链型网中，B 站为此 SDH 网的时钟主站，网元 B 以外部时钟源（局时钟）作为本站和此 SDH 网的定时基准。当网元 B 将业务复用进 STM-*N* 帧时，时钟信息也就附在 STM-*N* 信号上了。这时，网元 A 的定时时钟可从其东向线路端口的接收信号 STM-*N* 中提取。同理，网元 C 可从西向线路端口的接收信号中提取网元 B 的时钟信息，同时将时钟信息附在 STM-*N* 信号上，往下级网元 D 传输；网元 D 通过从西向线路端口的接收信号 STM-*N* 中提取时钟信息，完成与时钟主站网元 B 的同步。这样就通过一级一级的主从同步方式，实现了此 SDH 网中所有网元的同步。

当从站网元 A、C、D 丢失从上级网元传送来的基准时钟后，进入保持模式，经过一段时间后进入自由运行模式，此时网络上网元的时钟性能劣化。不管上一级网元处于什么模式，下一级网元一般仍处于正常工作模式，跟踪上一级网元附在 STM-*N* 信号中的时钟。所以，若网元 B 的时钟性能劣化，会使整个 SDH 网产生时钟性能连锁反应，所有网上网元的同步性能均会劣化。

当链很长时，主站网元的时钟传送到从站网元可能要转接多次和传输较长距离，为了保证从站接收时钟信号的质量，可在此 SDH 网上设两个主站，在 SDH 网上提供两个定时基准。每个定时基准分别由 SDH 网上的一部分网元跟踪，减少了时钟信号传输距离和转移次数。不过要注意的是，这两个定时基准要保持同步及相同的质量等级。

（2）环形网的时钟同步

环形网的时钟同步方式如图 4-25 所示。

环形网中的网元 NE1 为时钟主站，它以外部时钟源为本站和此 SDH 网的基准时钟，其他网元跟踪这个基准时钟，以此作为本地时钟的定时基准。环形网中，从站从东/西向线路端口的接收信号 STM-*N* 中均可以提取出时钟信息，但考虑到转接次数和传输距离对时钟信号质量的影响，从站网元应尽量选择路由最短和转接次数最少的端口方向提取时钟。

（3）环带链网络的时钟同步

图 4-26 所示的是一个环带链网络，其中链上的网元 NE5 为时钟主站。网元 NE4 通过支路光板提取网元 NE5 传来的 STM-*M* 信号中的时钟信息，并以此同步环上的时钟从站，因此网元 NE1、NE2 和 NE3 是通过东/西向的线路端口跟踪锁定网元

NE4 的时钟，从而实现与主站的时钟同步。

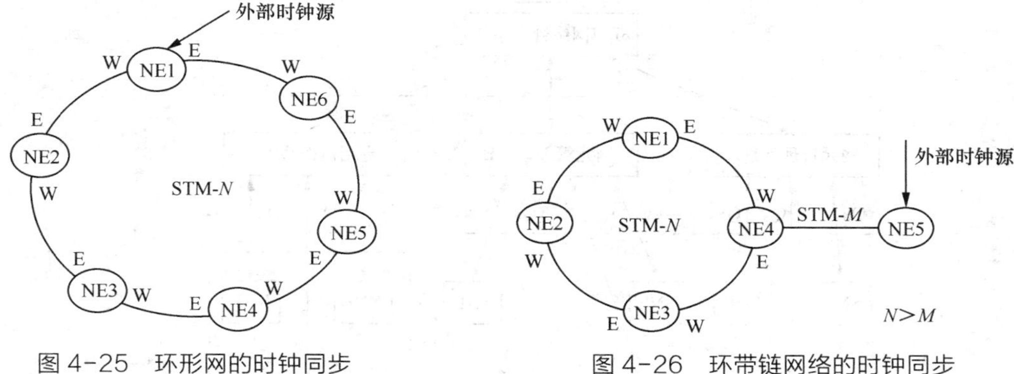

图 4-25　环形网的时钟同步

图 4-26　环带链网络的时钟同步

4.5　SDH 网络管理系统

电信管理网（TMN）是利用一个具备一系列标准接口（包括协议和消息规定）的统一体系结构来提供一种有组织的结构，使各种不同类型的操作系统（网管系统）与电信设备互联，从而实现电信网的自动化和标准化管理，并提供大量的管理功能。

SDH 管理网是 TMN 的一个子网，它的体系结构继承和遵从了 TMN 的体系结构。SDH 在帧结构中安排了丰富的开销比特，从而使其网络的监控和管理能力大大增强。

4.5.1　SDH 网络管理系统的分层

将 SDH 的网络管理系统划分为 5 层，从下至上分别为网元层（NEL）、网元管理层（EML）、网络管理层（NML）、业务管理层（SML）和商务管理层（BML），如图 4-27 所示（图中只列出了下 3 层）。

1. NEL

NEL 是最基本的管理层，基本功能应包含单个网元的配置、故障和性能等管理功能。

NEL 分为两种：一种是使单个网元具有很强的管理功能，可实现分布式管理；另一种是赋予网元很弱的管理功能，将大部分管理功能集中在 EML 上。

2. EML

EML 直接参与管理单个网元或一组网元，其管理功能由 NML 分配，提供诸如配置管理、故障管理、性能管理、安全管理和计费管理等功能。所有协调功能在逻辑上都处于 NML。

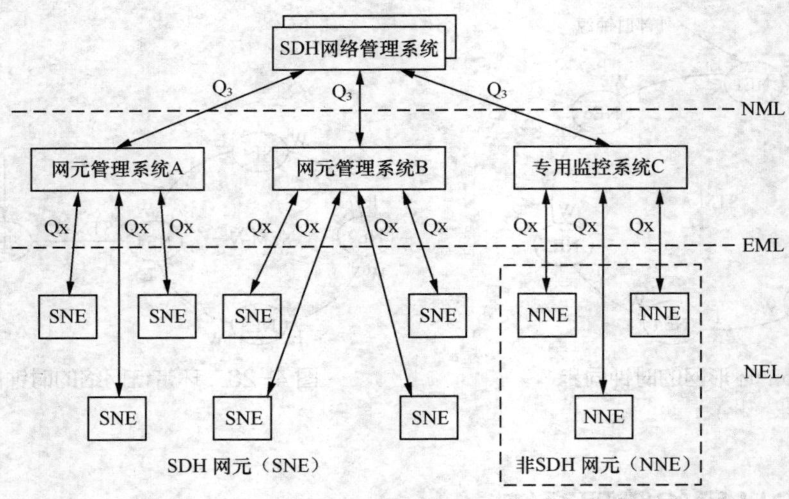

图 4-27　SDH 网络管理系统的分层结构

3. NML

NML 负责对所辖区域内的网络进行集中式或分布式控制管理，如电路指配、网络监视和网络分析统计等功能。NML 应具备 TMN 所要求的主要管理应用功能，并能对多数不同厂家的单元管理器进行协调和通信。

4. SML

SML 负责处理服务的合同事项，诸如服务订购处理、申告处理和开票等。主要承担下述任务：①为所有服务交易（包括服务的提供和中止、计费、业务质量及故障报告等）提供与用户的基本联系点，以及提供与其他管理机关的接口；②与 NML、BML 及业务提供者进行交互；③维护统计的数据（如服务质量）；④服务之间的交互。

5. BML

BML 是最高的逻辑功能层，负责总的企业运营事项，主要涉及经济方面的管理，包括商务管理和规划。

4.5.2　SDH 网络管理系统的接口

1. Q接口

SDH 管理子网将通过 Q 接口接至 TMN。Q 接口涵盖整个 OSI（开放系统互连）

参考模型。

完全的 Q3 接口具备 OSI 参考模型的 7 层功能，实现 OS（操作系统）与 OS、OS 与 GNE（网关网元）以及 NML 与 EML 之间的连接等。

简化的 Q3 接口只含有 OSI 参考模型的下 3 层功能，用于 NEL 与 EML 的连接。

2. F接口

F 接口可用来将网元连至本地集中管理系统 [（工作站或个人计算机（PC）]。

3. X接口

在低层协议中，X 接口与 Q3 接口是完全相同的；在高层协议中，X 接口比一般的 Q3 接口能更加良好地支持安全功能，其他则完全相同。

一般网元可通过 DCC（数据通信通道）或 X.25、LAN（局域网）连到 GNE，然后再将管理信息通过 Q3 接口送达上级。

4.5.3 SDH 网络管理系统的功能

1. 故障管理

故障管理是指对不正常的电信网运行状况和环境条件进行检测、隔离和校正，包括告警监视、告警历史管理、测试、环境外部事件管理和设备故障管理等。

2. 性能管理

性能管理是指提供有关通信设备的运行状况、网络及网络单元效能的报告和评估，包括性能数据收集、性能监视门限的使用、性能数据报告、统计事件和在不可用时间内的性能监视等。

3. 配置管理

配置管理涉及网络的实际物理安排，实施对网元的控制、识别、数据交换，配置网元和通道，包括指配功能、网元状态的控制和安装功能。

4. 安全管理

安全管理是指为保证网络的安全提供周密的安排，一切未经授权的人都不得进入网络系统，具体包括用户管理、口令管理、操作权限管理和操作日志管理等。

安全管理涉及注册、口令和安全等级等。例如，可以把安全等级分为 3 个等级，即操作员级（仅能看，不能改变设置）、班长级（不仅能看，还能改变除安全等级以外的所有设置）和主任级（不仅能看，还能改变所有设置）。

5. 综合管理

综合管理主要包括人机界面管理、报表生成和打印管理、管理软件的下载及重载管理等。

4.6 小结

1. SDH 是一种采用全球统一的接口以实现设备在多厂家环境下的兼容，在全程全网范围内实现高效协调一致的管理和操作，完成信号复用、传输级交叉连接等处理功能的智能化网络。SDH 的优点主要包括：具有全球标准统一的光接口；具有强大的 OAM 能力；采用同步字节间插复用，可以快速上下话路。SDH 的缺点主要包括：频带利用率低；指针调整机理复杂；软件的大量使用对系统安全性的影响很大。

2. SDH 信号采用以字节（8bit）为单位的矩形块状帧结构，称为 STM-N（N=1,4,16,64,...）。STM-N 的帧结构是 9 行 ×270×N 列，即包含 9×270×N 个字节每一列的宽度是 8bit。每一帧按照从左到右、从上到下的顺序进行传输。STM-N 的帧结构由三部分组成，即 SOH、AU-PTR、信息净负荷。STM-N 的传输速率为 19440×N×8000=(155520×N)kbit/s。

3. 我国的 SDH 复用结构有 3 个 PDH 支路信号输入口，分别为 139.264Mbit/s PDH 信号、34.368Mbit/s PDH 信号和 2.048Mbit/s PDH 信号。各种业务信号复用进 STM-N 帧的过程都要经历映射、定位、复用 3 个步骤。

各速率等级的 PDH 信号和 SDH 复用中的信息结构的一一对应关系如下。

2Mbit/s PDH 信号—— C12 —— VC12 —— TU12；

34Mbit/s PDH 信号—— C3 —— VC3 —— TU3；

140Mbit/s PDH 信号—— C4 —— VC4 —— AU4。

4. SDH 开销的功能是为 SDH 信号提供层层细化的监控管理，STM-N 帧的 SOH 位于帧结构的（1 ~ 9）行 ×（1 ~ 9N）列，其中 RSOH 实现对整个 STM-16 信号的监控，MSOH 细化到 16 个 STM-1 中的任一个进行监控。

5. SDH 基本网元包括 TM、ADM、REG 和 DXC。TM 的作用是将支路端口的低速信号（低速支路信号）复用到线路端口的高速信号 STM-N 中，或从高速信号 STM-N 中分出低速支路信号。ADM 的作用是将低速支路信号交叉复用进东向或西向线路上去，或从东向或西向线路端口接收的线路信号中拆分出低速支路信号。REG 的作

用是将西 / 东向线路端口的光信号经光 / 电转换、电信号抽样、判决、再生整形、电 / 光转换在西 / 东向线路端口发出。DXC 可将输入的 m 路 STM-N 信号交叉连接到输出的 n 路 STM-N 信号上。

6. SDH 网络保护是指当网络出现故障时，可以通过保护倒换的方式，保证网络能在极短的时间内从失效故障中自动恢复所携带的业务。SDH 网络保护方式主要有适用于线形网的 APS 方式、适用于环形网的自愈环和适用于网孔形网的 DXC 网孔保护。常用的自愈环有二纤单向通道保护环、二纤单向 MS 保护环、四纤双向 MS 保护环和二纤双向 MS 保护环。

7. 网同步的目的是使网中各节点的时钟频率和相位都被限制在预先确定的容差范围内，以免由于数字传输系统中接收端、发送端定位的不准确导致传输性能的劣化。我国采用等级主从同步方式组建四级同步网，一级时钟为基准主时钟、二级时钟为长途转接局从时钟、三级时钟是汇接局或端局从时钟、四级时钟是设备级时钟。从时钟的工作模式分为正常工作模式、保持模式和自由运行模式 3 种。

8. SDH 网元时钟源主要有外部时钟源、线路时钟源、支路时钟源和内部时钟源。外部时钟源的优先级最高，内部时钟源的优先级最低。根据采用的时钟源不同，SDH 设备的定时方式相应分为外部定时、线路定时、支路定时和内部定时 4 种。

9. SDH 管理网是 TMN 的一个子集，专门负责管理 SDH 网元。DH 网络管理系统分为 5 层，从下至上分别为 NEL、EML、NML、SML 和 BML。SDH 网络管理系统的功能包括故障管理、性能管理、配置管理、安全管理和综合管理。

4.7　思考与练习

1. 简述 SDH 的优缺点。
2. 画图说明 SDH 帧结构，并计算 RSOH 的传输速率。
3. 一个 STM-4 中最多可以传输多少个 2Mbit/s 信号？最多可以传输多少个 34Mbit/s 信号？
4. SDH 常用网元包括 REG、__________、__________和__________。其中最常用的是__________。
5. 什么是自愈？试画图说明二纤双向 MS 保护环的业务保护过程。
6. 简述我国数字同步网结构。
7. SDH 网络管理系统的主要功能是什么？

第 5 章
MSTP 技术与设备

05

学习目标

① 了解MSTP的定义及功能结构；
② 掌握MSTP承载以太网业务的主要类型；
③ 掌握MSTP承载以太网业务的关键技术；
④ 掌握典型MSTP设备硬件结构。

5.1 MSTP 技术原理

5.1.1 MSTP 的定义及发展过程

1. MSTP的定义

MSTP 是基于 SDH 技术的多业务传送平台，可以同时实现 TDM 业务、ATM 业务（异步传输模式）、以太网等业务的接入、处理和传送，并进行统一的控制和管理。与 SDH 相比，MSTP 能够承载更丰富多样的业务类型，能够实现多种类型业务的统一调配和处理。同时 MSTP 也能够满足多种类型业务的接入需要，因此最适合作为网络边缘的融合节点支持混合型业务，特别是以 TDM 业务为主的混合型业务。MSTP 可以更有效地支持分组数据业务，有助于实现从电路交换网向分组网的过渡，所以在 2009 年 PTN 技术应用以前，MSTP 技术是主要的城域网传输承载技术。

相较于传统 SDH 技术，MSTP 的优势主要表现在以下 3 个方面。

（1）端口种类丰富，提供服务的方式灵活。

（2）支持 WDM 的升级扩容，效用最大的光纤带宽利用。

（3）较小粒度的带宽管理等方面。

因此 MSTP 能简化电路指配，加快业务提供速度，提升网络的扩展性，节省运营、维护成本。

MSTP 存在的缺点主要有以下几点。

（1）MSTP 技术借助 SDH 的 VC 进行以太网信号的传输，由于 SDH 的 VC 的带宽是不变的，MSTP 传输以太网业务时带宽应为 VC 的整数倍。因此，MSTP 的带宽调整能力较差，在承载数据业务时，带宽利用率不高。

（2）MSTP 技术的 QoS 较差。

（3）传输以太网业务时，OAM 能力不强。

2. MSTP的发展过程

第 1 阶段是 MSTP 核心技术的发展初期。在此阶段，MSTP 核心技术主要的使用方式是与以太网进行数据点对点传输，但相应的数据受到颗粒度的限制，因此在传输数据的过程中具有一定的片面性，不能实现流量的控制和多个以太网业务数据的传输，对于以太网的传输层也无法进行保护。

第 2 阶段通过不断改进和完善，使 MSTP 核心技术可以支持以太网的二次交换。相较于第 1 代 MSTP 技术，第 2 代 MSTP 技术能够实现网络控制及多任务的用户的隔离手段，使数据的传输过程更加全面，但是业务宽带的颗粒度依旧受到相应的限制，MSTP 核心技术当中的 VLAN（虚拟局域网）功能也不能够适应大型城市的用网需求。

第 3 阶段的 MSTP 核心技术发展最为全面，可以支持以太网的 QoS，并加入了智能化的技术手段，引入了 GFP（通用成帧协议）、高速封装协议及智能适配层调控机制，使得 MSTP 核心技术对于网络用户的隔离及接入控制都有一定的推动作用，并且能够确保在传输数据的过程中保证以太网保护层的安全。除此之外，第 3 代 MSTP 技术还具有相当强的可扩展性，能够为以太网的发展提供强有力的支持。

5.1.2　MSTP 的功能结构

MSTP 的具体功能主要体现在以下几个方面。

1. 强大的SDH功能

MSTP 能够实现 SDH 高阶与 SDH 低阶之间的交叉能力，能够提供丰富多样的接口，以及支持群路和支路成环的组网能力和保护能力。

2. 以太网透明传输功能

以太网透明传输功能是指 MSTP 能够不经过二层交换的以太网接口，数据帧可以直接进行协议封装及速率适配，然后进行 VC 映射，借助 SDH 实现点与点之间的数据传输。

3. 传输节点二层交换功能

MSTP 能够在 SDH 的基础上，基于以太网链路层完成一对多或者多对多的用户侧与独立系统侧的 VC 通道之间的数据帧交换。

MSTP 的功能模型如图 5-1 所示。一方面，MSTP 保留了 SDH 固有的 TDM 交叉能力和传统的 SDH/PDH 业务接口，继续满足话音业务的需求；另一方面，MSTP

提供 ATM 处理、以太网透传及以太网二层交换功能来满足业务数据的汇聚、梳理和整合的需要。

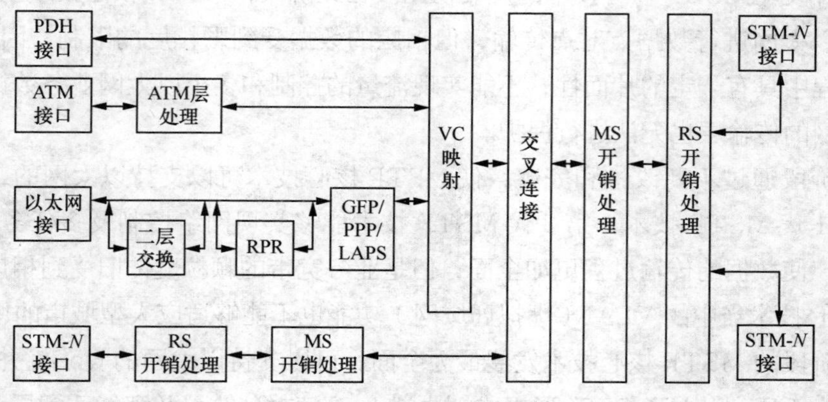

图 5-1　MSTP 的功能模型

对于非 SDH 业务，MSTP 技术先将其映射到 SDH 的 VC，使其变成适合于 SDH 传输的业务颗粒，然后与其他的 SDH 业务在 VC 级别上进行交叉连接、整合后一起在 SDH 网上进行传输。

对于 ATM 业务的承载，在 VC 映射之前，普遍的方案是先进行 ATM 信元的处理，提供 ATM 统计复用，提供 VP/VC（虚通道 / 虚信道）的业务颗粒交换，并不涉及复杂的 ATM 信令交换，这样有利于降低成本。

对于以太网业务承载，可满足对上层业务的透明性，映射封装过程支持带宽可配置。在这个前提之下，可以选择在进入 VC 映射之前是否进行二层交换。对于二层交换功能，良好的实现方式应该支持如 STP（生成树协议）、VLAN、流量控制、地址学习、组播等辅助功能。

5.1.3　MSTP 承载以太网业务类型

MSTP 设备可承载以下 4 种以太网业务类型。

1. EPL业务

EPL 业务也可以被称为以太网透传业务。该业务提供两个以太网物理端口之间点到点的连接，提供点对点的独享带宽的以太网服务。EPL 属于物理层的专线，对用户设备来说，相当于一根网线。点到点专线的基本要求就是数据的透明性，专线不对用户的数据进行任何处理和交换，用户数据为一个业务实例。

EPL 业务有两个业务接入点，实现对用户以太网媒体访问控制（MAC）帧进行点到点的透明传送，各个用户独占一个 SDH VC TRUNK 通道带宽，业务延迟低。由于不同用户不需要共享 SDH 带宽，因此具有严格的带宽保障和用户隔离，不需要采用其他的 QoS 机制和安全机制。且由于是点到点的传送，因此不需要 MAC 地址学习。

EPL 组网方式及应用如图 5-2 所示。

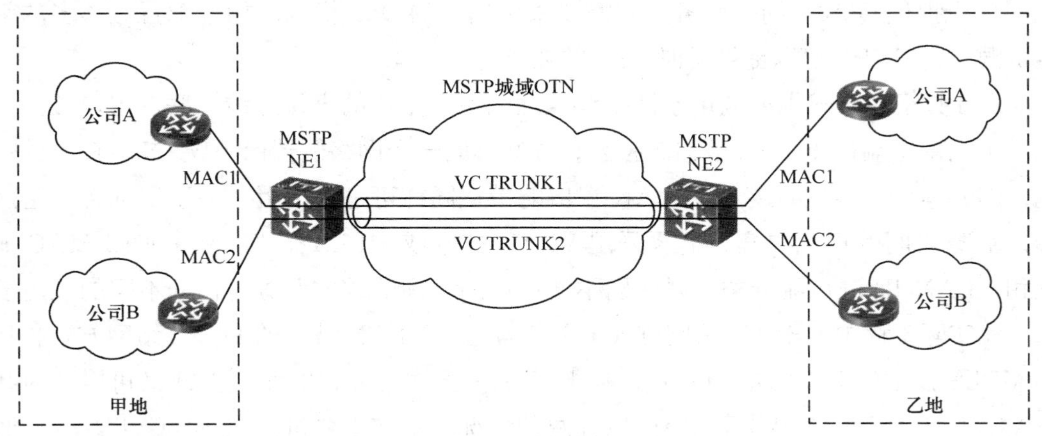

图 5-2　EPL 组网方式及应用

在图 5-2 中，位于甲地的 A 公司和 B 公司的业务数据需要通过 MSTP 设备传送到乙地，传送 A 公司的业务数据需要 10Mbit/s 带宽，传送 B 公司的业务数据需要 100Mbit/s 带宽，同时要求 A 公司和 B 公司的业务完全隔离，具体实现方式如下。

位于甲地的 A 公司和 B 公司的以太网交换机分别通过 100Mbit/s 的以太网电接口连接到 MSTP NE1 设备上以太网盘的 100Mbit/s 电接口——MAC1 端口和 MAC2 端口上，位于乙地的 A 公司和 B 公司的以太网交换机也分别通过 100Mbit/s 的以太网电接口连接到 MSTP NE2 设备上以太网盘的 100Mbit/s 电接口——MAC1 端口和 MAC2 端口上，在 MSTP NE1 设备和 MSTP NE2 设备之间的线路上，A 公司的业务通过一条 VC TRUNK1 通道传送，B 公司的业务通过另一条 VC TRUNK2 通道传送。其中，VC TRUNK1 绑定了 5 个 VC-12，VC TRUNK2 绑定了 50 个 VC-12。这样，A 公司和 B 公司的业务数据就可以在甲地和乙地之间透明传送了。

EPL 业务在线路上多用点到点的透明传送方式，独享带宽，且和其他业务完全隔离，安全性高。这种组网方式适用于对价格不太敏感、对 QoS 十分关注的重要专线应用（如各类大型企事业单位及部门的专网——政务专网、金融行业专网、公安专网等），以及提供话音、数据、图像等实时业务的专线业务等。

2. EVPL业务

EVPL 业务又可被称为虚拟专用网（VPN）专线业务，该业务在两个 UNI 间提供点到点的以太网虚拟连接（EVC）。该业务中不同用户的业务流可以共享 SDH VC TRUNK 通道带宽，使得同一个物理端口可以提供多条点到点的业务连接，并在各个方向上的性能相同，接入带宽可调节、可管理，且可以实现业务数据汇聚，节省端口资源。EVPL 与 EPL 的主要区别是 EVPL 业务的不同用户需要共享 SDH 带宽，因此需要使用 VLAN 标签（VLAN ID）或其他机制来区分不同用户的数据。如果需要为不同用户提供 QoS 不同的服务，则需要采用相应的 QoS 机制。如果配置足够多的带宽资源，则 EVPL 可以提供类似 EPL 的业务。

EVPL 组网方式主要应用于两个节点之间不同用户的虚拟专线互联。用户数据由多个不同用户端口（MAC 端口）接入，并共享同一个网络侧端口（WAN 端口）的带宽，即共享同一条物理专线，WAN 端口的带宽同样可进行配置。为了保证各个用户端口业务之间的相互隔离，需要采用 VLAN 技术或 MPLS 技术。业务通过 MAC 地址和 VLAN ID 进行流分类，以区别不同用户的不同的数据业务。根据不同的应用需求，在实际工程中，EVPL 组网方式可以分为基于 VLAN 技术的 EVPL 组网方式和基于 MPLS 技术的 EVPL 组网方式，基于 VLAN 技术的 EVPL 组网方式又可以分为共享 VC TRUNK 通道和共享 MAC 地址两种情况。本文主要讨论共享 VC TRUNK 通道的 EVPL 组网方式。共享 VC TRUNK 通道的 EVPL 组网方式是基于以太网端口的 MAC 地址加上 VLAN ID 进行以太网业务传输的组网方式，该组网方式提供点到点的 EVPL 业务，如图 5-3 所示。

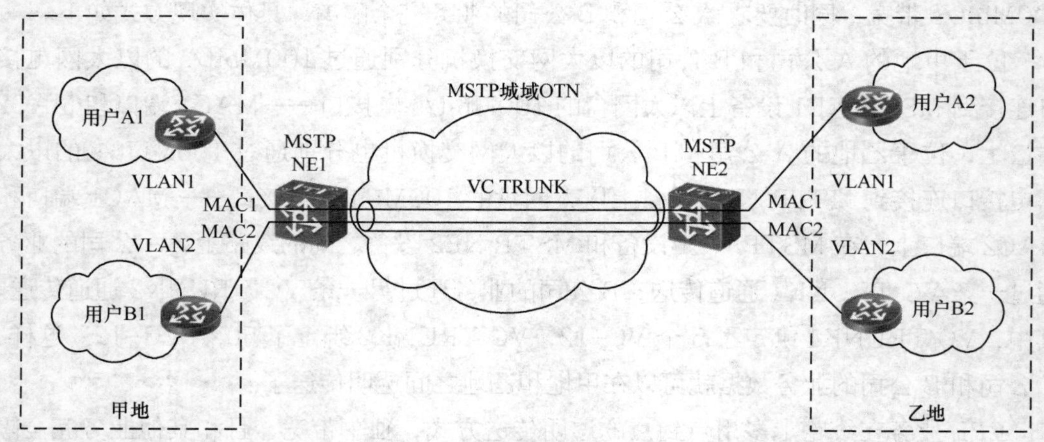

图 5-3　共享 VC TRUNK 通道的 EVPL 组网方式

在图 5-3 中，A1 用户和 A2 用户为小区上网用户，B1 用户和 B2 用户为网吧用户。A1 用户和 B1 用户、A2 用户和 B2 用户分别位于甲地和乙地，它们之间分别需要进行通信，并且需要实现小区上网用户和网吧用户的业务完全隔离。由于小区上网用户的上网时间集中在晚间，网吧用户流量高峰在白天，因此，两用户可以共享 10Mbit/s 的带宽。具体实现方式如下。

在甲地，小区上网用户 A1 和网吧用户 B1 的以太网交换机分别通过 100Mbit/s 的以太网电接口连接到 MSTP NE1 设备的以太网盘的 100Mbit/s 电接口——MAC1

端口和 MAC2 端口上，在这里，MSTP 设备以太网盘和用户以太网交换机均支持 VLAN。以太网盘为小区上网用户和网吧用户添加不同的 VLAN ID，小区上网用户的 VLAN ID 为 1，网吧用户的 VLAN ID 为 2，经过以太网盘的汇聚处理后，所有业务通过一个 VC TRUNK 通道传送到乙地。

在乙地，小区上网用户 A2 和网吧用户 B2 的以太网交换机分别通过 100Mbit/s 的以太网电接口连接到 MSTP NE2 设备的以太网盘的 100Mbit/s 电接口——MAC1 端口和 MAC2 端口上，同样，在这里，MSTP 设备以太网盘和用户以太网交换机均支持 VLAN。MSTP NE2 设备的以太网盘对来自甲地的 VLAN ID 分别为 1 和 2 的数据业务进行处理，根据以太网业务中不同的 VLAN ID 将数据分别送往乙地的小区上网用户 A2 和网吧用户 B2 处。其中，VC TRUNK 绑定了 50 个 VC-12。共享 VC TRUNK 通道的 EVPL 组网方式可以实现 EVPL 业务数据的汇聚和线路上的带宽共享。VLAN ID 的识别，可以使多条 EVPL 业务共享 WAN 端口或共享 VC TURNK 通道，节省端口资源和带宽资源。共享带宽的用户以自由竞争的方式来抢占带宽，适用于业务高峰相错的不同用户共享。

3. EPLAN业务

EPLAN 业务也可称为以太网网桥业务或以太网二层交换业务。该业务由多条 EPL 专线组成，提供多个 UNI 之间的平等互联，UNI 之间可以互相访问，实现多点到多点的业务连接。该业务的优点与 EPL 业务类似，在于用户独占带宽，安全性好。EPLAN 业务至少具有两个业务接入点。与 EPL 业务相同，不同用户不需要共享 SDH 带宽，因此具有严格的带宽保障和用户隔离，不需要采用其他的 QoS 机制和安全机制。但由于具有多个节点，因此需要基于 MAC 地址进行数据转发并进行 MAC 地址学习。EPLAN 组网方式是为了实现企业分支机构办公室局域网互联而采取的组网方案。它结合了以太网交换技术的特点，为广域范围的多点到多点的 LAN 互联提供了基础。对于 EPLAN 组网方式而言，由于采用了以太网二层交换技术，因此其特有的组网方式为多点共享。该组网方式可以实现几个 MAC 端口之间的相互访问，提供多点到多点的以太网业务，如图 5-4 所示。

在图 5-4 中，农行总行、农行分行 A 和农行分行 B 分别位于 3 个不同的地方，它们的局域网 LAN1、LAN2 和 LAN3 之间需要信息共享，任意两个局域网之间要求能够互相访问，局域网之间动态共享 10Mbit/s 的带宽。具体实现方式如下。农行总行、农行分行 A 和农行分行 B 的局域网设备采用局域网交换机（二层交换机），并且支持 VLAN 功能，它们通过 100Mbit/s 的以太网电接口分别与 MSTP NE1、MSTP NE2 和 MSTP NE3 设备上的以太网盘的 100Mbit/s 电接口——MAC1 端口相连。以太网盘均支持虚拟网桥（VB）功能，可以实现以太网数据的二层交换，在 MSTP NE1、

MSTP NE2 和 MSTP NE3 设备之间建立相应的 VC TRUNK 通道，VC TRUNK 通道绑定了 50 个 VC-12。为了实现 LAN1、LAN2 和 LAN3 这 3 个局域网的业务互通，将这 3 个局域网的 VLAN ID 都划分到同一个 VLAN 域中（如设 VLAN ID 为 1）。MSTP NE1、MSTP NE2 和 MSTP NE3 网元可以建立一个或多个 VB，每个 VB 均可以建立一张基于 MAC 地址的表，此表通过系统自学习功能定期进行更新。农行总行的业务接入 MSTP NE1 设备后，数据可以根据相应的 MAC 地址的表选择 VC TRUNK 通道，传送到农行分行 A 或农行分行 B；同样，农行分行 A 的业务接入 MSTP NE2 设备后，数据可以根据相应的 MAC 地址的表选择 VC TRUNK 通道，传送到农行总行或农行分行 B；农行分行 B 的业务接入 MSTP NE3 设备后，数据可以根据相应的 MAC 地址的表选择 VC TRUNK 通道，传送到农行总行或农行分行 A。为了避免广播风暴的出现，对于以太网 EPLAN 业务不配置成环，如图 5-4 中 MSTP NE1 和 MSTP NE3 设备之间的以太网业务通过 MSTP NE2 设备。如果以太网 EPLAN 业务配置成环，则在网络中必须启动 STP，以避免广播风暴的出现。EPLAN 组网方式可以提供多点到多点的以太网业务，实现以太网业务的多点动态共享，符合数据业务的动态特性，节省带宽资源。

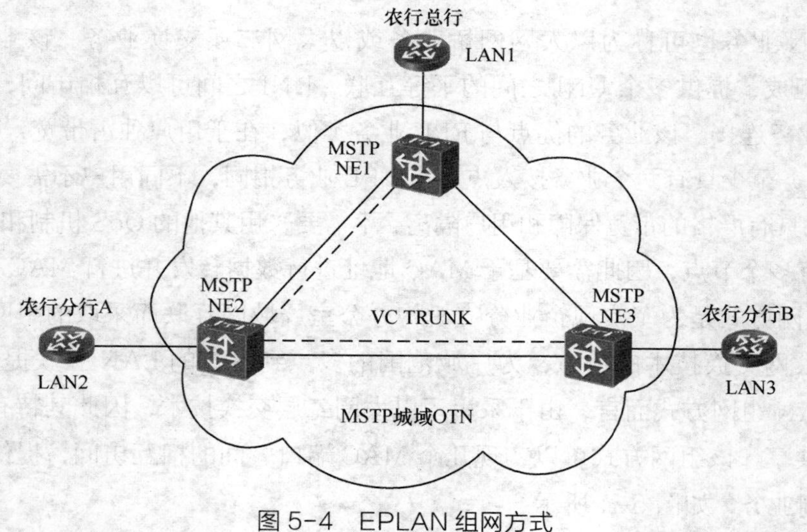

图 5-4　EPLAN 组网方式

4. EVPLAN业务

EVPLAN 业务也可以称为以太网 VB 业务、多点 VPN 业务或 VPLS（虚拟专用局域网服务）业务，实现多点到多点的业务连接。该业务需要采用内部嵌入组网技术实现在 VC TRUNK 通道中隔离不同用户的信号，解决 EPLAN 业务无法处理的问题。EVPLAN 业务与 EPLAN 业务的主要区别是不同的用户需要共享 SDH VC 带宽，每个 UNI 可以接入多个业务实例。因此需要使用 VLAN ID 或其他机制来区分不同用户的数据。如果需要为不同用户提供不同 QoS 的服务，则需要采用相应的 QoS 机制。因此 EVPLAN 业务的实现必须在业务入口节点配置过滤转发表，基于“VB+MAC 地址 +VLAN”完成地址学习和数据转发。

从连接方式上来看，EVPLAN 组网方式利用 MSTP 城域 DTN 为企业用户提供了一种仿真的局域网连接。从网络拓扑结构与运营维护来看，EVPLAN 组网方式则提供了与 VPN 类似的服务，唯一的区别在于 EVPLAN 组网方式的网络边缘节点采用了链路层（第二层）桥接技术，而 VPN 则采用了第三层路由技术。

EVPLAN 组网方式如图 5-5 所示。

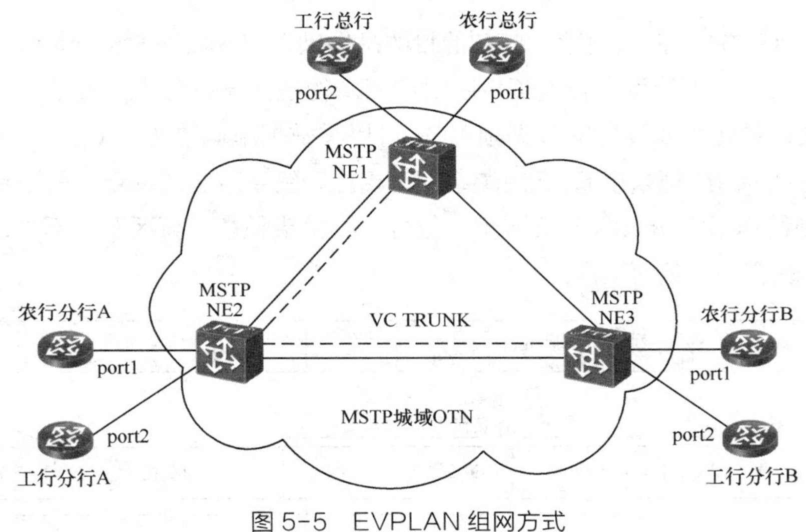

图 5-5　EVPLAN 组网方式

在图 5-5 中，农行总行和工行总行及农行、工行分行 A 和农行、工行分行 B 之间分别需要进行信息共享，而不同银行之间应实现业务数据隔离。根据用户业务数据传送需求，在 MSTP NE1、MSTP NE2 和 MSTP NE3 设备之间建立相应的 VC TRUNK 通道。MSTP NE1、NE2 和 NE3 设备的以太网盘均配置过滤转发表，从同一台设备的不同接口接入的不同业务将被分配不同的 VLAN，实现基于“VB+MAC 地址 +VLAN”的数据转发，路径重叠的业务可以共享同一段 VC TRUNK 通道进行传送，接收端根据 VLAN ID 进行业务识别。

5.1.4　MSTP 承载以太网业务的核心技术

如图 5-6 所示，MSTP 承载以太网业务的核心技术主要为 GFP、VC 技术和链路容量调整机制（LCAS），具体如下。

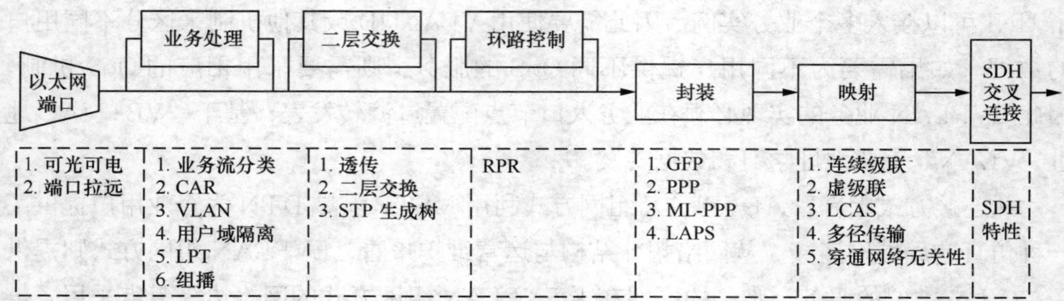

图 5-6　MSTP 承载以太网业务的核心技术

1. GFP

ITU-T G.7041 建议，执行 GFP 的目的是提供以太网数据的统一封装，即提供一种把不同上层协议里的可变长度负载映射到同步物理传输网络中的方法。业务数据可以是协议数据单元（如以太网数据帧），也可以是数据编码块（如 GE 用户信号）。不同厂家业务对接时必须采用 GFP 封装，同时相应开销字节必须符合相关国际标准。

GFP 帧结构示意图如图 5-7 所示，包含核心帧头和净负荷区两大部分，以太网业务数据被装载在其净负荷区内。

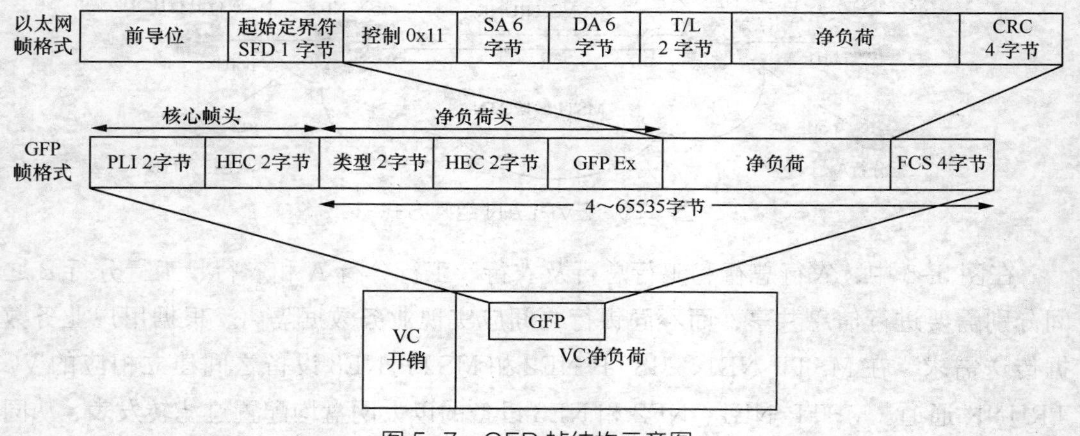

图 5-7　GFP 帧结构示意图

其中，核心帧头包括两部分，即净负荷长度标识（PLI）和核心帧头差错校验码（HEC）。

（1）PLI（2 字节）：用于指示净负荷的长度。当 PLI 为 0 ～ 3 时，该帧为控制帧，控制帧包括空闲帧和管理帧，空闲帧用于在源端进行 GFP 字节流和传输层速率的匹配，管理帧用于承载与用户信号相关的 OAM 信息；当 PLI 为 4 ～ 65535 时，该帧为用户帧，用户帧包括用户数据帧和用户管理帧，用户数据帧用于承载用户数据信号，用户管理帧用于承载与用户信号相关的管理信息。

（2）HEC（2 字节）：核心帧头差错校验码，对核心帧头进行 CRC-16 校验。

净负荷区包括 3 部分，分别为净负荷头、净负荷和净负荷帧校验序列（FCS）。

（1）净负荷头（4 ~ 64 字节）：主要用于区分不同的帧类型和净负荷类型，以及净负荷头的扩展校验。

（2）净负荷（0 ~ 65527 字节）：用于承载净负荷信息。

（3）FCS（4 字节）：以帧校验的方式进行净负荷 CRC-32 校验。

2. 虚级联技术

SDH 提供的 VC 封装速率等级主要是 VC-12（2Mbit/s）、VC-3（34Mbit/s）和 VC-4（140Mbit/s），而常用的以太网信号速率是 10Mbit/s（以太网）、100Mbit/s（FE）、1000Mbit/s（GE），两者之间并不匹配。级联技术是把多个小的 VC 如 VC-12（2Mbit/s），组装成 VCG，为以太网业务传送提供合适的带宽，以提高网络带宽利用率。级联分为连续级联和虚级联两种，如图 5-8 所示。

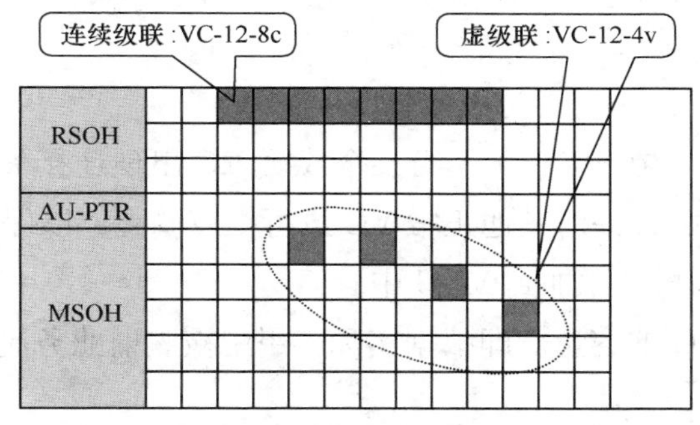

图 5-8　连续级联与虚级联

连续级联是对同一个 STM-*N* 中的多个相邻 VC 进行合并，并只保留第一个 VC 的 POH 字节，因此连续级联实现简单、传输效率高；端到端只有一条路径，业务无时延；但是要求整个传输网都支持连续级联，原有的网络设备可能不支持，业务不能穿通。

虚级联是将分布在同一个 STM-*N* 中不相邻的多个 VC 或不同 STM-*N* 中的 *X* 个 VC 用字节间插复用方式级联成一个虚拟结构的 VCG 进行传送，也就是把连续的带宽分散在几个独立的 VC 中，到达接收端再将这些 VC 合并在一起。虚级联写为 VC-4-*X*v、VC-12-*X*v 等，其中 *X* 为 VCG 中的 VC 个数，v 代表“虚”级联。

与连续级联不同，在进行虚级联时，每个 VC 都保留自己的 POH。虚级联利用 POH 中的 H4（VC-3/VC-4 级联）或 K4（VC-12 级联）字节指示该 VC 在 VCG 中的序列号。因此，虚级联应用灵活、效率高，只要求接收端、发送端两端设备支持即可，与中间的传送网无关，可实现多径传输，但不同路径传送的业务有一定时延。

在表 5-1 中对比了采用虚级联技术与未采用虚级联技术时 VC 的网络带宽利用率，

明显可以看出采用虚级联技术可以有效提高网络带宽利用率。

表 5-1　采用虚级联技术与未采用虚级联技术时 VC 的网络带宽利用率对比

速率	净负荷大小	未采用虚级联技术时	采用虚级联技术时
10Mbit/s	VC-12：2.175Mbit/s	VC-3 (20%)	VC-12-5v (92%)
100Mbit/s	VC-3：48.384Mbit/s	VC-4 (67%)	VC-3-2v (100%)、VC-12-46v(100%)
200Mbit/s	VC-4：149.760Mbit/s	VC-4-4c (33%)	VC-3-4v (100%)
GE	VC-4：149.760Mbit/s	VC-4-16c (42%)	VC-4-7v (95%)

3. LCAS

LCAS 是一种灵活的、不中断业务地自动调整和同步 VCG 大小，并将有效净负荷自动映射到可用的 VC 内，从而实现虚级联带宽动态可调的方法。LCAS 利用 VC 中某些开销字节传递控制信息，在发送端与接收端之间提供一种无损伤、动态调整线路容量的控制机制。高阶 VC 利用 H4 字节，低阶 VC 利用 K4 字节来承载链路控制信息。

LCAS 的作用如下。

（1）管理失效 VC。在 VCG 中，当某个成员 VC 出现连接失效时，LCAS 自动将失效 VC 从 VCG 中删除，并对其他正常 VC 进行相应调整，以保证 VCG 的正常传送，失效 VC 修复后也可以再被添加到 VCG 中。

（2）自动调整 VCG 的容量。即根据实际应用中被映射业务流量大小和所需要的带宽来调整 VCG 的容量。

LCAS 具有一定的流量控制功能，无论是自动删除 VG、添加 VC 还是自动调整 VCG 的容量，并不会对承载的业务造成损伤。LCAS 技术是提高虚级联性能的重要技术，它不但能动态调整带宽容量，而且还提供了一种容错机制，大大增强了虚级联的鲁棒性。

综上所述，GFP 实现统一的数据封装和适配速率；虚级联提供大小合适、颗粒精确的管道；LCAS 使虚级联灵活、动态地适应需求。通过虚级联、GFP 和 LCAS 的结合，MSTP 传输网将支持全面的数据业务，特别是提供带宽连续可调、具有 QoS 保证的二层交换的以太网专线业务。

5.2 MSTP 设备功能结构

SDH/MSTP 体制要求不同厂家的设备实现横向兼容，这就必然会要求设备的实现要按照标准的规范，而不同厂家的设备千差万别，如何才能实现设备的标准化，以达到互联的要求呢？

ITU-T 采用 OSI 参考模型对 SDH 设备进行规范，它将设备所应完成的功能分解为各种基本标准功能块，基本标准功能块的实现方式决定设备上物理单板的分类设计，不同的设备可以选用不同的基本标准功能块灵活组合而成，以实现设备的不同功能，因此目前各厂家生产的传输设备均采用模块化结构，即一台传输设备由多个基本功能单板组成。

MSTP 将传统的 SDH 复用器、DXC、WDM 终端、网络二层交换机和 IP 边缘路由器等多个独立的设备集成为一个网络设备，MSTP 设备与传统 SDH 设备的硬件结构组成方式基本相同，只是 MSTP 设备在 SDH 设备的基础上增加了多种业务类型的物理单板。SDH 设备和 MSTP 设备的硬件结构如图 5-9 所示。

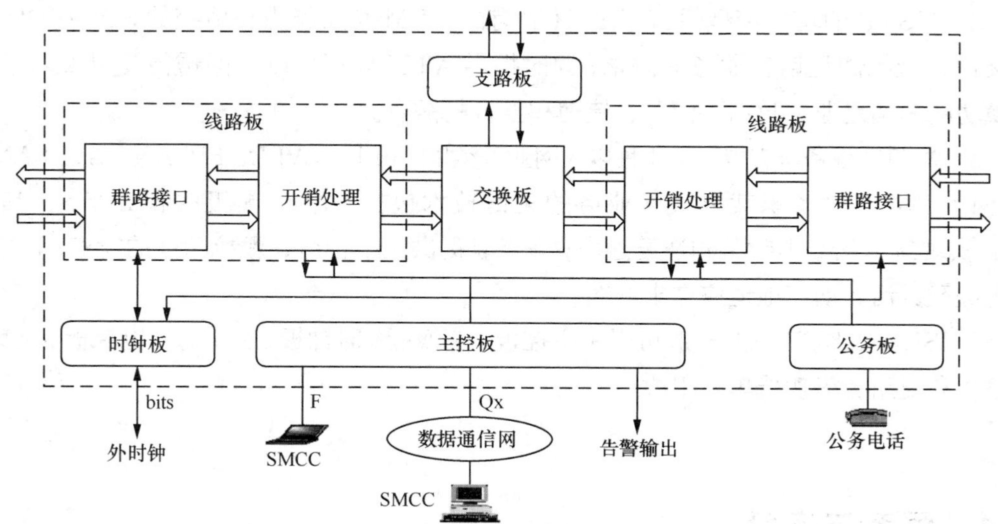

图 5-9 SDH 设备和 MSTP 设备的硬件结构

SDH 设备和 MSTP 设备一般可以由主控板、交换板、时钟板、公务板、电源板、风扇、线路板和支路板等功能单板组成。其中各功能单板的作用如下。

主控板——实现对设备的监测、控制及与网络管理系统实现通信。

交换板——在线路板和线路板之间或者线路板与支路板之间完成基于 VC 的时隙交换，实现业务的上下或者转发。

时钟板——完成同步时钟信号的输入 / 输出，实现网同步。

公务板——也称为开销处理板，其作用是实现公务语音通信。

线路板——提供 STM-*N* 光接口，通过光纤等传输介质实现与其他设备之间的组网连接。

支路板——提供与用户终端相连接的接口，实现业务接入。

通常在一台设备中，主控板、交换板等均需要 1+1 备份配置，线路板的数量及接口容量应根据组网需求进行配置，支路板的种类和数量则需要根据业务信号类型和所需要的端口数量进行配置，不同的业务信号应该通过不同的支路板实现接入，如，以太网业务应通过以太网支路板接入，2Mbit/s 业务应通过 2Mbit/s 支路板接入。

5.3 小结

1. MSTP 是基于 SDH 技术的多业务传送平台，可以同时实现 TDM、ATM、以太网等业务的接入、处理和传送，并进行统一控制和管理，是主要的城域网传输承载技术。

2. MSTP 的功能模型保留了 SDH 固有的 TDM 交叉能力和传统的 SDH/PDH 业务接口，继续满足话音业务的需求；同时提供 ATM 处理、以太网透传及以太网二层交换功能来满足业务数据的汇聚、梳理和整合的需要。

3. MSTP 设备可支持以下 4 种以太网业务类型。EPL、EVPL、EPLAN、EVPLAN。

4. MSTP 设备承载以太网业务的关键技术包括 GFP、虚级联和 LCAS。其中 GFP 实现统一的数据封装和适配速率；虚级联提供大小合适、颗粒精确的管道；LCAS 使虚级联灵活、动态地适应需求。

5. SDH/MSTP 设备一般可以由主控板、交换板、时钟板、公务板、电源板、风扇、线路板和支路板等功能单板组成。

5.4 思考与练习

1. MSTP 是基于____________的多业务传送平台，可以同时实现____________、____________、____________等业务的接入、处理和传送。

2. MSTP 设备支持的以太网业务类型有哪些？分别有何不同？

3. MSTP 与 SDH 相比，主要的区别在哪里？

4. MSTP 设备承载以太网业务的关键技术有哪些？分别有何作用？

5. 简述 MSTP 设备常用组成单板的作用。

第 6 章
WDM 技术

06

学习目标

① 了解WDM的基本概念；
② 掌握WDM系统基本组成；
③ 掌握WDM系统的波长选择方案；
④ 掌握WDM系统分类。

6.1 WDM 的基本概念

6.1.1 WDM 的定义

WDM（波分复用）是光纤通信中的一种传输技术，它利用一根光纤可以同时传输多个不同波长的光载波的特点，把光纤可能应用的波长范围划分成若干个波段，将每个波段作为一个独立的通道传输一种预定波长的光信号，因此能在同一根光纤中同时传输多个用户信息，从而实现光纤传输容量的扩展。光波分复用的实质是在光纤中进行 OFDM（正交频分复用），只是因为光波通常采用波长而不用频率来描述，因此被称为 WDM。

WDM 技术出现之前，数字光传输网中主要通过 TDM 方式提升光纤的利用率。但 TDM 方式有两个缺陷：一是影响业务，即在升级至更高的速率等级时，网络接口及其设备需要完全更换，所以在升级的过程中，不得不中断正在运行的设备；二是速率等级的提升缺乏灵活性，以 SDH 设备为例，当一个线路速率为 155Mbit/s 的系统被要求提供两个速率为 155Mbit/s 的通道时，就只能将系统速率升级到 622Mbit/s，而这样会导致两个 155Mbit/s 通道被闲置。对于更高速率的 TDM 设备，目前成本较高，而且速率为 40Gbit/s 的 TDM 设备已经达到电子元器件的速率极限，即使是 10Gbit/s 的速率，在不同类型光纤中的非线性效应也会对传输产生各种限制。当达到一定的速率等级时，会由于对元器件和线路等各方面特性的限制而不得不寻找另外的解决办法。因此 WDM 系统从 20 世纪 90 年代中期开始，受市场需要和技术发展的驱动，在国内外呈现出飞速发展的态势，主要应用于长途传输网的密集波分复用（DWDM）系统和应用于城域网及以太网的稀疏波分复用（CWDM）系统都有了很大的突破并得到大量的商用。

6.1.2 WDM 的基本原理

在 WDM 系统中采用的各种光波的波长是不同的，也就是特定标准波长。为了区别于 SDH 等系统的普通波长，有时把 WDM 系统采用的光波称为“彩光”，而称普通光系统的光称为“灰光”。

WDM 的基本工作原理如图 6-1 所示，在发送端将来自不同用户终端的光信号（灰光），经 OTU（光波长转换单元）变成不同波长的光信号（彩光），然后通过复用器（MUX）对不同波长的光信号进行合波，并耦合进光缆线路上同一根光纤中进行传输，在接收端通过解复用器（DEMUX）对合波信号进行分波，并经 OTU 进行波长恢复后，将原信号送入不同终端。

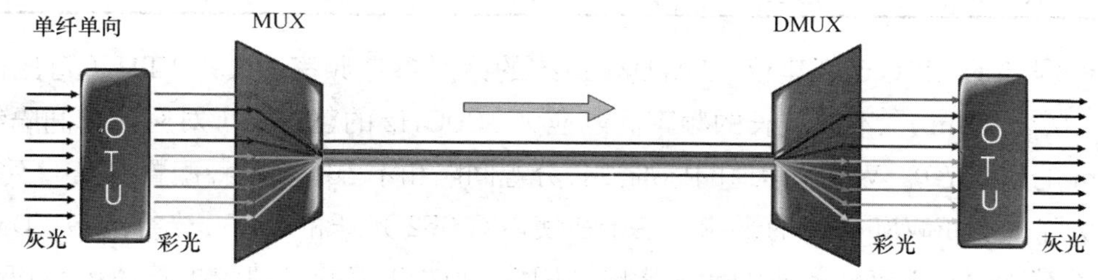

图 6-1 WDM 的基本工作原理

根据在同一根光纤中传输的不同波长的光波的间距不同，可以将 WDM 分为两种，即 DWDM 和 CWDM。

DWDM 的相邻波长间隔一般在 2nm 以下，可以实现 8 个波长、16 个波长、32 个波长乃至更多个波长的复用，能充分利用光纤带宽，极大地提高网络系统的通信容量，但 DWDM 技术对器件要求严格，价格比较高，因此主要应用在长途传输网上，实现长距离、大容量的传输。

CWDM 的相邻波长间隔一般在 20nm 以上，相较于 DWDM 系统，CWDM 系统复用的波长数较少（最多只能复用 16 个波长通道）；由于无法使用光放大器，传输距离较短（通常不超过 80km），也没有光监控信道功能。但是 CWDM 系统成本低，并具有非常强的灵活性。因此 CWDM 系统主要应用于城域网中，尤其是传输距离短、高带宽、接入点密集的通信场合中，如大楼内或大楼之间的网络通信。

6.1.3 WDM 的工作波长

WDM 系统中采用的波段如表 6-1 所示。光纤中存在 3 个低损耗工作窗口，分别为 850nm、1310nm、1550nm。目前 WDM 技术主要采用的是 1550nm 窗口。1550nm 窗口分为 3 个波段，即 S 波段（即 1460 ~ 1525nm）、C 波段（即 1530 ~ 1565nm）和 L 波段（即 1565 ~ 1625nm）。

目前在 WDM 系统中，主要选用的是 C 波段和 L 波段，因为这两个波段在传输信号的时候损耗最小。C 波段是目前 DWDM 系统主要使用的波段，而 L 波段主要为未来实现更多波长的复用扩展所准备的，它比 C 波段具有更强的传输能力。

表 6-1　光纤使用的波段划分

波段	说明	范围（nm）	带宽（nm）
O 波段	原始	1260 ~ 1360	100
E 波段	扩展	1360 ~ 1460	100
S 波段	短波长	1460 ~ 1525	65
C 波段	常规波长	1525 ~ 1565	40
L 波段	长波长	1565 ~ 1625	60
U 波段	超长波长	1625 ~ 1675	50

根据 ITU-T G.692 建议，DWDM 系统的绝对参考频率为 193.1THz（对应的波长为 1552.52nm），不同波长的频率间隔应为 100GHz 的整数倍（对应波长间隔约为 0.8nm 的整数倍）。WDM 信道的标准波长分等间隔和不等间隔两种配置方案。不等间隔是为了避免 FWM 效应的影响。鉴于在使用 G.652 光纤和 G.655 光纤的 DWDM 系统中没有观察到 FWM 效应的明显影响，因此 ITU-T G.692 建议推荐使用 G.652 光纤和 G.655 光纤的 DWDM 系统使用的标准波长如表 6-2 所示。

表 6-2　ITU-T G.692 建议 40/80 波 DWDM 系统的波长分配方案

序号	中心频率（THz）	中心波长（nm）	序号	中心频率（THz）	中心波长（nm）	序号	中心频率（THz）	中心波长（nm）	序号	中心频率（THz）	中心波长（nm）
1	192.1	1560.61	21	193.1	1552.53	41	194.1	1544.53	61	195.1	1536.61
2	192.15	1560.2	22	193.15	1552.13	42	194.15	1544.13	62	195.15	1536.22
3	192.2	1559.79	23	193.2	1551.72	43	194.2	1543.73	63	195.2	1535.82
4	192.25	1559.39	24	193.25	1551.32	44	194.25	1543.34	64	195.25	1535.43
5	192.3	1558.99	25	193.3	1550.92	45	194.3	1542.94	65	195.3	1535.04
6	192.35	1558.58	26	193.35	1550.52	46	194.35	1542.54	66	195.35	1534.65
7	192.4	1558.18	27	193.4	1550.12	47	194.4	1542.15	67	195.4	1534.25
8	192.45	1557.77	28	193.45	1549.72	48	194.45	1541.75	68	195.45	1533.86
9	192.5	1557.37	29	193.5	1549.32	49	194.5	1541.35	69	195.5	1533.47
10	192.55	1556.96	30	193.55	1548.92	50	194.55	1540.96	70	195.55	1533.08
11	192.6	1556.56	31	193.6	1548.52	51	194.6	1540.56	71	195.6	1532.68
12	192.65	1555.15	32	193.65	1548.12	52	194.65	1540.16	72	195.65	1532.29
13	192.7	1555.75	33	193.7	1547.72	53	194.7	1539.77	73	195.7	1531.9
14	192.75	1555.35	34	193.75	1547.32	54	194.75	1539.37	74	195.75	1531.51
15	192.8	1554.94	35	193.8	1546.92	55	194.8	1538.98	75	195.8	1531.12
16	192.85	1554.54	36	193.85	1546.52	56	194.85	1538.58	76	195.85	1530.73
17	192.9	1554.14	37	193.9	1546.12	57	194.9	1538.19	77	195.9	1530.34
18	192.95	1553.73	38	193.95	1545.72	58	194.95	1537.79	78	195.95	1529.95
19	193.0	1554.33	39	194.0	1545.32	59	195.0	1537.4	79	196.0	1529.56
20	193.05	1552.93	40	194.05	1544.93	60	195.05	1537.01	80	196.05	1529.17

CWDM 系统一般传输距离比较短，所以在实际应用当中，损耗并不是它的主要限制因素，因此 CWDM 系统中的信号光是可以使用多个波段的。

6.1.4　WDM 的特点

WDM 技术具有如下特点。

1．超大容量

目前使用的普通光纤的传输带宽很宽，但其利用率却很低。使用 DWDM 技术可以使一根光纤的传输容量与单波长传输容量相比扩大几倍、几十倍乃至几百倍。现在商用的最高传输容量光纤传输系统为 1.6Tbit/s 光纤传输系统。

2．对数据的“透明”传输

由于 DWDM 系统根据光波长的不同进行复用和解复用，而与信号的传输速率和电调制方式无关，即对数据是“透明”的。一个 WDM 系统的业务可以承载多种格式的“业务”信号，如 ATM、IP 及将来有可能出现的信号。WDM 系统完成的是“透明”传输，对于“业务”层信号来说，WDM 系统中的各个光波长通道就像“虚拟”的光纤一样。

3．系统升级时能最大限度地保护已有投资

在 WDM 系统中，通过增加波长即可引入任意想要的新业务或新传输容量，在进行网络扩充时，无须对光缆线路进行改造，只需要更换光发送机和光接收机即可实现，扩容十分方便。

4．高度的组网灵活性、经济性和可靠性

利用 WDM 技术构成的新型通信网络的结构与利用传统的电 TDM 技术构成的网络的结构相比，大大简化了，而且网络层次分明，各种业务的调度只需要调整相应光信号的波长即可实现。由于网络结构简化、网络层次分明及业务调度方便，由此而带来的高度组网灵活性、经济性和可靠性是显而易见的。

5．可兼容全光交换

在全光网中，各种电信业务的交叉连接等都是在光纤上通过对光信号波长的改变和调整来实现的。因此，WDM 技术将是实现全光网的关键技术之一，WDM 系统能与全光网兼容，在已经建成的 WDM 系统的基础上实现透明的、具有高度生存性的全

光网。

综上所述，WDM 是利用单模光纤低损耗区的巨大带宽，将不同速率（波长）的光混合在一起进行传输，这些不同波长的光信号所承载的数字信号可以是相同的速率、数据格式，也可以是不同的速率、数据格式。可以通过增加新的波长特性，按用户的要求确定网络容量。对于 2.5Gbit/s 以下速率的 WDM 系统，目前的技术可以完全实现光纤的色散和光纤非线性效应带来的限制，满足对传输容量和传输距离的各种需求。WDM 扩容方案的缺点是需要较多的光纤器件，增加了失效和故障的概率。

6.2 WDM 系统的结构

6.2.1 WDM 系统的构成

如图 6-2 所示，WDM 系统是由光发送机、光接收机、光中继放大、光监控信道（OSC）、网络管理系统五大部分组成的。

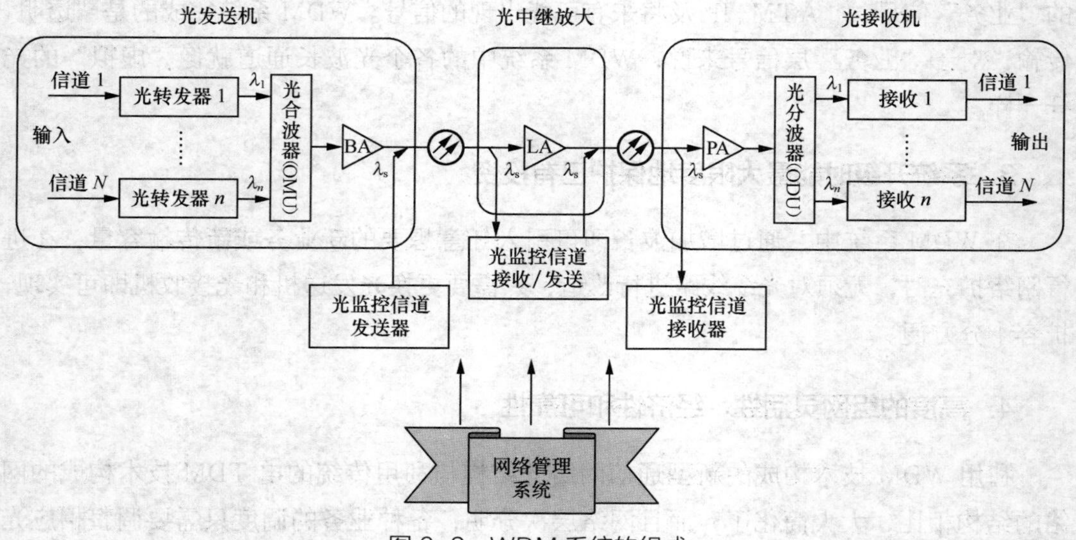

图 6-2 WDM 系统的组成

1. 光发送机

光发送机完成的工作首先是通过连接用户端的外部信道，接入用户业务信号并通过光转发器分别将不同的用户信息变成各自指定信道波长的光信号，再将这些光信号都送到光合波器进行合波，经功率放大器（BA）进行放大，之后被放大的光合波信号与从光监控信道发出的光监控信号经耦合器合路后送入光纤进行外部传输。

2. 光接收机

光接收机在接收到该信号以后，首先提取光监控信道的信息来判断信号传输质量，然后主信号通过预放大器进行放大，因为前面经过多段传输、长距离传输之后的信号较弱，所以光接收机中的前置放大器（PA）应该选用增益比较大、噪声系数比较小的放大器。经过放大的主信号被重新送到光分波器，按波长分离出不同的用户信息，分别通过各自的接收系统，重新恢复波长，然后送回用户接收。

3. 光中继放大

光中继放大所起的作用就是首先从信号当中提取光监控信道信息进行分析，从而判断刚才经历的这一段传输的质量如何，然后将剩下的主信号送入线路放大器（LA）进行放大，放大之后，重新由光监控信道产生一个新的光监控信道信息与放大后的光合波信号进行耦合，两者一起进入下一段光纤进行传输。如此反复，一直持续到所传输的业务信号到达最终的接收端。

4. 光监控信道

光监控信道部分实际上是通过在传送的主信号中插入一定的监控光信号，并通过对该监控光信号的传输检测来判断在传输过程当中所经过的每一段传输的质量。因此，光监控信道包括监控光信号的发送和监控光信号的接收两大部分。目前光监控信道使用的波长为 1510nm。

5. 网络管理系统

网络管理系统主要实现对于网络中设备集中的运行维护管理功能，负责实现配置管理、故障管理、安全管理及性能管理功能。维护人员可以通过网络管理系统对设备的状态进行实时的监控。

6.2.2 WDM 系统的关键组成模块

如图 6-3 所示，WDM 系统的关键组成模块包括如下部分。OUT、光分波器 / 光合波器、OA(光放大器)、光监控信道。

1. OTU

OTU 将非标准的波长转换为 ITU-T 所规范的标准波长，在系统中应用光 / 电 / 光转换，即先用 PIN 型光电二极管或 APD 把接收到的光信号转换为电信号，然后该电信号对标准波长的激光器进行调制，从而得到新的符合要求的光波长信号。

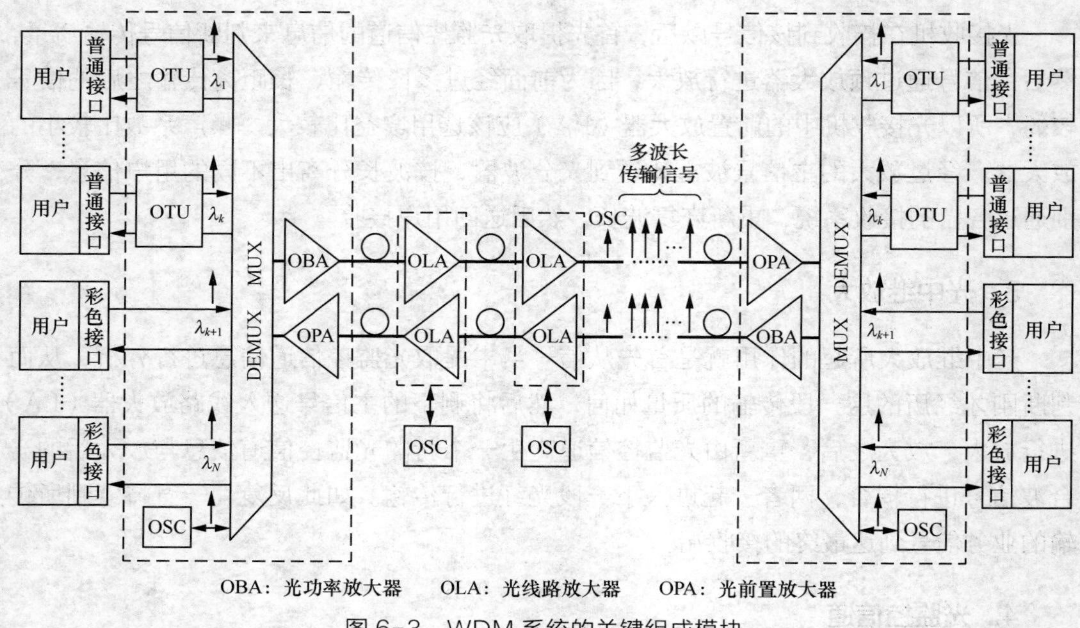

图 6-3　WDM 系统的关键组成模块

2. 光分波/合波器

光合波器用于光传输系统的发送端，是一种具有多个输入端口和一个输出端口的器件，它的每一个输入端口均输入一个预选波长的光信号，输入的不同波长的光波由同一个输出端口输出。光分波器用于光传输系统的接收端，正好与光合波器相反，它具有一个输入端口和多个输出端口，将多个不同波长的光波分开。

3. OA

OA 不但可以对光信号进行直接放大，同时还具有实时、高增益、宽带、低噪声、低损耗的特性，是新一代光纤通信系统中必不可少的关键器件。在目前实用的光纤放大器中主要有 EDFA、半导体光放大器（SOA）和光纤拉曼放大器（FRA）等，其中 EDFA 以其优越的性能被广泛应用于长距离传输、大容量、高速率的光纤通信系统中，作为 PA、线路放大器（LA）、BA 使用。

4. 光监控信道

光监控信道是为 WDM 的光传输系统的监控而设立的。ITU-T 建议优选采用 1510nm 波长、传输速率为 2Mbit/s 的光监控信道。监控光信号必须在光放大之前被分出，在光放大之后重新插入光路。

6.3 WDM 系统分类

按照传输方式划分，WDM 系统可被分为单向 WDM 系统和双向 WDM 系统两种。

1. 单向WDM系统

如图 6-4 所示，单向 WDM 系统采用两根光纤，一根光纤只完成一个方向光信号的传输，反向光信号的传输由另一根光纤来完成。

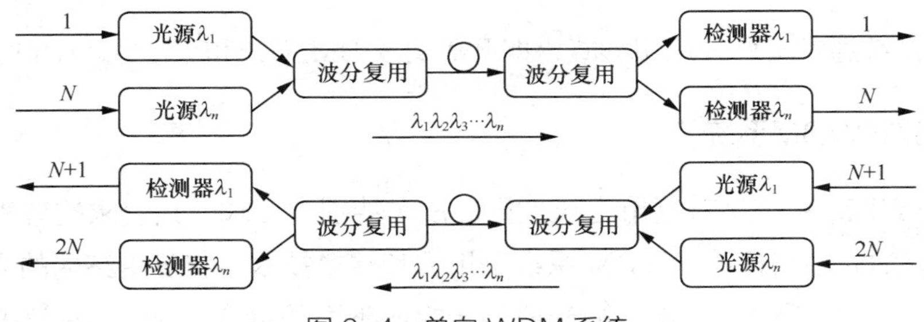

图 6-4　单向 WDM 系统

这种 WDM 系统可以充分利用光纤的巨大带宽资源，使一根光纤的传输容量扩大几倍至几十倍。在长途传输网中，可以根据实际业务量的需要逐步增加波长来实现扩容，十分灵活。在不清楚实际光缆色散的前提下，它也是一种暂时避免采用超高速光系统而利用多个传输速率为 2.5Gbit/s 的系统实现超大量传输的手段。

2. 双向WDM系统

如图 6-5 所示，双向 WDM 系统则只使用一根光纤，在一根光纤中实现两个方向光信号的同时传输，两个方向光信号应安排在不同波长上。

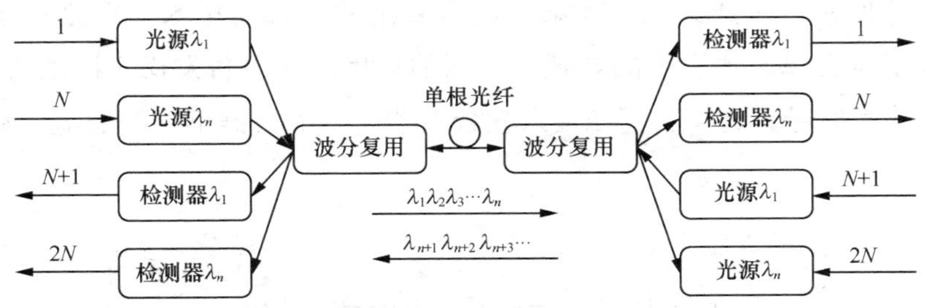

图 6-5　双向 WDM 系统

单纤双向 WDM 传输方式允许单根光纤携带全双工通路，通常可以比单向 WDM 传输节约一半的光纤器件，由于双向传输的信号不交互产生 FWM 产物，因此其总的 FWM 产物比双纤单向 WDM 传输少很多，但缺点是该系统需要采用特殊的措施来对付光反射（包括光接头引起的离散反射和光纤本身的瑞利后向反射），以防多径干扰；

当需要将光信号放大以延长传输距离时，必须采用双向光纤放大器及光环形器等器件，但其噪声系数稍差。

ITU-T G.692 文件对于单纤双向 WDM 传输方式和双纤单向 WDM 传输方式的优劣并未给出明确的看法。实用的 WDM 系统大都采用双纤单向传输方式。

6.4 WDM 系统的应用形式

WDM 系统通常有两种应用形式，即开放式 WDM 系统和集成式 WDM 系统。

1. 开放式WDM系统

开放式 WDM 系统是对复用终端光接口没有特别的要求，只要求这些光接口符合 ITU-T 建议的光接口标准。WDM 系统采用波长转换技术，将复用终端的光信号转换成指定的波长，将不同终端设备的光信号转换成不同的符合 ITU-T 建议的波长，然后进行合波。如图 6-6 所示。

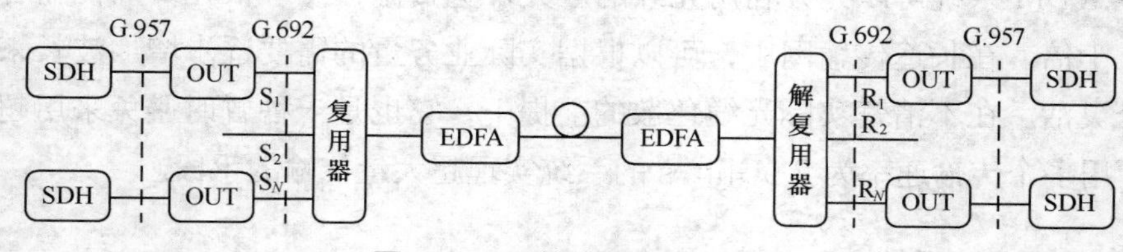

图 6-6　开放式 WDM 系统

2. 集成式WDM系统

如图 6-7 所示，集成式 WDM 系统没有采用波长转换技术，它要求复用终端的光信号的波长符合 WDM 系统的规范，不同的复用终端设备发送不同的符合 ITU-T 建议的波长的光信号，这样它们在接入光合波器时就能占据不同的通道，从而完成光合波。

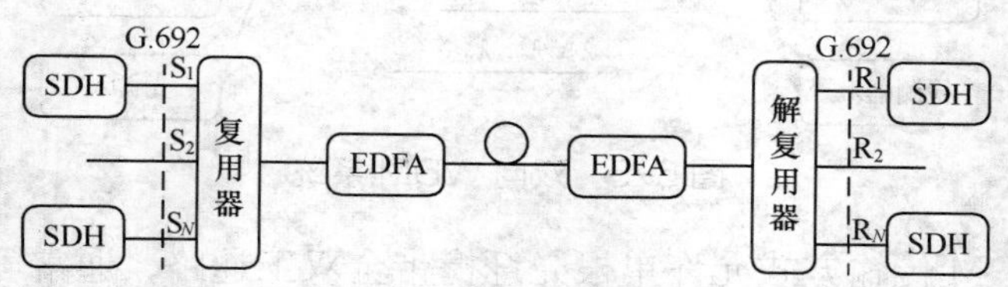

图 6-7　集成式 WDM 系统

根据工程的需要可以选用不同的应用形式。在实际应用中，开放式 WDM 系统和集成式 WDM 系统可以混合使用。

6.5 小结

1. WDM 是利用一根光纤同时传输多个不同波长的光载波的技术。光波分复用的实质是在光纤上进行 OFDM。

2. WDM 的基本工作原理是在发送端将来自不同用户终端的光信号（灰光），经 OUT 变成不同波长的光信号（彩光），然后通过 MUX 对不同波长的光信号进行合波，并耦合进光缆线路上同一根光纤中进行传输，在接收端通过 DEMUX 对合波信号进行分波，并经 OTU 进行波长恢复后，将原信号送入不同终端。

3. WDM 分为 DWDM 和 CWDM。DWDM 的相邻波长间隔一般在 2nm 以下，主要应用在长途传输网上。CWDM 的相邻波长间隔一般在 20nm 以上，主要应用于城域网中。

4. WDM 系统中主要选用的是 C 波段和 L 波段，C 波段是目前 DWDM 系统主要使用的波段，而 L 波段主要为未来实现更多波长的复用扩展所准备的。

5. WDM 系统是由光发送机、光接收机、光中继放大、光监控信道、网络管理系统 5 大部分组成。WDM 系统的关键组成模块包括 OTU、光分波器 / 光合波器、OA 和光监控信道。

6. WDM 系统的传输方式分为单向传输和双向传输。WDM 系统的两种应用形式是开放式 WDM 系统和集成式 WDM 系统。

6.6 思考与练习

1. 简述 WDM 的工作原理。
2. DWDM 和 CWDM 的区别是什么?
3. 画图说明 WDM 系统的结构。
4. 目前 DWDM 主要使用的是__________波段，其波长范围是__________。
5. 开放式 WDM 系统与集成式 WDM 系统的主要区别是什么?

第 7 章

OTN 技术与设备

07

学习目标

① 了解OTN的定义；
② 掌握OTN功能分层模型及光接口类型；
③ 掌握OTN的帧结构及复用映射过程；
④ 掌握OTN设备组成模型；
⑤ 掌握典型OTN设备的硬件结构及应用。

7.1 OTN 的技术基础

全业务运营时代，电信运营商都将转型为综合服务提供商。业务的丰富性对带宽提出了更高的要求，直接反映为对传送网能力和性能的要求。OTN 技术由于能够满足各种新型业务需求，逐渐成为传送网发展的主要方向。

7.1.1 OTN 的定义

OTN 是由 ITU-T G.872、ITU-T G.798、ITU-T G.709 等建议定义的一种全新的光传送技术体制，是以 WDM 技术为基础、在光层组织网络的传送网，是下一代的骨干传送网。它包括光层和电层的完整体系结构，对于各层网络都有相应的管理监控机制和网络生存性机制。

OTN 处理的基本对象是波长级业务，由于结合了光域和电域处理的优势，OTN 可以提供巨大的传输容量、完全透明的端到端波长 / 子波长连接及电信级的保护，是传送宽带大颗粒业务的最优技术。

7.1.2 OTN 的优势

OTN 作为新一代数字传送网，其技术继承了 SDH 和 WDM 的双重优势，主要表现在以下 4 个方面。

1. 多种用户信号的封装和透明传输

OTN 采用基于 ITU-T G.709 的 OTN 帧结构，可以支持多种用户信号的映射和透明传输，如 SDH、ATM、以太网等，对于 SDH 和 ATM 可实现标准封装和透明传输，但对于不同传输速率的以太网的支持有所差异。ITU-T 为 10GE 业务实现不同程度的透明传输提供了补充建议，而 GE、40GE、100GE 业务、专网业务和接入网业务等，到 OTN 帧中的标准化映射方式目前正在讨论之中。

2. 大颗粒的带宽复用、交叉和配置

OTN 定义的电层带宽颗粒为光信道数据单元（ODU*k*，*k*=0,1,2,3），即 ODU0(GE，1000Mbit/s)、ODU1(2.5Gbit/s)、ODU2(10Gbit/s) 和 ODU3(40Gbit/s)，光层的带宽颗粒为波长，相对于 SDH 的 VC-12/VC-4 的调度带宽颗粒，OTN 复用、交叉和配置的颗粒明显要大很多，能够显著提升高带宽数据用户业务的适配能力和传送效率。

3. 强大的开销和维护管理能力

OTN 提供了和 SDH 类似的开销管理能力，OTN 光信道（OCh）层的 OTN 帧结构大大提升了该层的数字监视能力。另外 OTN 还提供 6 层嵌套串联连接监视（TCM）功能，这样使得在进行 OTN 组网时，采取端到端和多个分段同时进行性能监视的方式成为可能，为跨电信运营商传输提供了合适的管理手段。

4. 增强了组网和保护能力

OTN 帧结构、ODU*k* 交叉和多维度可重构光分插复用器（ROADM）的引入，大大提升了 OTN 的组网能力，改变了基于 SDH 的 VC-12/VC-4 调度带宽和 WDM 点到点提供大容量传输带宽的现状。FEC 技术的采用，显著增加了光层传输的距离。另外，OTN 将提供更为灵活的基于电层和光层的业务保护功能，如基于 ODU*k* 层的光子网连接保护（SNCP）和共享环网保护、基于光层的 OCh 或 MS 保护等。

7.1.3 OTN 功能分层结构

如图 7-1 所示，按照 ITU-T G.872 建议，在 OTN 功能分层结构中加入了光层，光层由 OCh 层、OMS 层（光复用段层）和 OTS 层（光传输段层）组成。其中，各层的功能如下。

1. OCh层

OCh 层负责为来自 OMS 层的用户信息选择路由和分配波长，为灵活的网络选路安排 OCh 连接，处理 OCh 开销，提供 OCh 层的检测、管理功能，并在故障发生时

通过重新选择路由或直接把工作业务切换到预定的保护路由来实现保护倒换和网络恢复。

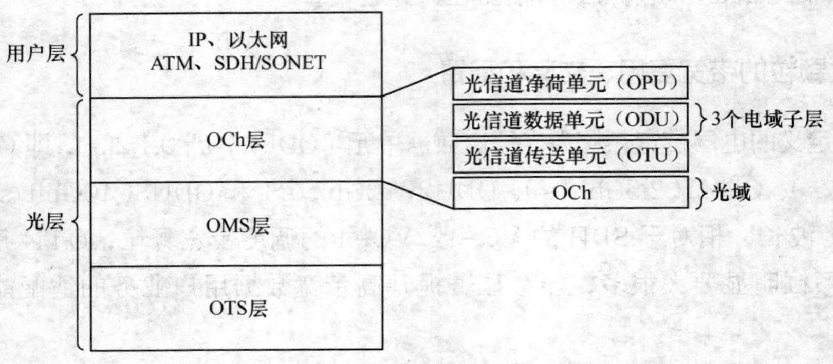

图 7-1　OTN 功能分层结构

OCh 层包括电域和光域两部分。电域分为 3 个子层，分别为 OPU、ODU 和 OTU。其中，OPU 提供用户信号的映射功能；ODU 提供用户信号的数字封装、OTN 的保护倒换、踪迹监测、通用通信处理等功能；OTU 提供 OTN 成帧、FEC 处理、通信处理等功能。波分设备中的发送 OTU 单板完成了信号从 Client 到 OCC（光信道载波）的变化；波分设备中的接收 OTU 单板完成了信号从 OCC 到 Client 的变化。

用户业务信号按照从上至下的顺序先封装成 OPUk，然后封装成 ODUk，最后封装成 OTUk。这里的 k 表示的是封装后信号的速率等级，k 的取值可以是 0、1、2、3、4、5，分别对应的速率是 1.25Gbit/s、2.5Gbit/s、10Gbit/s、40Gbit/s、100Gbit/s 和 400Gbit/s。所以，不同传输速率的用户业务信号，可以对应封装在不同的 OTUk 里进行传输，即 OTUk 就是在 OTN 内部进行业务处理的基本单元。

OCh 层光域部分的作用就是完成 OTUk 信号的电 / 光转换，将其变成指定信道波长的光信号，然后送到 OMS 层进行处理。

2. OMS层

OMS 层负责保证相邻两个波长复用传输设备间多波长复用光信号的完整传输，为多波长光信号提供网络功能。其主要功能包括完成信号 MUX/DEMUX；为灵活的多波长网络选路重新提供 OMS 功能；为保证多波长 OMS 适配信息的完整性，完成 OMS 开销的处理；为网络的运行和维护提供 OMS 的检测和管理功能。

3. OTS层

OTS 层为光信号在不同类型的光传输媒介（如 G.652 光纤、G.653 光纤、G.655 光纤等）上提供可靠传输功能，同时实现对光放大器或中继器的检测和控制等。通常完成功率均衡、EDFA 增益控制、色散的积累和补偿等。

7.1.4　OTN 的接口

如图 7-2 所示，OTN 的接口包括 UNI 和 NNI。UNI 是用户设备与网络之间的接口，直接面向用户提供用户信号的接入。NNI 为网络结点接口或网络－网络接口，它一般是 OTN 设备之间组网连接的接口。OTN 中提供两种 NNI，一种是域间接口 IrDI，一种是域内接口 IaDI。

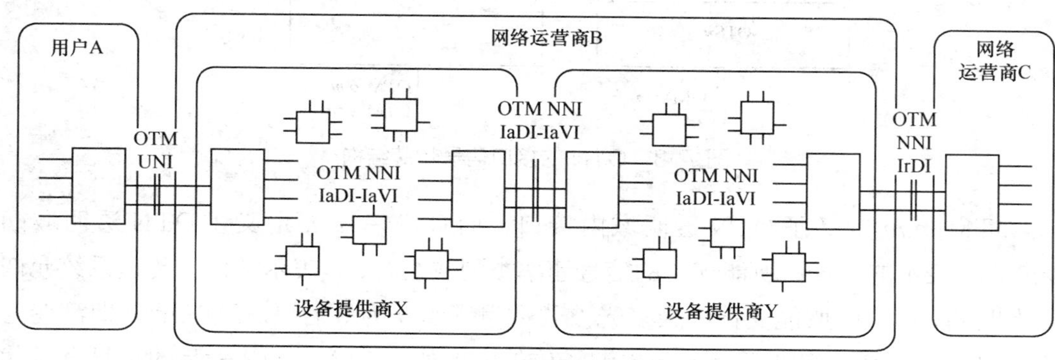

图 7-2　OTN 的接口

1. 域间接口IrDI

域间接口是不同运营商或者同一运营商拥有的不同设备商的设备之间的接口，IrDI 在每个接口终端应具有对信号进行均衡放大、定时提取、识别再生的 3R 处理功能。

2. 域内接口IaDI

域内接口是同一运营商或者同一设备商的设备之间的接口，IaDI 又可以分为两类，即 IrVI 和 IaVI。其中，IrVI 是不同设备商的设备之间的接口；IaVI 是同一设备商的设备之间的接口。

7.1.5　OTM 的结构

OTM（光传送模块）是 OTN 接口的标准信号结构。如图 7-3 所示，ITU-T G.709 定义了两种 OTM，一种是完全功能光传送模块（OTM-*n.m*）；另一种是简化功能光传送模块（OTM-0.*m* 或 OTM-*nr.m*），它们的主要区别在于是否具备光监控信道功能。

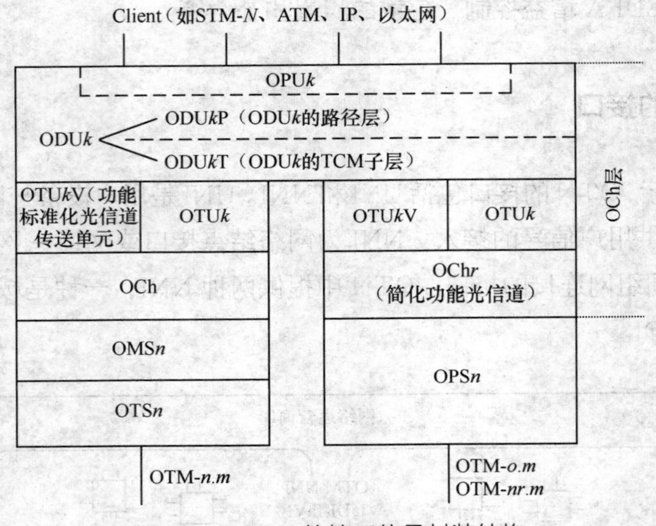

图 7-3　OTN 的接口信号封装结构

OTM-*n.m* 定义了 OTN 透明域内接口，而 OTM-*nr.m* 定义了 OTN 透明域间接口。*m* 表示的是接口所能支持的信号速率类型或组合，*n* 表示接口在传送系统允许的最低速率信号时所能支持的最多光波长数目。当 *n* 为 0 时，OTM-*nr.m* 即演变为 OTM-0.*m*，此时 OTM 采用的是单波长传输。例如，OTM-4.12 表示的是最多承载 4 个波长，这些波长信道承载的信号速率等级既有 OTU1，也有 OUT2。而 OTM-0.2 即表示该 OTM 不具备光监控信道功能，且只有一个传输速率等级为 OTU2 的光波长信道。

1. OTM-*n.m* (*n*≥1)

OTM-*n.m* 接口具备光监控信道功能，因此需要实现的功能层次包括光传输段（OTSn）、光复用段（OMSn）、全功能光信道（OCh）、完全标准化或功能标准化的光信道传送单元（OTU*k*/OTU*k*V）及 ODU*k*。

2. OTM-*nr.m*或OTM-0.*m*

OTM-*nr.m* 或 OTM-0.*m* 实现的功能层次包括光物理段（OPSn）、简化功能光信道（OChr）、OTU*k*/OTU*k*V 及 ODU*k*。OTM-*nr.m* 和 OTM-0.*m* 接口中不需要实现光监控信道功能。

由图 7-3 可见，从用户业务适配到 OCh 层，信号的处理都是在电域内进行的，包含业务负荷的映射复用、OTN 开销的插入，这部分信号处理处于 TDM 的范围。从 OCh 层到 OTS 层，信号的处理是在光域内进行的，包含光信号的复用、放大及光监控信道的加入，这部分信号处理处于波分复用的范围。

7.1.6 OTN 的帧结构

在 OTN 中，输入信号是以电接口或光接口接入的用户信号，输出是具有 ITU-T G.709 OTU*k* 帧格式的光合波信号。ITU-T G.709 中定义的 OTU*k* 的帧结构如图 7-4 所示。

图 7-4　OTU*k* 的帧格式

OTU*k* 的帧结构是将用户信号按照先形成 OPU*k*，再形成 ODU*k*，最后形成 OTU*k* 的顺序封装而成，与 SDH 的帧结构相似，也是一个多行多列的块状帧结构。但 OTU*k* 的帧结构的行数固定为 4，而列数固定为 4080，每一列也是一个字节，所以总共一帧可以传输的字节数是 4 × 4080=16320。对应于不同速率等级的 OTU*k*，速率越高，帧长越短。

7.1.7 OTN 的复用 / 映射过程

OTN 的复用 / 映射过程如图 7-5 所示，描述了 OTM-*n* 的映射及时分复用、波分复用过程中信号结构的变化。

1. 复用/映射过程

映射的作用是将各种用户层信息经过光信道净荷单元 OPU*k*/OPUK-Xv 的适配，映射到 ODU*k* 中，然后在 ODU*k*、OTU*k* 中分别加入光信道数据单元和光信道传送单元的开销，再映射到光通道层 OCh，调制到光信道载波 OCC 上。

时分复用的作用是将多个低速的 ODU*k* 复用成速率更高的 ODU*k*，例如可以将 4 个 ODU1 复用成 ODTUG2 后映射进 OPU2，再经 ODU2 映射封装进 OTU2; 也可以将 16 个 ODU1 复用成 ODTUG3 后映射进 OPU3，再经 ODU3 映射封装进 OTU3。

波分复用的作用是将最多 $n(n \geqslant 1)$ 个 OCC 复用到一个 OCG-*n.m*，OCG-*n.m* 中每个 OCG 支路时隙的容量可以不同。如果设备无需光监控信道，则输出的是 OTM-*n*[r].*m*；但是在全功能 OTM-*n.m* 接口上，OCG-*n.m* 还要和光监控信号进行波分复用，形成 OTM-*n.m* 信号输出。

用户信号到 OTM 的适配过程如图 7-6 所示。用户信号通过 OTN 设备的用户侧接口接入设备，映射进 OPUk 的净负荷区，再加上 OPUk 的开销形成 OPUk；OPUk 加上 ODUk 的开销就形成 ODUk；ODUk 加上 OTUk 的开销和 FEC 编码就形成 OTUk。随后 OTUk 通过电 / 光转换变成单波长的光信号被映射到光信道 OCh，然后 OCh 被调制到光载波信道 OCC，通过 OTN 设备的波分侧发送光口送出。如果多个 OCC 经 OMSn 和 OTSn 进行复用后输出，则设备输出为带光监控信号的 OTM-$n.m$；若多个 OCC 经 OPSn 进行复用后输出，则设备输出为不带光监控信号的 OTM-n[r].m；若由 OCh 直接经 OPS0 输出，则设备输出为单波长信号 OTM-$n.m$。

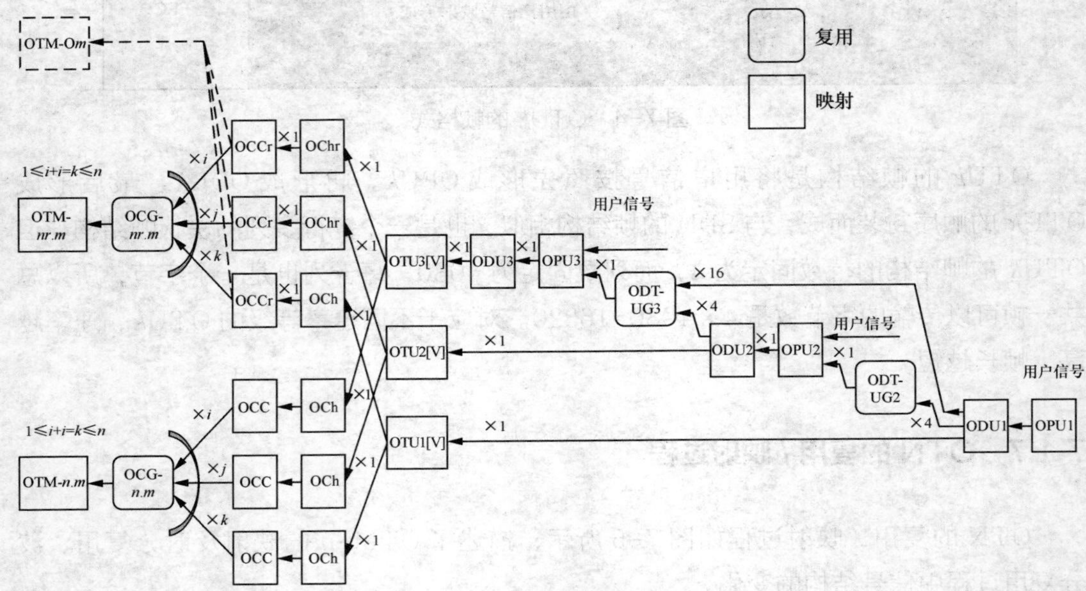

图 7-5　OTN 的复用 / 映射过程

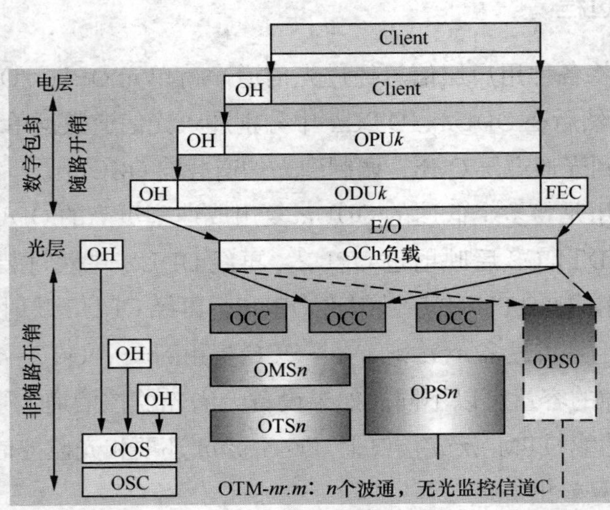

图 7-6　用户信号到 OTM 的适配过程

2. 比特速率和容量

在 SDH 中，STM-*N* 帧周期均为 125μs，不同速率的信号其帧的大小不同。而 OTN 中，不同速率的 OTU*k* 信号，帧的结构和长度都相同，都是 4×4080 字节，但是每帧的周期不同。OTU*k*、ODU*k* 和 OPU*k* 的速率分别如表 7-1 ~ 表 7-3 所示，帧周期如表 7-4 所示。从表中的数据可看出，速率越高的信号，帧周期越短。

表 7-1　OTU*k* 的速率

OTU 类型	OTU 的速率（kbit/s）	OTU 的容差
OTU1	255/238×2488320	20ppm
OTU2	255/237×9953280	
OTU3	255/236×39813120	

表 7-2　ODU*k* 的速率

ODU 类型	ODU 的速率（kbit/s）	ODU 的容差
ODU1	239/238×2488320	20ppm
ODU2	239/237×9953280	
ODU3	239/236×39813120	

表 7-3　OPU*k* 的速率

OPU 类型	OPU 的速率（kbit/s）	OPU 的容差
OPU1	2488320	20ppm
OPU2	238/237×9953280	
OPU3	238/236×39813120	

表 7-4　OTU*k*/ODU*k*/OPU*k* 的帧周期

OTU/ODU/OPU 类型	帧周期（μs）
OTU1/ODU1/OPU1/ OPU1-Xv	48.971
OTU2/ODU2/OPU2/ OPU2-Xv	12.191
OTU3/ODU3/OPU3/ OPU3-Xv	3.035

7.2 典型 OTN 设备

7.2.1 OTN 设备组成模型

OTN 设备组成模型如图 7-7 所示。

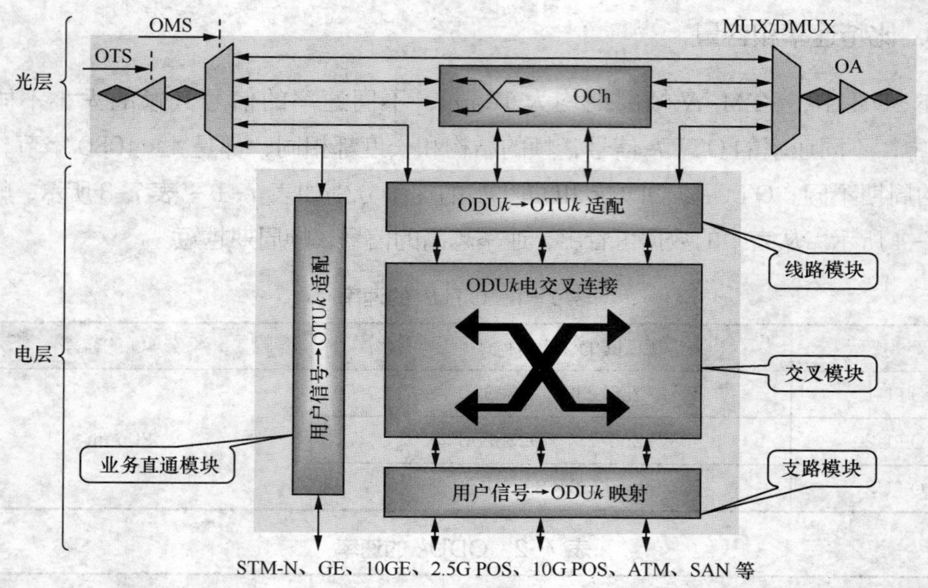

图 7-7　OTN 设备组成模型

由 OTN 设备组成模型可以看出，OTN 设备包含的主要单板类型如图 7-8 所示，共分为以下几类，即主控板、电源板、风扇板、监控板、业务板和光板，其中业务板对应于 OTN 设备组成模型中的电层部分，包括光转换板、支路板、交叉板和线路板；光板对应的是设备组成模型中的光层部分，包括光放大板、光分波 / 光合波板、光保护类单板、光调节类单板和 ROADM。

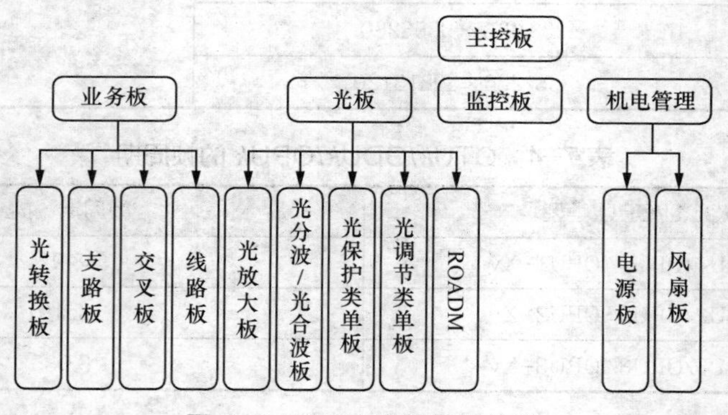

图 7-8　OTN 设备单板分类

7.2.2　OTN 网元类型

OTN 网元类型有 4 种，分别为光终端复用器（Optical Terminal Multiplexer，OTM）、光线路放大器（Optical Line Amplifier，OLA）、光分插复用器（Optical Add-drop

Multiplexer，OADM），以及光交叉连接（Optical Cross-connect，OXC），如图 7-9 所示。

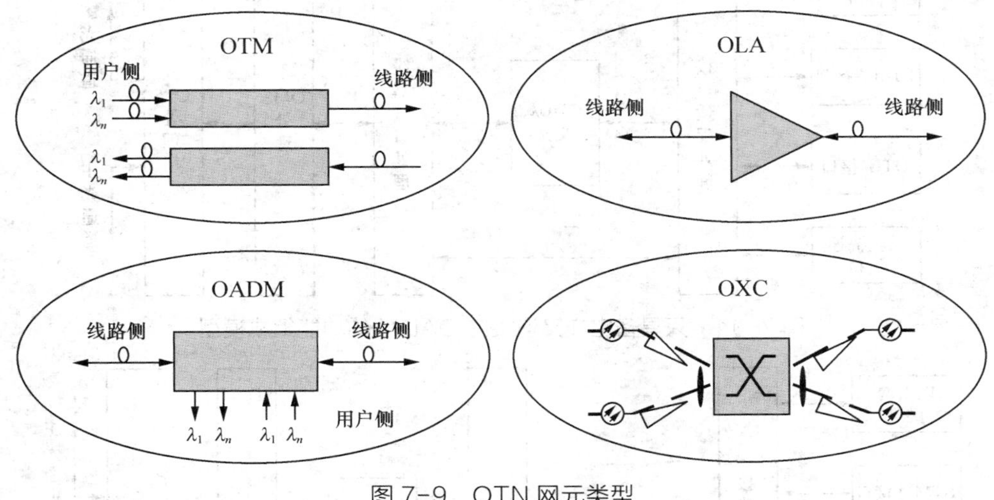

图 7-9　OTN 网元类型

1. OTM

OTM 是一种能从多波长光信号中分出单波长光信号，或将单波长光信号加入多波长光信号中的光波分复用器。OTM 的功能组成模型如图 7-10 所示。

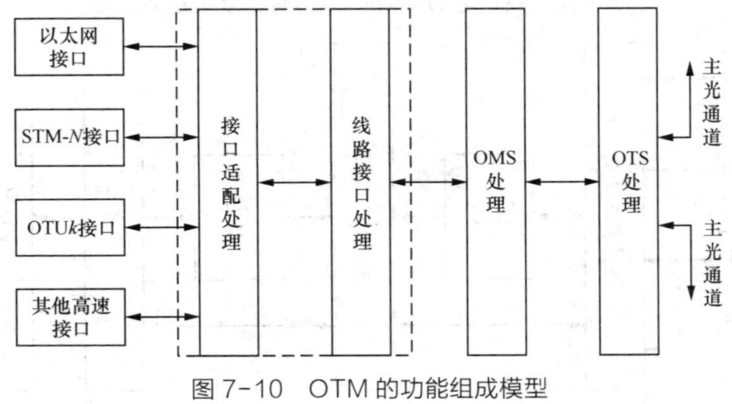

图 7-10　OTM 的功能组成模型

OTM 主要用于线形网的端站，把用户信号复用成 DWDM 线路信号，或反之；OTM 不具备交叉连接能力，一般只能用于网络的边缘。

2. OADM

OADM 通常设在网络的中间局站，实现直接上、下电路功能。OADM 分为 3 种，即只具备电交叉连接的 OADM、只具备 OXC 的 OADM 和同时具备电交叉连接与 OXC 的 OADM，其功能组成模型分别如图 7-11 ~图 7-13 所示。

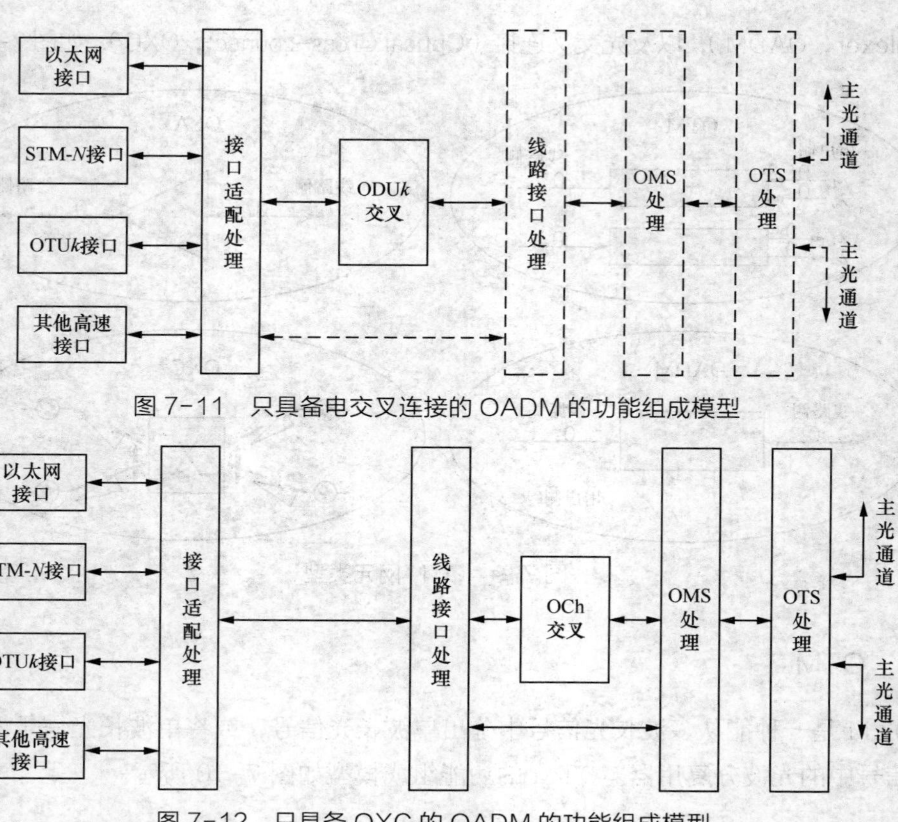

图 7-11　只具备电交叉连接的 OADM 的功能组成模型

图 7-12　只具备 OXC 的 OADM 的功能组成模型

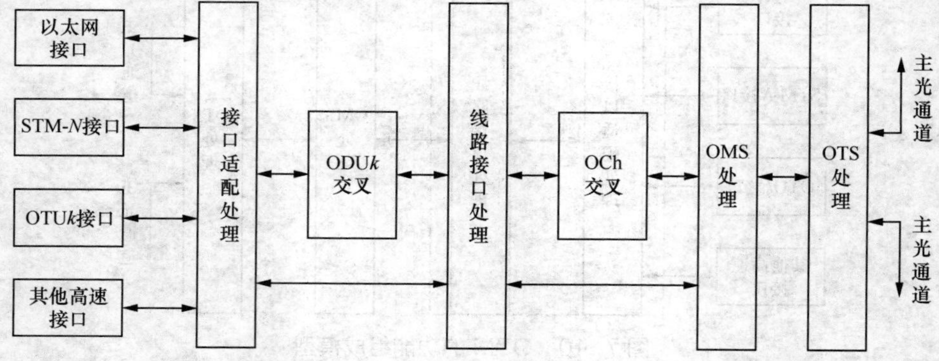

图 7-13　同时具备电交叉连接和 OXC 的 OADM 的功能组成模型

3. OLA

OLA 通常也设在网络的中间局站，目的是延长传输距离，OLA 没有用户侧接口，只有两个线路侧接口。

4. OXC

OXC 是 OTN 的核心节点设备，是一种兼有复用、光交叉连接、保护 / 恢复、监控和网络管理的多功能 OTN 传输设备。OXC 提供以波长为基础的连接功能、光通道的波长分插功能，主要应用于骨干层或城域网核心层。

OXC 具有强大的网络重组和业务疏导交换能力。它有多个标准的光纤接口，可以把输入端的来自任一光纤信号（或其各波长光信号）可控地连接到输出端的任一光纤（或其各波长光信号）中去，并且这一过程是完全在光域中进行的。随着光网络的发展，实现多粒度的交叉连接的需求日渐迫切。OXC 目前向多粒度、多层次交叉连接的方向发展，实现光纤级、波长级和子波级的交叉连接。

根据 OXC 能否提供波长转换功能，OCh 可以分为 WP（波长通道）和 VWP（虚波长通道）。波长通道是指 OXC 没有波长转换功能，光通道在不同的波长复用段中必须使用相同波长实现。这样，为了建立一条波长通道，OCh 层必须找到一条链路，在构成这条链路的所有波长复用段中，存在一个共同的空闲波长。如果找不到这样一条链路，该传送请求失败。虚波长通道是指利用 OXC 器的波长转换功能，使 OCh 在不同的波长复用段可以占用不同的波长，从而可以有效地利用各波长复用段的空闲波长来建立传送请求，提高波长的利用率。在建立虚波长通道时，OCh 层只需要找到一条链路，其中每个波长复用段都有空闲波长即可。

从应用的角度看，构成环网、多环网、格状网的物理层设备将主要采用 OADM 和 OXC 设备。从技术发展的角度来看，光网络的发展趋势是 3T（传输链路、传送节点和业务节点都具有 Tbit/s 级别的容量）、2I［集成化（Intgration）和智能化（Intelligent）］，OXC 设备作为光网络的核心设备，兼具 Tbit/s 级别传输和 Tbit/s 级别交换两大功能，并向集成化和智能化的方向发展。在集成化方面，未来的 OXC 设备将集电路板交换、包交换、波长交换甚至光包交换于一身；在智能化方面，OXC 将向智能光网络迈进。

7.2.3　典型 OTN 设备——华为 OptiX OSN 9800

华为 OptiX OSN 9800 产品系列包括 OptiX OSN 9800 U64、OptiX OSN 9800 U32、OptiX OSN 9800 U16 和 OptiX OSN 9800 通用型平台子架。OptiX OSN 9800 U64、OptiX OSN 9800 U32 和 OptiX OSN 9800 U16 应用于电层，采用统一的软硬件平台，可以实现单板的共用，配合 OptiX OSN 9800 通用型平台子架 /OptiX OSN 8800 或 8800 T16/6800 等光子架，可实现 WDM/OTN 系统应用。OptiX OSN 9800 主要在骨干网及城域网核心层中应用，设备外观及尺寸如图 7-14 所示。

1. 设备系统结构

如图 7-15 所示，OptiX OSN 9800 采用 L0+L1+L2 三层系统架构。L0 光层支持光波长的复用 / 解复用和 DWDM 光信号的上下波；L1 电层支持 ODU*k* 业务的交叉调度；L2 层实现基于以太网 /MPLS-TP 的交换。

指标	OptiX OSN 9600 U64	OptiX OSN 9600 U32	OptiX OSN 9600 U16
产品外观			
子架尺寸	600mm（宽）×600mm（深）×2200mm（高）（框柜一体）	498mm（宽）×295mm（深）×1900mm（高）（不带机柜）	442mm（宽）×295mm（深）×847mm（高）（不带机柜）

图 7-14　OptiX OSN 9800 设备外观及尺寸

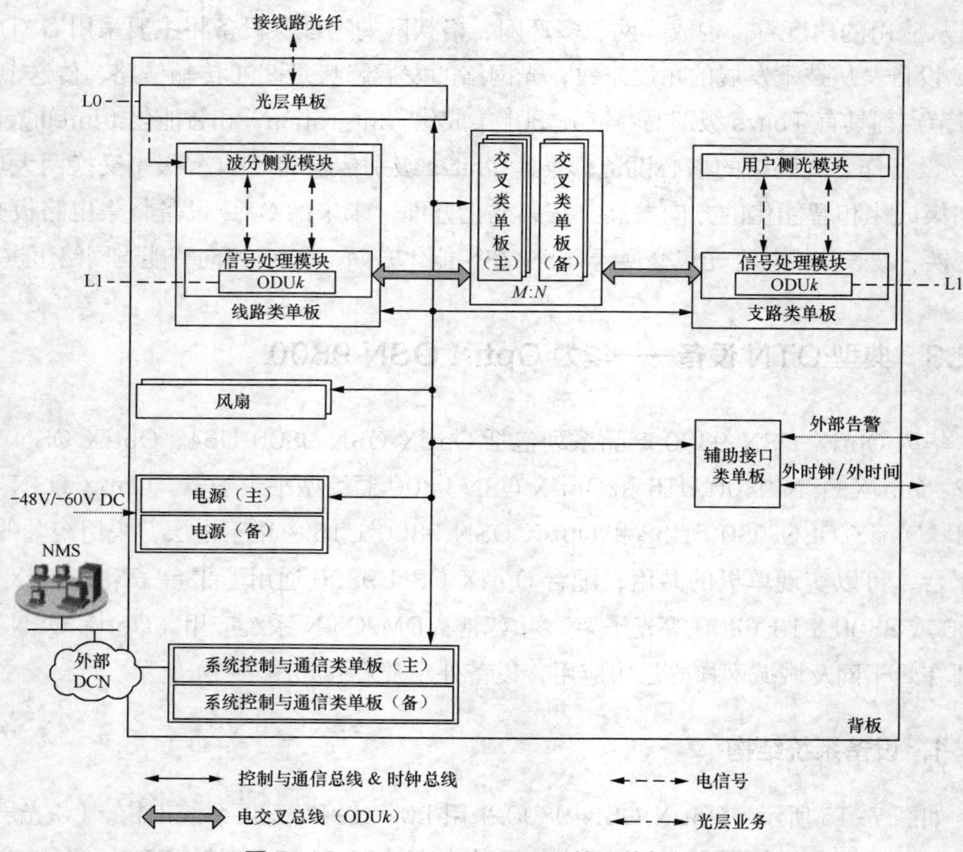

图 7-15　OptiX OSN 9800 的系统架构

图中各模块的功能如下。

（1）光层单板包含光合波和分波类单板、光分插复用类单板、光纤放大器类单板、光监控信道类单板、光保护类单板、光谱分析类单板、光可调衰减类单板以及光功率和色散均衡类单板，用于处理光层业务，可实现基于波长的光层调度。

（2）支路类单板和线路类单板属于电层单板，用于处理电层信号，并进行信号的光－电－光转换。OptiX OSN 9800 采用支线路分离架构，各级别调度颗粒可通过集中交叉单元实现电层信号的灵活调度。

（3）系统控制与通信类单板是设备的控制中心，协同网络管理系统对设备的各单板进行管理，并实现设备之间的相互通信。

（4）电源、风扇系统采用冗余保护设计，保证设备运行的高可靠性。

（5）辅助接口类单板提供时钟 / 时间信号的输入 / 输出（预留接口）、告警输出及级联等各种功能接口。所有单板都通过背板总线实现单板间通信、单板间业务调度、时钟同步、电源供电等。

（6）背板总线包括：控制与通信总线、时钟总线、电源总线等。

2. OptiX OSN 9800 设备子架结构

（1）OptiX OSN 9800 U32 子架

OptiX OSN 9800 U32 的正面和背面均可插入单板，单板插入子架需要遵循槽位分配要求。子架均采用 -48V 或 -60V 直流供电，通过智能电源池为子架中的单板按需分配供电。子架槽位及分区供电示意分别如图 7-16 所示。PIU（电源接口板）均位于子架顶部的电源及接口区。

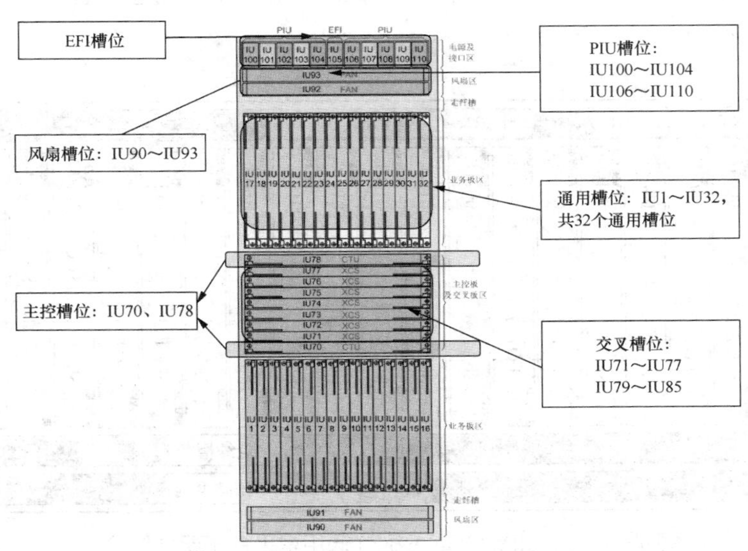

图 7-16　OptiX OSN 9800 U32 子架分区及槽位分配示意

OptiX OSN 9800 U32 子架分区和槽位说明如表 7-5 所示。

表 7-5　OptiX OSN 9800 U32 子架分区和槽位说明

分区	组成	槽位	主要功能
电源和接口区	10 个电源接口板（PIU）	PIU：IU100 ~ IU104、IU106 ~ IU110	• PIU 互为 1+1 备份，任何一路外部输入电源故障都不影响设备的正常工作； • EFI 提供维护管理接口 **说明**　EFI 单板左右两侧的 PIU 互为备份，如 IU100 PIU 与 IU106 PIU 互为备份、IU101 PIU 与 IU107 PIU 互为备份……
	1 个 EFI 单板	EFI：IU105	
风扇区	4 个风机盒	下：IU90、IU91 上：IU92、IU93	双层风扇冗余设计，协助子架通风、散热，更可靠
走纤槽	2 个走纤槽	N/A	从单板光口引出的尾纤经走纤槽进入机柜侧壁
业务板区	32 个业务板槽位	下：IU1 ~ IU16 上：IU17 ~ IU32	根据业务规划配置业务板，所有业务板均需插入此区。业务板接口类型包括 1×200G、2×100G、2/4×40G、16×10G、30×2.5G/GE、24×10GE/GE 等
主控和交叉板区	7 个交叉板（XCT1） 2 个主控板（CTU）	XCT1：IU71 ~ IU77 CTU：IU70、IU78	• 交叉板为业务板提供交叉，可根据需要进行配置，实现 5+2 保护，具备交叉动态资源池保护能力； • 主控板互为 1+1 热备份。对子架中各单板进行管理、为其提供时钟，并提供网元间通信能力

（2）OptiX OSN 9800 通用型平台子架

OptiX OSN 9800 通用型平台子架单板插入子架时需要遵循槽位分配要求。子架包括接口区、单板区、走纤槽、风扇区。OptiX OSN 9800 通用型平台子架槽位分布如图 7-17 所示。

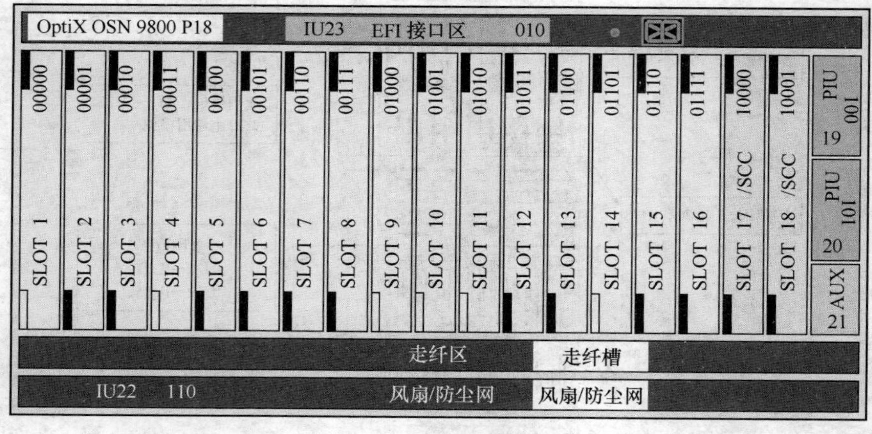

图 7-17　OptiX OSN 9800 通用型平台子架槽位分布

槽位说明	支持的单板	槽位号
主控 / 业务兼容槽位	TN52SCC（从子架不配）	IU17、IU18
通用槽位	光层板、电中继	IU1 ~ IU18
电源槽位	TN15PIU	IU19、IU20
AUX 槽位	TN15AUX	U21
风扇槽位	TN15FAN	IU22
EFI 槽位	TN15EFI	U23

图 7-17　OptiX OSN 9800 通用型平台子架槽位分布（续）

各模块功能如下。

接口区：由 EFI 提供维护管理接口。

单板区：SLOT1 至 SLOT 16 槽位可用于插放业务单板。当通用型平台子架作为主子架时，推荐双配 SCC 单板，也可以单配 SCC 单板。双配 SCC 单板时，两块 SCC 单板互为备份，插放在 SLOT17 和 SLOT18 槽位；单配 SCC 单板时，可以插放在 SLOT17 或 SLOT18 槽位。SCC 单板插放在 SLOT18 槽位时，SLOT17 槽位可以插放业务单板；SCC 单板插放在 SLOT17 槽位时，SLOT18 槽位不能插放业务单板。当通用型平台子架作为从子架时，不可配置 SCC 单板，此时 SLOT17、SLOT8 槽位都可以插放业务单板。

走纤槽：从单板拉手条上的光口引出的光纤跳线经过走纤区及盘纤架后进入机柜侧壁。

3. OptiX OSN 9800 设备的常用单板

（1）CTU 板

CTU 板属于系统控制与通信类单板，协同网络管理系统对设备的各单板进行管理，实现各个网元之间的相互通信。CTU 板同时向各个业务板提供系统时钟信号，时钟满足 G.813 和 G.823 标准。CTU 板的面板如图 7-18 所示，面板上主要设置有指示灯和功能按钮。

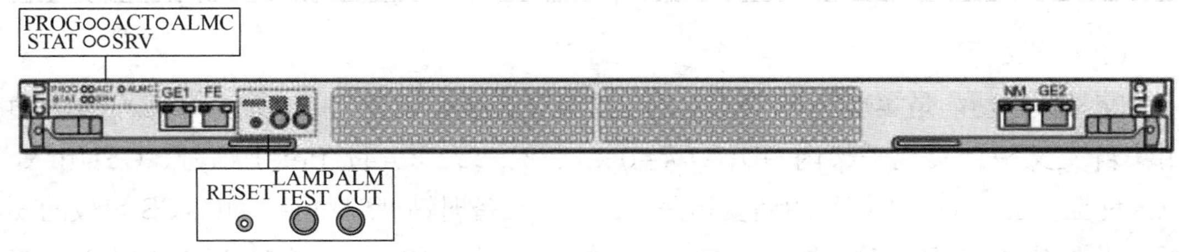

图 7-18　CTU 板面板

CTU 板的指示灯及其含义如表 7-6 所示。

表 7-6　CTU 板的指示灯及其含义

标识	指示灯名称	可指示颜色
STAT	单板硬件状态灯	红、绿
ACT	业务激活状态灯	绿
PROG	单板软件状态灯	红、绿
SRV	业务告警指示灯	红、绿、黄
ALMC	告警关断指示灯	黄

CTU 板的按钮及其作用如表 7-7 所示。

表 7-7　CTU 板的按钮及其作用

按钮名称	按钮用途
RESET	RESET 按钮开关，用来软复位 CTU 板
ALM CUT	触发式开关，用于子架告警声音切除。如果瞬时按下开关，则关闭当前告警的声音；如果只连续按下开关 10s，则关闭声音告警，此时 CTU 板上的 ALMC 显示灯长亮（如果再按 10s，则重新开启声音告警，CTU 板上的 ALMC 显示灯长灭。）
LAMP TEST	用于指示灯点亮测试，按下按钮，子架所有指示灯均点亮 （说明：按下 LAMP TEST 按钮，子架所有指示灯均点亮；再按一次 LAMP TEST 按钮，恢复正常状态；如果点亮后没有再按LAMP TEST按钮，5分钟后会自动恢复到正常状态。）

CTU 板的接口及其作用如表 7-8 所示。

表 7-8　CTU 板的接口及其作用

接口	接口类型	用途	对应线缆
GE1	RJ45	预留接口	网线
GE2	RJ45	预留接口	
NM	RJ45	通过网线与网管计算机的网口相连，实现网管系统对 OptiX OSN 9800 设备的管理； 通过网线与其他网元的 NM 口相连，用于网元间通信	
FE	RJ45	预留接口	N/A

（2）交叉板

交叉板的功能是实现基于 ODU*k* 的电层交叉连接。如图 7-19 所示，UCXCS 为通用集群交叉板，实现子架内 ODU*k*（*k*=0、1、2、2e、3、4、flex）信号、OSUflex、以太网业务包、VC-4 信号的调度和保护，同时具备时钟处理功能。UCXCS 单板的面板上设置 OFL 按钮，对单板、光模块、光纤等进行维护前，须长按 OFL 按钮 3s，使单板进入维护态，维护结束后，须长按 OFL 按钮 3s，使单板退出维护态。板上共有 12 个指示灯，分别如下。

单板硬件状态灯（STAT）——红、绿、黄三色指示灯；

业务激活状态灯（ACT）——绿色指示灯；

单板软件状态灯（PROG）——红、绿双色指示灯；

业务告警指示灯（SRV）——红、绿、黄三色指示灯；

光口状态指示灯（P01-P08）——红、绿、黄三色指示灯。

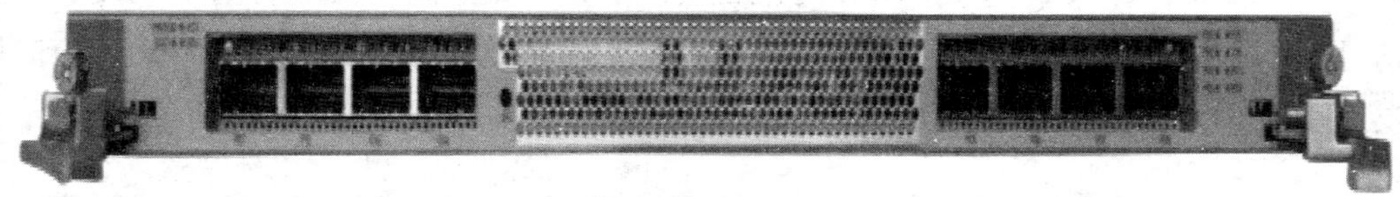

图 7-19　UCXCS 单板面板

（3）支路板

支路板的功能是实现用户信号至 ODU*k* 的转换等。如图 7-20 所示，T302 单板属于 OTN 支路类单板，实现 2 路 STM-256/OC-768/40GE/OTU3 业务光信号与 2 路 ODU3 电信号之间的相互转换。

T302 单板的信号流方向可分为发送方向和接收方向，即 T302 单板从用户侧到背板为发送方向；反之为接收方向。

① 发送方向：用户侧光模块由“RX1 ~ RX2”光口接收 2 路用户设备的光信号，完成 O/E 转换。经过 O/E 转换的电信号进入信号处理模块，完成封装映射处理和 OTN 成帧等操作，输出 2 路 ODU3 信号送至背板交叉调度。

② 接收方向：信号处理模块接收背板调度的 2 路 ODU3 电信号，在本模块完成 ODU3 定帧、解映射和解封装处理等操作，输出 2 路 STM-256/OC-768/40GE/OTU3 电信号。

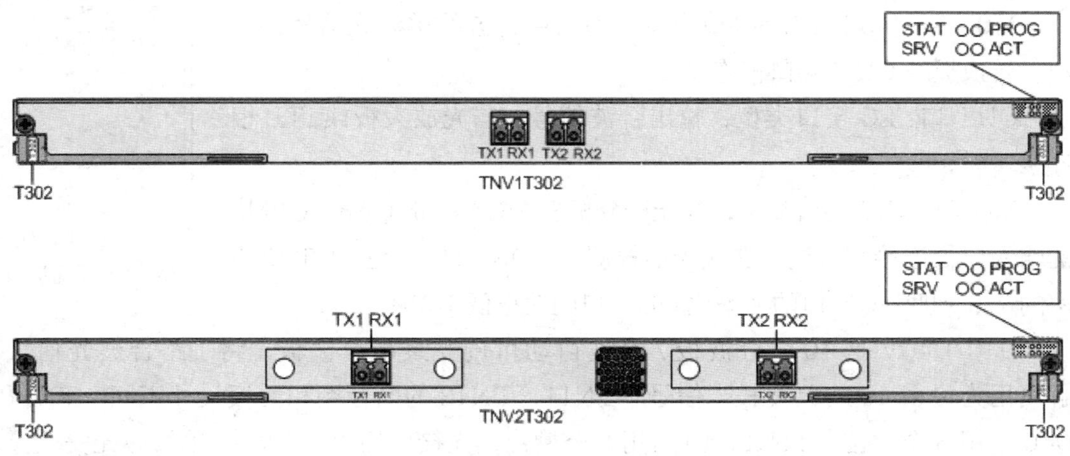

图 7-20　T302 单板面板

（4）线路板

线路板的功能是实现 ODUk 至 OUTk 的转换。如图 7-21 所示，N402 单板是 2 路 OUT4 的线路业务处理板，可以实现以下信号的相互转换：160×ODU0/80×ODU1/20×ODU2/20×ODU2e/4×ODU3/2×ODU4/160×ODUflex↔2×OTU4。OTU4 为符合 ITU-T G.694.1 建议的 DWDM 标准波长光信号。同一光口支持 ODU0、ODU1、ODU2 /ODU2e、ODU3、ODUflex 的混合传送。N402 单板面板上有两个光接口，其中，“IN”口用于接收分波单元或光分插复用单元输出的单波长光信号，“OUT”口用于发送单波长光信号至合波单元或光分插复用单元。

图 7-21　N402 单板面板图

（5）合波 / 分波板

合波板的功能是将多路单一波长的光信号合成 1 路合波光信号输出。分波板的功能是将 1 路合波光信号分成多路单一波长的光信号输出。

如图 7-22 所示，M40/M40V 为 40 波合波板 /40 波自动可调光衰减合波板，M40 的主要作用是将最多 40 路单波长的光信号复用进 1 路光纤，M40V 可对各通道的输入光功率进行独立调节。TN11、TN12 的面板图和面板尺寸不同，TN11 M40 占用 3 个槽位，TN12 M40 占用 2 个槽位。

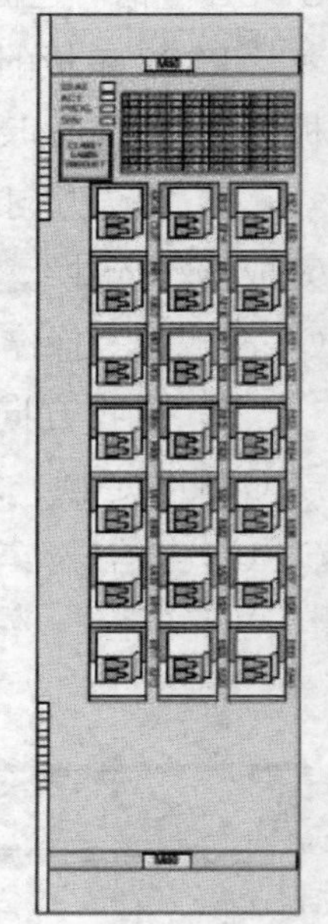

图 7-22　M40/M40V 板面板

M40 板上的接口如下。

M01 ~ M40 口：LC 接口类型，输入待合波的单波光信号，与波长转换板的 OUT 接口相连接。

OUT 口：LC 接口类型，输出合波信号，与光放大板或 ITL 相连接。

MON 口：LC 接口类型，与光谱分析板 MCA4、MCA8、OPM8 的输入口相连接，可进行在线光谱检测。MON 口功率是 OUT 口功率的 1/9，即 MON 口的功率比 OUT 口的功率低 10dB。

D40/D40V 是 40 波分波板 /40 波自动可调光衰减分波板，将 1 路合波光信号解复用为最多 40 路单波长光信号。TN11，TN12 的面板图和面板尺寸不同。TN11 D40 占用 3 个槽位，TN12D40 占用 2 个槽位，光接口均为 LC 型 ，单板激光安全等级为 Class 1。其中，D40V 可对各通道输出光功率进行独立调节。

D40/D40V 板面板如图 7-23 所示，其中 MON 接口为在线监控口，IN 接口为合波信号的输入接口，与光放大板或 ITL 相连接；D01 ~ D40 接口分别为分出的第 1 路 ~ 第 40 路单波长信号的输出接口，与波长转换板的 IN 接口相连接。

（6）光纤线路接口板

光纤线路接口板（FIU）主要实现主光通道与光监控信道的合波与分波。FIU 板面板如图 7-24 所示，其中 MON 接口为在线监控口，RC 和 TC 接口分别为主光信号的输入和输出接口；RM 和 TM 接口分别为光监控信号的输入和输出接口。

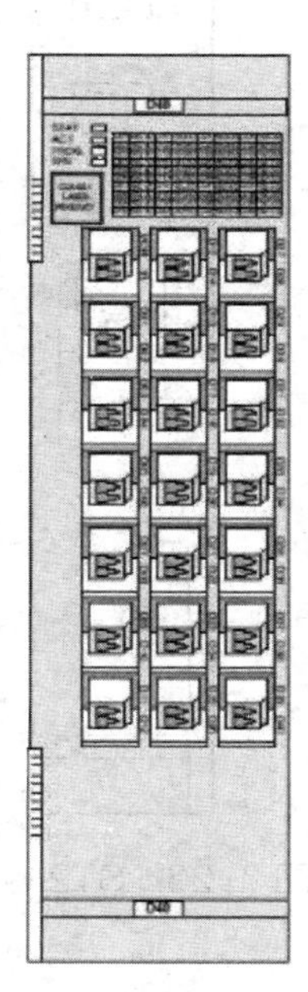

图 7-23 D40/D40V 板面板

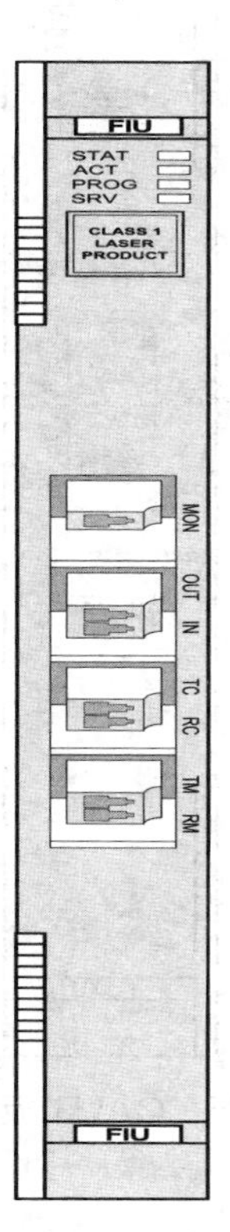

图 7-24 FIU 板面板

（7）光放大板

光放大板的作用是实现信号光功率的倍增。如图 7-25 所示，OAU1 板为带色散补偿功能的光放大板，放大 C 波段 80 波的输入光信号，单板内的 EDFA 具有增益锁定功能，增加或减少一路 / 几路通道或者某些通道光信号波动时，不影响其他通道的信号增益。

板上的 MON 接口为在线监控口，RDC 和 TDC 接口分别为色散补偿的输入和输出接口，并提供在线监测光口，在不中断业务的情况下，监测合波光信号的光谱和光性能。

（8）监控板

监控板 ST2 主要功能是实现双路光监控通道信号的收发控制与处理；支持 2 路 FE 电信号透传；支持物理层时钟；对信号的传输是分段的。ST2 板配合 SFIU 使用时，监控信号波长采用 1491nm 和 1511nm；配合 FIU 使用时，监控信号波长采用 1511nm。ST2 板面板如图 7-26 所示。

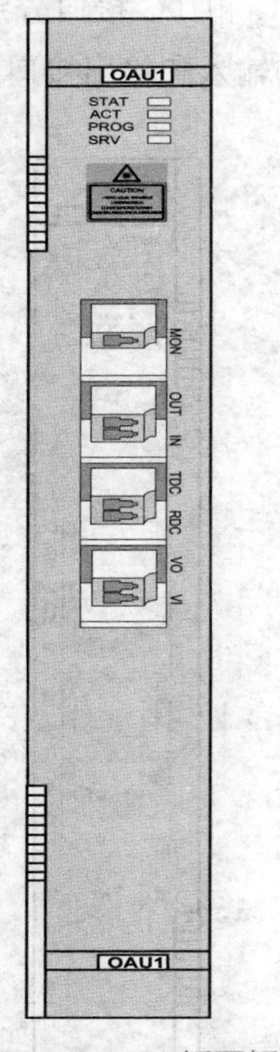

图 7-25　OAU1 板面板图

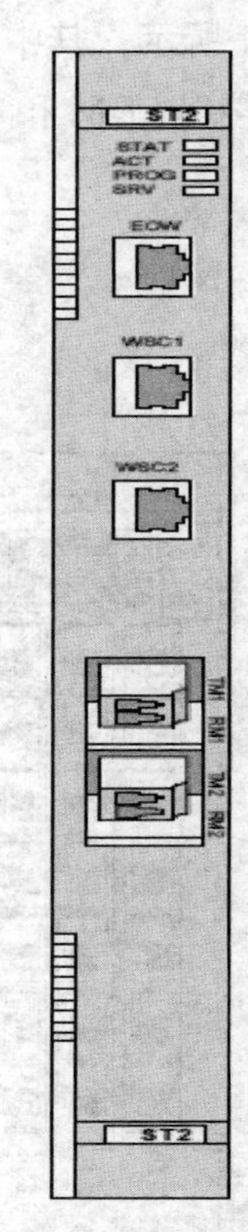

图 7-26　ST2 板面板

7.3 小结

1. OTN 是由 ITU-T G.872、ITU-T G.798、ITU-T G.709 等建议定义的一种全新光传送技术体制，是以 WDM 技术为基础、在光层组织网络的传送网，是下一代的骨干传送网。

2. OTN 的优势主要表现为多种用户信号的封装和透明传输；大颗粒的带宽复用、交叉和配置；强大的开销和维护管理能力；提升了组网和保护能力。

3. OTN 功能结构光层由 OCh 层、OMS 层和 OTS 层组成。OCh 层包括电域和光域两部分。电域分为 3 个子层，即 OPU、ODU 和 OTU。

4. OTU*k*（*k*=0,1,2,3,4,5），分别对应的速率是 1.25Gbit/s、2.5Gbit/s、10Gbit/s、40Gbit/s、100Gbit/s 和 400Gbit/s。

5. OTM 包括 OTM-*n*.*m* 和 OTM-0.*m* 或 OTM-*nr*.*m*。其中 *m* 表示的是接口所能支持的信号速率类型或组合，*n* 表示接口在传送系统允许的最低速率信号时所能支持的最多光波长数目。当 *n* 为 0 时，OTM-*nr*.*m* 即演变为 OTM-0.*m*，此时 OTM 采用的是单波长传输。

6. OTU*k* 帧结构为 4 行 ×4080 列，每一列是一个字节，一帧可以传输的字节数是 4×4080=16320 个字节。对应于不同速率等级的 OTU*k*，帧长不同，即速率越高，帧长越短。

7. OTN 设备包含的主要单板分为主控板、电源板、风扇板、监控板、业务板和光板。业务板对应于设备组成模型中的电层部分，包括光转换板、支路板、交叉板和线路板；光板对应于设备组成模型中的光层部分，包括光放大板、光分波 / 光合波板、光保护类单板、光调节类单板和 OXC 板 ROADM。

8. OTN 网元类型有 4 种，分别为光终端复用器、OLA、OADM 及 OXC。

9. OptiX OSN 9800 智能光传送平台是华为生产的汇聚、核心层 OTN 设备，主要有光层单板、电层单板、系统控制与通信类单板、电源、风扇系统及辅助接口类单板。光层单板包含光合波和分波类单板、光分插复用类单板、光纤放大器类单板、光监控信道类单板、光保护类单板、光谱分析类单板、光可调衰减类单板以及光功率和色散均衡类单板，用于处理光层业务，可实现基于波长的光层调度。电层单板包括支路类单板和线路类单板，用于处理电层信号，并进行信号的光 - 电 - 光转换。OptiX OSN 9800 采用支线路分离架构，各级别调度颗粒可通过集中交叉单元实现电层信号的灵活调度。

7.4　思考与练习

1. OTN 是什么？主要应用在哪里？
2. 画图说明 OTN 的功能结构。
3. OTM-16.123 表示的接口特点是什么？
4. 画图说明 OTN 复用过程。
5. 画图说明 OTN 设备模型中各部分的作用。
6. 华为 Optix OSN 6800 设备中的 FIU 和 SCC 的功能分别是什么？

第 8 章
PTN 技术与设备

08

学习目标

① 了解PTN技术的定义及特点；
② 掌握PTN的功能结构；
③ 掌握PTN常用业务类型及其应用；
④ 掌握PTN关键技术原理及作用；
⑤ 了解PTN组网的基本原则；
⑥ 掌握PTN典型设备硬件结构。

8.1 PTN 技术基础

8.1.1 PTN 技术的定义

PTN 是中国移动应用在城域网中的分组城域传送网。如图 8-1 所示，它向上与移动通信系统的 BSC（基站控制器）或 RNC（无线网络控制器）、城域数据网业务接入控制层的 SR（全业务路由器）/BRAS（宽带远程接入服务器）相连，向下与基站及各类用户相连，主要为各类移动通信网络提供无线业务的回传与调度服务，也可以为重要集团用户提供 VPN（虚拟专用网）、固定宽带等业务的传送与接入服务，还能为普通集团用户与家庭用户提供各类业务的汇聚与传送。

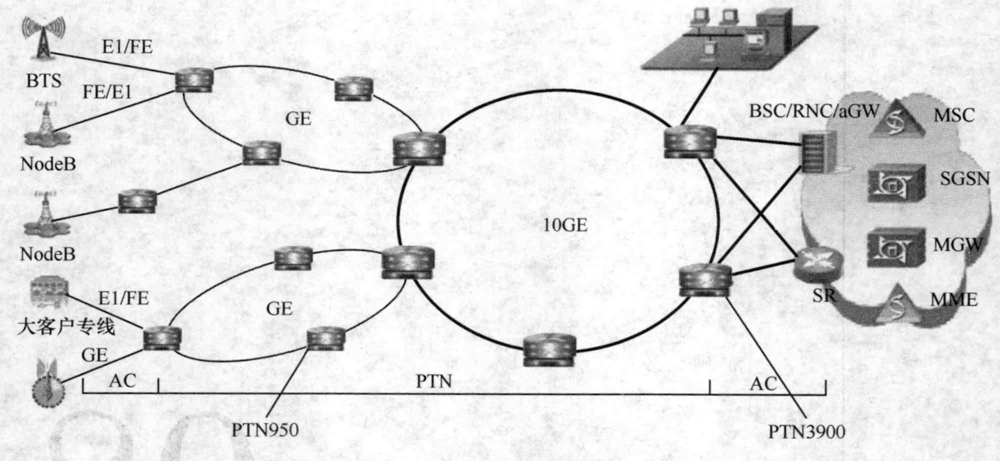

图 8-1　PTN 在移动通信网络中的应用

广义的 PTN 是包含现在的 IPRAN 在内的所有 IP 化 RAN 解决方案的集合，狭义的 PTN 是指基于 MPLS-TP（多协议标签交换－传送架构）实现的 PTN，是一种结合 IP(互联网协议)/MPLS 和 OTN 技术的优点而形成的新型传送网技术。

8.1.2　PTN 技术的特点

PTN 是以分组作为传送单位，以承载电信级以太网业务为主，兼容 TDM、ATM 等业务的综合传送技术，既继承了 MSTP 的理念，又融合了以太网和 MPLS 的优点，是下一代分组承载技术。PTN 的技术的特点可以用下面的公式表示。

MPLS-TP = MPLS-L3 复杂性 +OAM+ 保护

其中，MPLS 本身具备了基于标签的转发和基于 IP 的转发两者的功能。MPLS-TP 是为传送网量身定做的标准，是需要面向连接的，所以 PTN 去掉了 MPLS 无连接的基于 IP 的转发，增加了 SDH 网络具有的端到端的网络管理功能和网络保护功能。在 MPLS-TP 中，电路连接的搭建采用 PWE3(端到端伪线仿真) 的方式，而业务的保护和管理、维护等功能均参照 MSTP 的方式实现，除内核由刚性变为弹性之外，其他方面与 MSTP 非常类似。因此 PTN 技术就是按照 SDH 技术的思路，结合 MPLS 的 L2VPN(二层虚拟专用网) 技术，保留 MPLS 面向连接和 IP 的统计复用功能，其余的功能都尽量学习传统 SDH 技术。

从功能层次上看，PTN 是针对分组业务流量的突发性和统计复用传送的要求，在 IP 业务和底层光传输媒质之间设计的一个层面，既继承 IP/MPLS 技术以分组业务为核心，并支持多业务提供，优势为具有更低的 TCO(总拥有成本)，又保留了 OTN 所具有的高效的带宽管理机制和流量工程、强大的网络管理和网络保护能力等传统优势。

PTN 组网与 MSTP 组网的对比如表 8-1 所示，可以看出两者之间的核心差别主要体现在交换方式和交换颗粒之间的不同上。MSTP 与 PTN 在业务应用上有明确的定位——MSTP 以 TDM 业务为主，而 PTN 在分组业务占主导时才体现其优势。

表 8-1　PTN 组网与 MSTP 组网的对比

	MSTP 组网	PTN 组网
组网模式	三层组网或二层组网	三层组网或二层组网
速率	骨干层、汇聚层采用 10Gbit/s、10Gbit/s/2.5Gbit/s 组网，接入层采用 622Mbit/s/155Mbit/s 组网	骨干层、汇聚层采用 10GE 组网，接入层采用 GE 组网
组网	环形、链形、MESH	环形、链形、MESH
保护	MS 保护、通道保护、SNCP	环网 Wrapping/Steering 保护、1+1/1∶1 LSP/ 线路保护
保护性能	50ms 电信级保护	50ms 电信级保护
升级能力	骨干层面可升级 ASON（自动交换光网络）	可全面升级 ASON

在未来的通信网络中，占主导地位的业务是 IP 以太网类业务，因此 PTN 以 MPLS-TP 协议为核心，以电信级标准高效传送以太网业务为根本。这种思路设计出的 PTN 技术，具有如下特点。

① 网络 TCO 低。SDH-Like 设计思想、组网方式灵活，充分适应城域组网与网络演进需求，且充分保护原有投资。

② 提供面向连接的多业务统一承载，通过 PWE3 机制支持现有及未来的分组业务，兼容传统的 TDM、ATM、FR（帧中继）等业务。

③ 提供端到端的区分服务，智能感知业务，差异化 QoS 服务。

④ 具有丰富 OAM 和完善的保护机制。基于硬件机制实现层次化的 OAM，不仅解决了传统软件 OAM 因网络扩展性带来的可靠性下降问题，而且提供了时延和丢包率性能在线检测；为面向连接的链形 / 环形 /MESH 等各种网络提供最佳保护方式，硬件方式实现的快速保护倒换，满足电信级小于 50ms 的要求。

⑤ 具有完善的时钟 / 时间同步解决方案，可以在分组网络上为各种移动制式提供可靠的频率和时间同步信息。

⑥ 具有端到端的管理能力，基于面向连接特性提供端到端的业务 / 光通道监控管理。

8.1.3 PTN 功能结构

1. PTN的功能分层结构

PTN 的功能分层结构用来描述 PTN 技术中对业务信号的标准处理流程。PTN 将网络对业务信号的处理过程分为电路层（TMC）、通路层（TMP）和传输媒质层 3 个层面来实现，如图 8-2 所示。

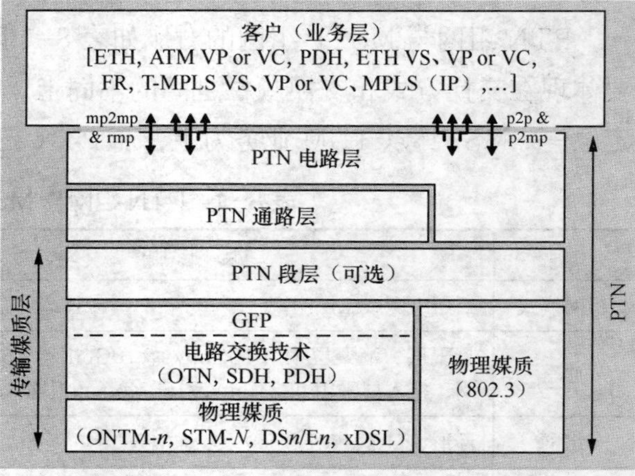

图 8-2 PTN 的功能分层结构

① 电路层：也称为信道层或伪线层，主要作用是将用户信号封装进虚电路［即伪线（PW）］，并传送 PW，PW 为用户信号提供端到端的传送，即端到端的 OAM、端到端性能监控和端到端的保护。

② 通路层：也称为隧道层，主要作用是将虚电路封装和复用进虚通道（即隧道），并传送和交换虚通道，提供多个虚电路业务的汇聚和可扩展性。

③ 传输媒质层：包括 PTN 段层（可选）和物理媒质。PTN 段层提供了虚拟段信号的 OAM 功能，物理媒质层提供与物理传输介质进行连接及信号匹配等功能。

2. PTN的功能平面

根据 PTN 设备处理功能的分工不同，PTN 可分为 3 个功能平面，即传送平面、管理平面和控制平面，如图 8-3 所示。

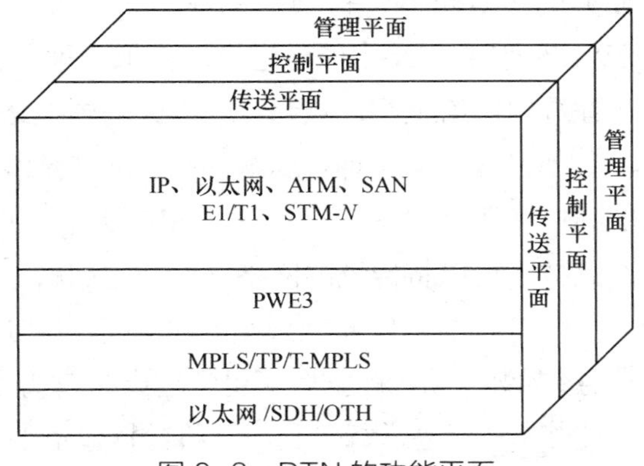

图 8-3　PTN 的功能平面

① 传送平面。传送平面提供两点间的双向或单向的用户分组信息传送，也可以提供网络管理信息的传送和控制，并提供信息传送过程中的 OAM 和保护恢复功能，即传送平面完成分组信号的传输、复用、配置保护倒换和交叉连接等功能，并确保所传信号的可靠性。传送平面采用分层结构，其数据转发是基于标签进行的，由标签组成端到端的转发路径。

用户信号通过分组传送标签封装，加上分组传送信道（PTC）标签，形成 PTC，多个 PTC 复用成分组传送通道（PTP），通过 GFP 封装到 SDH、OTN，或封装到以太网物理层进行传送。网络中间节点交换 PTC 标签或 PTP 标签，建立标签转发路径，在标签转发路径中传送用户信号。

② 管理平面。管理平面执行传送平面、控制平面及整个系统的管理功能，同时提供这些平面之间的协同操作。管理平面执行性能管理、故障管理、配置管理、计费管理和安全管理的功能。

③ 控制平面。控制平面的主要功能包括通过信令支持建立、拆除和维护端到端连接的能力，通过选路为连接选择合适的路由；网络发生故障时，执行保护和恢复功能；自动发现邻接关系和链路信息，发布链路状态信息以支持连接的建立、拆除和恢复。控制平面采用 ASON/GMPLS（通用多协议标签交换）或 GELS（以太网标签交换）等技术。数据通信网（DCN）是为网络提供管理信息和控制信息的传送通道。

8.2 PTN 关键技术

PTN 支持多种基于分组交换业务的双向点对点连接通道，具有适合各种粗颗粒或细颗粒业务、端到端的组网能力，具有完善的 OAM 机制、精确的故障定位和严格的业务隔离功能，最大限度地管理和利用光纤资源，保证了业务的安全性，还可以实现资源的自动配置及网状网的高生存性。其关键技术如下。

8.2.1 PWE3 技术

PWE3 又称 VLL（虚拟专线），是一种在分组交换网（PSN）上模拟各种点到点业务的仿真机制，被模拟的业务可以通过 TDM 专线、ATM、FR 或以太网等传输。PWE3 利用 PSN 上的隧道机制模拟一种业务的必要属性，该隧道被称为 PW，主要用于在分组网络上构建点到点的以太网虚电路。

PWE3 作为一种端到端的二层业务承载技术，为各种业务（如 FR、ATM、以太网、TDM、SONET/SDH）通过 PSN 传递，在 PSN 边界提供了端到端的虚链路仿真。通过此技术可以将传统的网络与 PSN 互联，从而实现资源的共用和网络的拓展。

PWE3 的工作原理如图 8-4 所示，在边缘源节点 PE，采用 PWE3 技术适配用户业务，封装 TMP 标签后复用到输出端口的段层上进行转发。在路径上的转发节点（P）按照 TMP 标签进行包交换，将数据包沿 LSP（标签交换路径）逐跳转发直到输出目的地节点 PE2。在目的地节点 PE2 弹出标签，并通过 PWE3 技术适配还原出用户业务。

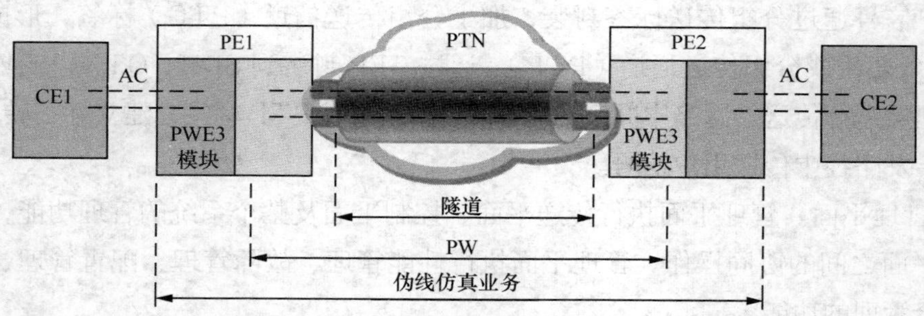

图 8-4　PWE3 的工作原理

1. PWE3的基本传输构件

图 8-4 中 PWE3 的基本传输构件如下。

（1）用户设备（CE）：发起或终结业务的设备。CE 不能感知正在使用的是仿真业务还是本地业务。

（2）运营商边界路由器（PE）：向 CE 提供 PWE3 技术的设备。通常指骨干网上的边缘路由器，与 CE 相连，主要负责 VPN 业务的接入。它完成了报文从私网到公网隧道、从公网隧道到私网的映射与转发。

（3）接入链路（AC）：AC 是 CE 与 PE 之间的连接链路或虚链路。AC 上的所有用户报文一般都要求原封不动地转发到对端去，包括用户的二三层协议报文。

（4）PW：PW 就是 VC 加上隧道，隧道可以是 LSP、L2TPv3（二层隧道协议第三版）或 TE（流量工程）。PWE3 中虚连接的建立需要通过信令［LDP（标签分发协议）或 RSVP（资源预留协议）］来传递 VC 信息，将 VC 信息和隧道管理形成一条 PW。PW 对于 PWE3 系统来说，就像是本地 AC 与对端 AC 之间的一条直连通道，完成用户的二层数据透传，也可以简单理解为一条 PW 代表一条业务。

（5）隧道：隧道是本地 PE 与对端 PE 之间的一条直连通道，完成 PE 之间的数据透传，用于承载 PW，一条隧道上可以承载多条 PW，一般情况下为 MPLS 隧道。隧道在 PTN 设备中是单向的，而 PW 是双向的，所以一条 PW 需要两条 MPLS 隧道来承载其业务。

2. PWE3的工作流程

（1）CE2 通过 AC 把需要仿真的业务（TDM、ATM、以太网、FR 业务等）传送到 PE1。

（2）PE1 接收到业务数据后，选择相应的 PW 进行转发。

（3）PE1 对业务数据进行两层标签封装，内层标签（PW 标签）用来标识不同的 PW，外层标签（隧道标签）用来指导报文的转发。

（4）通过公网隧道会被包交换网络转发到 PE2，并剥离隧道标签。

（5）PE2 根据内层标签选择相应的 AC，剥离 PW 标签后通过 AC 转发到 PE4。

3. PW的功能

PW 的功能如下。对信元、PDU 或者特定业务比特流在入端口进行封装；将封装好的业务传递至传输隧道；在隧道端点建立 PW，包括 PW 标签的交换和分配；实现 PW 相关的 QoS；管理 PW 端的信令、定时和顺序等与业务相关的信息；PW 状态及告警管理等。

4. PWE3对TDM业务和以太网业务的仿真

（1）TDM to PWE3

TDM 电路仿真业务的实现方式是将 TDM 业务数据用特殊的电路仿真报文头进行封装，使特殊的电路仿真报文头携带 TDM 业务数据的帧格式信息、告警信息、信令信息及同步定时信息。将封装后的报文称为 PW 报文，再以 IP、MPLS、L2TP 等协议对 PW 报文进行承载，并穿越相应的包交换网络，达到 PW 隧道出口之后再执行解封装，然后重建 TDM 电路交换业务数据流。

使用 PW 方式在 PSN 上仿真传送 TDM 业务，主要包括 TDM 业务数据、TDM 业务数据的帧格式、TDM 业务在 AC 侧的告警信息和信令及 TDM 同步定时信息被运载到 PW 的另外一端。TDM 电路仿真封装协议分为基于 PSN 传输非结构化的 TDM 数据（SAToP）协议和基于 PSN 的结构化 TDM 电路仿真（CESoPSN）协议。

SAToP 协议是用来解决非结构化问题，也就是非帧模式的 E1/T1/E3/T3 业务传送。它将 TDM 业务作为串行的数据码流进行切分和封装后在 PW 隧道上传输。TDM 信号中的开销和净荷都被透明传输，承载 CES(电路仿真业务) 的以太网帧的装载时间一般为 1ms；而对于结构化仿真模式 CESoPSN 协议，设备感知 TDM 电路中的帧结构、定帧方式、时隙信息。设备会处理 TDM 帧中的开销，并将净荷提取出来，然后将各路时隙按一定顺序放到分组报文的净荷中，因此在报文中，每路业务是固定可见的。每个承载 CES 的以太网帧均装载固定个数的 TDM 帧，装载时间一般为 1 ~ 5ms。

（2）以太网 to PWE3

以太网业务有以太专线业务（E-Line Service）、以太专网业务（E-LAN Service）和以太网汇聚业务（E-AGGR Service）。以太网业务仿真流程如图 8-5 所示。其中外层标签用来标识隧道，内层标签用来标识 PW。

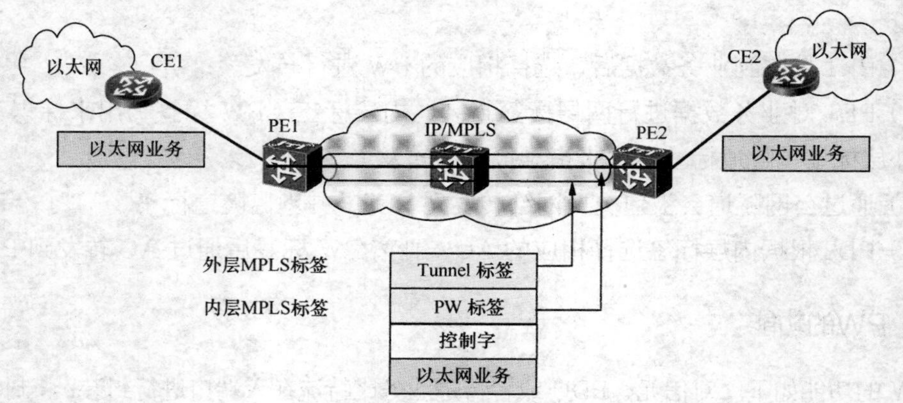

图 8-5　以太网业务仿真流程

- 外层标签（隧道标签）可以由信令协议动态分配或者手工配置。
- 内层标签（PW 标签）可以由信令协议动态分配或者手工配置。
- 控制字（CW）是可选的，如对到达的报文有严格的顺序要求，可使用 CW 携带序列号。

由于 MPLS 具有良好的可扩展性、完善的 QoS 特性等，MPLS 在 TE、VPN、QoS 中获得了广泛的应用，并逐步由网络核心到网络边缘演进。结合 PWE3 技术，MPLS 网络可以支持 TDM 业务、ATM 业务、FE 业务和以太网业务的统一传送。但是传送网需要具有较强的 OAM 能力、端到端的快速保护能力、端到端的 QoS 保证等运营级网络特性，这些特性是必须扩展 MPLS 才能实现的。

8.2.2　OAM 技术

OAM 功能在公众网中十分重要，它可以简化网络操作、检验网络性能、降低网络运行成本。在保障 QoS 的网络中，OAM 功能尤为重要。PTN 应能提供具有 QoS 保障的多业务能力，因此必须具备 OAM 能力。OAM 机制不仅可以预防网络故障的发生，还能对网络故障实现迅速诊断和定位，提高网络的可用性和用户 QoS。

PTN 支持层次化 OAM 功能，最多提供 8 层（0 ~ 7），并且每层支持独立的 OAM 功能，来应对不同的网络部署策略。PTN 的 OAM 功能主要有以下 3 种。

1. 与故障管理相关的OAM功能

与故障管理相关的 OAM 功能在网络出现故障时实现自动检测、查验、故障定位和通知的功能，具体如下。

① 在网络端口、节点或链路出现故障时，通过进行连续性检测，快速检测故障并触发保护机制。

② 在进行故障定位时，通过环回检测，准确定位到出现故障的网络端口、节点或链路。

③ 提供与性能监视相关的 OAM 功能，实现了网络性能的在线监测和性能上报功能。

④ 在网络性能发生劣化时，通过对丢包率和时延等性能指标进行检测，实现对网络运行质量的监控，并触发保护机制。

2. 与告警和告警抑制相关的OAM功能

告警机制可以保证在网络发生故障时产生告警，从而及时、有效关联到网络故障影响的业务。

网络底层故障会导致出现大量的上层故障，上游故障会导致大量的下游故障，AIS/RDI（告警指示信号 / 远端缺陷指示）等告警抑制可以屏蔽无效告警。

3. 与日常维护相关的OAM功能

与日常维护相关的 OAM 功能包括环回、锁定等操作，为操作人员在日常网络检查中提供了更为方便的 OAM 手段。

目前，PTN 定义的 OAM 功能如表 8-2 所示。

表 8-2 PTN 定义的 OAM 功能

	OAM 功能	T-MPLS	部分功能定义
故障管理	CC（连续性检测和连通性）	√ CV	工作在主动模式，维护实体组源端周期性发送该 OAM 报文，宿端检测两维护端点之间的连续性丢失（LOC）故障及误合并、误连接等连通性故障。可用于故障管理、性能监控、保护倒换。用于检测相同维护实体组域内任意一对维护实体组间的信号连续性，即检测连接是否正常

续表

	OAM 功能	T-MPLS	部分功能定义
故障管理	AIS/FDI	√ AIS/FDI	用于在服务层检测到路径失效信号后，在服务层维护实体组端点向用户层上插该 OAM 报文，并转发至用户层维护实体组，实现对用户层的告警进行抑制，避免出现冗余告警
	RDI	√ RDI	用于将维护实体组端点检测到故障这一信息通知对端
	环回（LB）	√	工作在按需模式，消息交换模式是环回请求分组的发起点。环回的执行点可以是维护实体组端点或者维护实体组中间点锁定维护信号，用于通知一个维护实体组端点，相应的服务层或子层维护实体组端点出于管理上的需要，已经将正常业务中断。从而使得该点可以判断业务中断是预知的，还是由于故障引起的
	Test (TST)	√	测试
	LCK	√	锁定
	用户信号失效（CSF）	√	用于从 T-MPLS 路径的源端传递用户层的失效信号到 T-MPLS 路径的宿端
性能管理	Dual-ended LM（帧丢失测量）、Single-ended LM	√	用于测量一个维护实体组端点到另一个维护实体组端点的单向或双向帧丢失数，采用 CV 帧来测试 SD（信号劣化）
	One-way DM（分组时延和分组时延变化测量）、Two-way DM	√	用于测量从一个维护实体组端点到另一个维护实体组端点的分组传送时延和时延变化；或者将分组从维护实体组端点 A 传送到维护实体组端点 B，然后，维护实体组端点 B 再将该分组传回维护实体组端点 A 的总分组传送时延和时延变化的测量
其他 OAM	APS、管理通信信道（MCC）、EX、VS	√	APS：由 ITU-T G.8131/G.8132 定义，发送 APS 帧 MCC：由 ITU-T G.T-MPLS-mgmt 定义，发送 MCC 帧 EX：在一个管理域内，出于实验的目的发送的帧。 设备提供商特定功能（VS）：用于发送具有设备提供商特定功能的 OAM 帧。
	SCC、SSM	√	信令通信信道（SCC）：用于从一个 MEP 向对等 MEP 发送控制平面信息。 同步状态消息（SSM）：由 G.8261 定义，发送 SSM 帧。

8.2.3 网络保护技术

PTN 网络级保护分为 PTN 内保护和 PTN 与其他网络的接入链路保护。PTN 内保护方式主要是 1+1/1∶1 线性保护与环网保护。而 PTN 与其他网络的接入链路保护则按照接入链路类型不同分为 TDM/ATM 接入链路的保护和以太网 GE/10GE 接入链路的保护。对于 TDM/ATM 接入链路采用 1+1/1∶1 线性 MSP 保护，对于以太网 GE/10GE 接入链路则采用 LAG（链路聚合）保护。

1. 1+1/1：1线性保护

1+1 线性保护方式是在发送端同时向工作隧道和保护隧道转发业务流量，接收端根据隧道状态选择接收业务流量，适合单向隧道，不需要运行 APS 协议。但是如果是双向隧道，在此种模式下需要运行 APS 协议，以保证两个端点的状态保持一致。

1：1 线性保护方式是发送端向保护隧道或者工作隧道发送数据，接收端根据 APS 协议从其中一个隧道上接收数据；适合双向隧道，运行 APS 协议保证两个端点选择同样的隧道发送和接收数据。在 1：1 的基础上可以扩展为 1：*N* 的隧道保护，即一个保护隧道，*N* 条工作隧道，提升了链路的利用率。

APS 协议固定在备用通道上发送，这样双方设备就能知道接收到 APS 报文的通道是对方的备用通道，可通过这种方法来检测彼此的主备通道配置是否一致。当接收不到 APS 报文时，应该固定从主通道收发业务。

单向 1+1 保护倒换如图 8-6 所示，当一个方向的隧道出现故障后，只倒换受影响方向的隧道，另一个方向的隧道保持不变，继续从原通道选收业务。

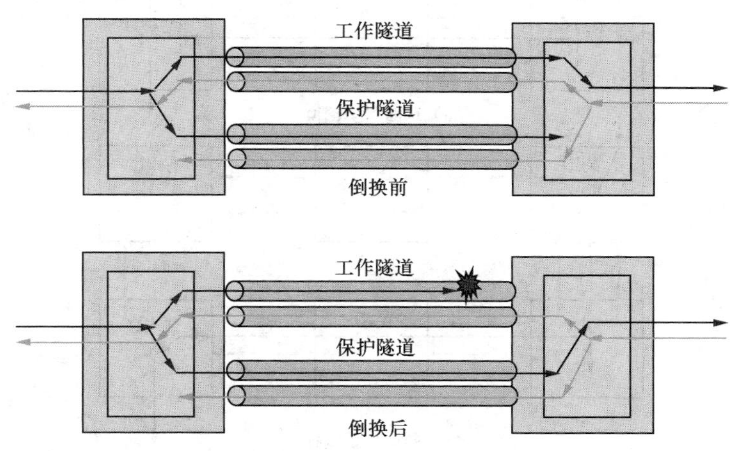

图 8-6 单向 1+1 保护倒换

双向 1+1 保护倒换如图 8-7 所示，当一个方向的隧道出现故障后，两个方向的隧道都需要倒换。业务流量要么都通过工作隧道，要么都通过保护隧道，能保证两个方向的业务流量都通过同样的路径，便于维护。

2. 环网保护倒换

PTN 除了 1+1 线性保护和 1：1 线性保护外，还有环网保护倒换，包括环回保护倒换和转向保护倒换两种，如图 8-8 所示。

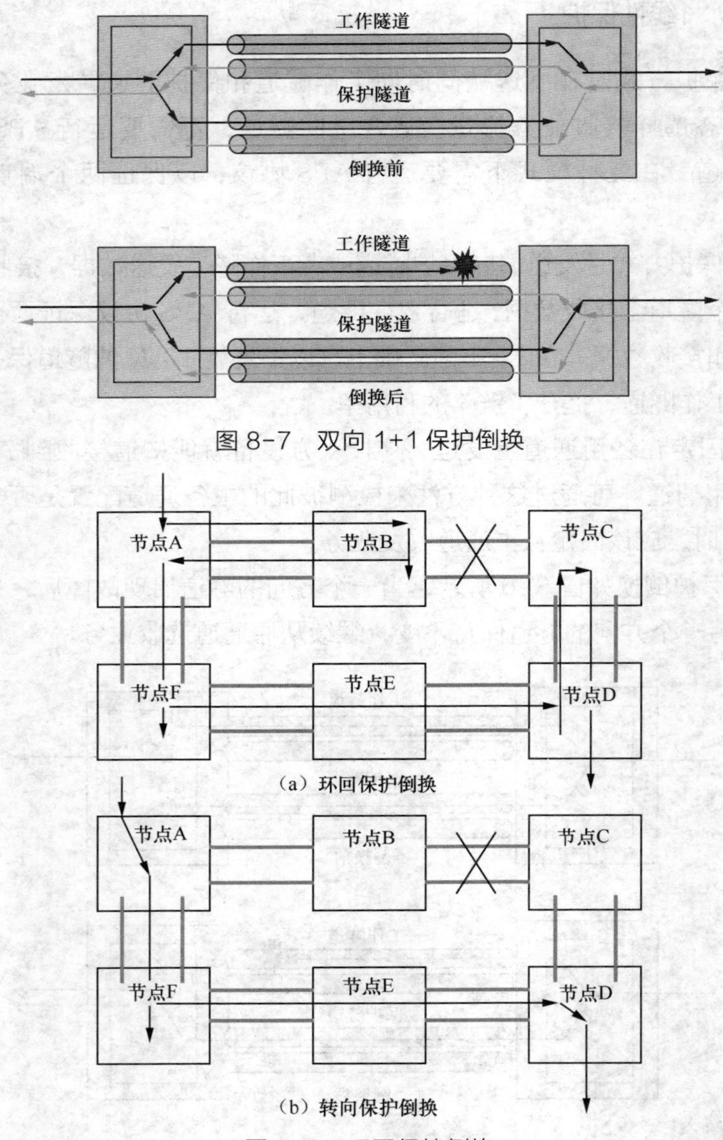

图 8-7　双向 1+1 保护倒换

图 8-8　环网保护倒换

环回保护倒换属于段层保护，类似 SDH 的 MS 保护。当检测到网络节点失效时，故障侧相邻节点通过 APS 协议向相邻节点发出倒换请求。当某个网络节点检测到失效或接收到倒换请求时，转发至失效节点的普通业务将被倒换至另一个方向（远离失效节点）。当网络失效或 APS 协议发出请求时，业务将返回原路径。环回保护倒换实际上是在故障处相邻两节点进行倒换，采用 TMS 层 OAM 中的 APS 协议，实现短于 50ms 的倒换时间。

转向保护倒换属于段层保护，当检测到网络节点失效时，业务通过 APS 协议向环上所有节点发出倒换请求。每条点到点的业务在源节点均被倒换到保护方向，受网络失效影响的业务都从工作方向倒换到保护方向，因此受影响网元较多，倒换协议复杂，倒换时间不能保证短于 50ms(节点数多时)。当网络失效或 APS 协议请求失效时，业务将返回原路径。

3. LAG保护

LAG 是指将多个以太网接口聚合起来组成一个逻辑上的端口，通过 LACP(链路聚合控制协议) 实现动态控制物理端口是否加入 LAG 组。

如图 8-9 所示，LAG 保护应用在负载分担时，业务均匀分布在 LAG 组内的所有成员上传送，每个 LAG 组最多支持 16 个成员。但是这种模式无法很好地保证 QoS，因此在 PTN 产品中，该模式只能应用在用户侧，不能应用在网络侧。

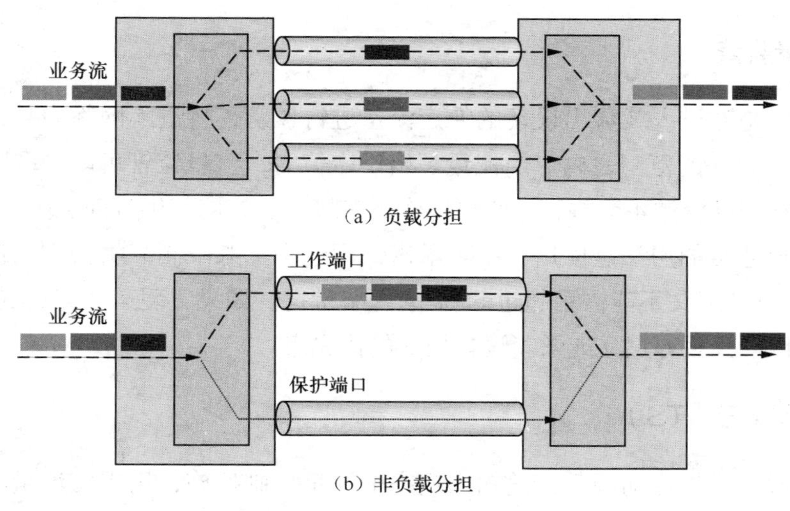

图 8-9 LAG 保护

LAG 保护应用在非负载分担时，在正常情况下，业务只在工作端口上传送，保护端口上不传输业务，每个 LAG 组只能分配两个成员，形成 1∶1 保护方式。该模式可以应用在用户侧和网络侧，可以保证用户的 QoS 特性。

8.2.4 QoS 技术

QoS 是指网络的一种能力，即在跨越多种底层网络技术（MSTP、FR、ATM、以太网、SDH、MPLS 等）的网络上，为特定的业务提供其所需要的服务，在丢包率、延迟、抖动和带宽等方面获得可预期的服务水平。

QoS 技术的实施目标主要是有效控制网络资源及其使用，避免并管理网络拥塞，降低报文的丢失率，调控网络的流量，为特定用户或业务提供专用带宽，支撑网络上的实时业务。

QoS 技术包括流分类、流量监管、流量整形、拥塞管理、拥塞避免等。

1. 流分类

流分类是指采用一定的规则识别符合某类特征的报文，它是对网络业务进行区分服务的前提和基础。在进行流分类时，采用优先级标识报文传输的优先程度，优先级可以分为两类，即报文携带优先级和设备调度优先级。报文携带优先级包括 IEEE 802.1p 优先级、DSCP（区分服务码点）优先级、IP 优先级、EXP 优先级等。这些优先级都是根据公认的标准和协议生成的，体现了报文自身的优先等级；设备调度优先级是指报文在设备内转发时所使用的优先级，只对当前设备自身有效，它又包括本地优先级（LP）、丢弃优先级（DP）和用户优先级（UP）。

2. 流量监管

流量监管是对进入或流出设备的特定流量进行监管，将进入网络中某一流量的规格限制在一个允许的范围之内。当流量超出设定值时，流量监管可以采取限制或惩罚措施，以保护网络资源不受损害。它可以作用在接口入方向和出方向上。

流量监管通常的用法是使用 CAR（承诺访问速率）来限制某类报文的流量，如它可以限制 HTTP 报文不能占用超过 50% 的网络带宽。如果发现某个连接的流量超标，流量监管可以选择丢弃报文或重新设置报文的优先级。

3. 流量整形（TS）

流量整形是一种主动调整流的输出速率的流量控制措施，用来使流量适配下游设备可用的网络资源，避免不必要的报文丢弃和延迟，它通常作用在接口出方向上。

与流量监管的作用一样，它主要是对流量监管中需要丢弃的报文进行缓存——通常是将其放入缓存区或队列中。流量整形的典型作用是限制流出某一网络的某一连接的流量与突发，使这类报文以比较均匀的速度向外发送。流量整形通常使用缓冲区和令牌桶来完成，当报文的发送速度过快时，首先在缓冲区内对这些报文进行缓存，在令牌桶的控制下，再均匀地发送这些被缓冲的报文。通用流量整形（GTS）可以对不规则或不符合预定流量特性的流量进行整形，以利于网络上下游之间的带宽匹配。GTS 与 CAR 之间的主要区别在于利用 CAR 进行报文流量控制时，对不符合流量特性的报文进行丢弃，而 GTS 对于不符合流量特性的报文则进行缓冲，减少了报文的丢弃，同时对报文进行整形使其符合报文的流量特性。

4. 拥塞管理

拥塞管理就是当拥塞发生时如何制定一个资源的调度策略，以决定报文转发的处理次序，它通常作用在接口出方向。

拥塞管理的方法是利用队列技术，不同的队列算法用来解决不同的问题，并会产生不同的效果。常用的队列有 FIFO（先进先出）、PQ（优先级队列），WFQ（加权公平队列）、CQ（定制队列）等。

拥塞管理的处理包括队列的创建、报文的分类、将报文送入不同的队列、队列调度等。在一个接口没有发生拥塞的时候，报文在到达接口后就会立即被发送出去，在报文到达的速度超过接口发送报文的速度时，接口就发生了拥塞。拥塞管理就会对这些报文进行分类，将这些报文送入不同的队列；而队列调度对不同优先级的报文进行分别处理，优先级高的报文会得到优先处理。

5. 拥塞避免

过度的拥塞会严重影响网络资源的利用，必须采取某种措施加以解除。拥塞避免是指通过监视网络资源（如队列或者内存缓冲区）的使用情况，在拥塞有加剧的趋势时，主动丢弃报文，通过调整网络的流量来解除网络过载的一种流量控制机制。拥塞避免的方法有随机早期检测（RED）和加权随机早期检测（WRED）。

当拥塞发生时，传统的丢包策略采用尾丢弃（Tail-Drop）的方法。当队列的长度达到某一最大值后，所有新来的报文都被丢弃。如果配置了 WFQ，则可以采用 WFQ 的丢弃方式。

6. PTN的QoS策略

PTN 设备支持接入以太网报文、IP 报文及 MPLS 报文。在端口入方向上将这些报文的优先级映射到标准的 PHB（每跳行为）的转发服务类型上，在端口出方向上将标准的 PHB 的转发服务类型再映射到这些报文的优先级上。

8.2.5 同步技术

同步包括时钟同步与时间同步，建设同步网是为了将其时间与 / 或时钟（频率）作为定时基准信号分配给通信网中所有需要同步的网元设备与业务。PTN 作为提供各种业务统一传送的网络，同样要求能够实现网络的同步，以满足应用的需要和对 QoS 的要求。

时钟同步（频率同步），指信号之间的控制时钟在频率或相位上保持某种严格的特定关系，以维持通信网中所有的设备以相同的速率运行。

时间同步是指信号之间的控制时钟在特定的时刻点对齐。时间同步的操作就是按照接收到的时间来调控设备内部的时钟和时刻。

目前在 PTN 中实现同步的主要方法有同步以太网和 IEEE 1588v2 协议。

同步以太网技术是一种基于传统的物理层的时钟同步技术，该技术从物理层串行数据码流中提取网络传递的高精度时钟，不受业务负载流量影响，为系统提供基于频率的时钟同步功能。同步以太网可用于基于 FDD（频分双工）模式且不需要时间同步的场景中。

IEEE 1588v2 协议方法是一种基于协议实现的网络同步时间传递方法，可实现频率同步和相位同步。相对于网络时间协议的毫秒级精度，IEEE 1588v2 协议可实现微秒及次微秒级时间同步精度，可替代当前的 GPS 实现方案，降低网络组网成本和设备的安装复杂性。

1. 同步以太网方案

同步以太网采用类似 SDH/PDH/SONET 方式的时钟同步方案，通过物理层串行数据码流提取时钟，不受链路业务流量影响，通过 SSM（同步状态信息）帧传递对应的时钟质量信息。同步以太网传递时钟原理如图 8-10 所示。系统需要一个时钟模块（时钟板），统一输出一个高精度时钟给所有以太网接口卡，以太网接口上的物理层器件利用这个高精度时钟将数据发送出去。在接收端，以太网接口的物理层器件将时钟恢复出来，分频后上送给时钟板。时钟板判断各个接口上报的时钟质量，选择一个精度最高的时钟，将系统时钟与其同步。

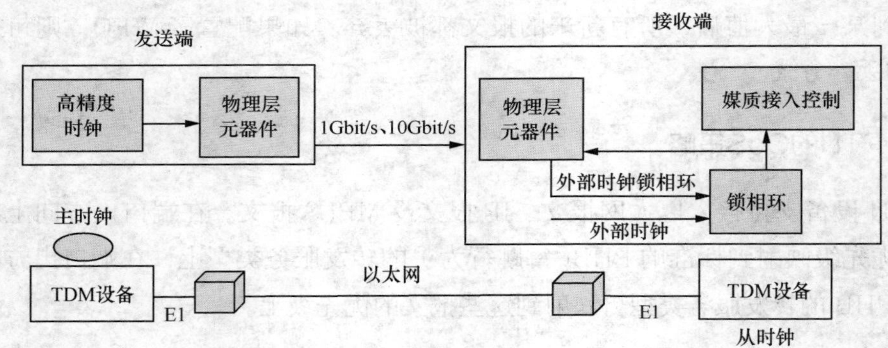

图 8-10　同步以太网传递时钟原理

为了正确选择时钟源，在传递时钟信息的同时，必须传递时钟 SSM。对于 SDH 网络，时钟质量等级是通过 SDH 的带外开销字节确定的，但是以太网没有带外通道，只能通过构造 SSM 报文的方式通告下游设备，报文格式可以采用以太网 OAM 的通用报文格式。

同步以太网技术相关的标准包括 ITU-T G.803、ITU-T G.781、ITU-T G.8262、ITU-T G.823。

同步以太网技术类似于 SDH 实现，只有以太网端口才支持。通过物理芯片和锁相环技术提取以太网码流中的时钟信息，性能稳定、技术成熟。同步以太网继承了 SDH 物理时钟同步的一些机制，如 SSM 和扩展 SSM。在复杂的时钟网络中，启动标准 SSM 协议可以避免时钟互跟，以实现时钟保护；启动扩展 SSM 协议可以避免时钟成环。

对于以太网基站，一般都支持以太网接口通过同步以太网从接入路由器获取频率同步信息；对于 E1 基站，ATM 可以对 E1 进行再定时后通过 E1 将频率传递给基站；对于不支持同步以太网、也没有 E1 业务接口的基站，可以专门为时钟配置 E1 传递频率，或者通过接入路由器的 E1 接入基站的外时钟口。

2. IEEE 1588v2协议时间同步方案

IEEE 1588v2 协议是一种精确网络时间协议（PTP），是目前唯一能够提供精确时间同步的地面同步技术。IEEE 1588v2 协议被定义为时间同步协议，通过主从设备间 IEEE 1588 消息传递，并计算时间和频率偏差，达到主从频率和时间同步。

IEEE 1588v2 协议时间同步的核心思想是采用主从时钟方式，对时间信息进行编码，利用网络的对称性和延时测量技术，通过报文的双向交互，实现主从时钟的同步。相对于传统的网络时间协议，IEEE 1588v2 协议从以下几个角度提高了其同步精度。

- 频率同步报文在主时钟节点 Master 和从时钟节点 Slave 之间进行交换传递，同时进行时延测量。
- 通过物理层硬件添加时间戳，可以去除操作系统和协议栈的处理时延。
- 采用先进的 BMC（最佳主时钟）算法快速恢复时间信息。

IEEE 1588v2 协议的消息可以分为事件消息（与精确时间戳相关报文）和普通消息（信息传输和管理报文）。事件消息包括 Sync 消息、Delay_Req 消息、Pdelay_Req 消息、Pdelay_Resp 消息。时间戳处理是对 IEEE 1588v2 协议报文输入 / 输出的时刻进行记录，并携带在 IEEE 1588v2 协议报文中。IEEE 1588v2 协议定义了最靠近物理层的时间戳处理，确保了输入 / 输出时刻的精确度，为精确同步打下了基础。

IEEE 1588v2 协议协商过程如图 8-11 所示。

① Master 发送 Sync 报文，并记录实际发送的 T_1 时刻（One Step 方式下携带 T_1）。

② Slave 于本地 T_2 时刻接收到 Sync 报文。

③ Master 发送 Follow 报文，携带 T_1 时间戳（Two Step 方式下）。

④ Slave 发送 Delay_Req 报文，并记录实际发送的 T_3 时刻。

⑤ Master 接收 Delay_Req 报文，记录接收的 T_4 时刻。

⑥ Master 将 T_4 时刻通过 Delay_Resp 报文发给 Slave。

⑦ Slave 根据 T_1 ~ T_4 计算 Delay 和

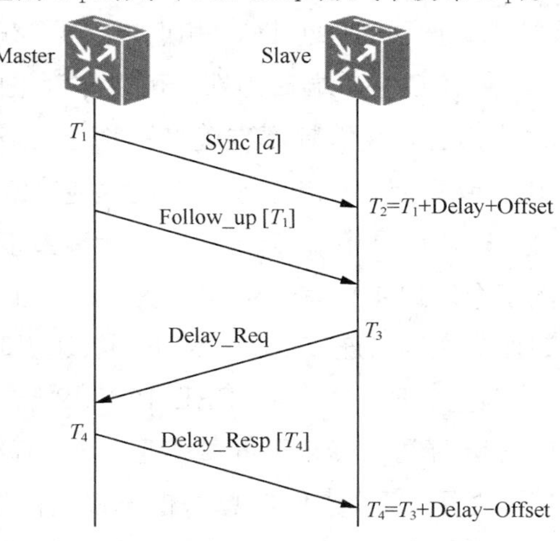

图 8-11　IEEE 1588v2 协议协商过程

Offset，并使用 Offset 纠正本地时间。

假设主从时钟之间的链路延迟是对称的，从时钟根据已知的 4 个时间值，可以计算出与主时钟的时间偏移量和链路延迟。

因为

$$T_2-T_1-\text{offset}=\text{delay} \tag{8-1}$$

$$T_4-(T_3-\text{offset})=\text{delay} \tag{8-2}$$

所以

Master 与 Slave 的时间偏移量（假设 $T_{\text{MS}}=T_{\text{SM}}$）：

$$\text{offset}=\frac{(T_2-T_1)-(T_4-T_3)}{2} \tag{8-3}$$

Master 与 Slave 之间的时间延迟：

$$\text{delay}=\frac{(T_2-T_1)+(T_4-T_3)}{2} \tag{8-4}$$

Master 和 Slave 之间不断发送 PTP 报文，Slave 根据 Offset 修正本地时间，使本地时间与 Master 的时间同步。

IEEE 1588v2 增加了 Peer 时延测量机制，专门用于测量链路时延。标准的 IEEE 1588v2 算法要求双向时延必须一致，时延不一致会引发相位测量偏差。在该前提下，业务量和相位精确度无关，不受背景流量影响。对于非对称时延的链路，可以由非对称时延补偿机制进行修正。

综上所述，IEEE 1588v2 协议的优点是支持频率同步和时间同步，同步精度高，网络报文时延差异影响可以通过逐级的恢复方式解决，是统一的业界标准。缺点是不支持非对称网络，需要硬件支持 IEEE 1588v2 协议和工作原理。

IEEE 1588v2 协议的时间同步方法有普通时钟（OC）、边界时钟（BC）、端到端（E2E）透明时钟（TC）和点对点（P2P）TC。

- OC 是单端口器件，可以作为主时钟或从时钟。一个同步域内只能有唯一的主时钟。主时钟的频率准确度和稳定性直接关系到整个同步网络的性能。一般可考虑 PRC 或同步于 GPS。从时钟的性能决定时间戳的精度及 Sync 消息的传输速率。
- BC 是多端口器件，是网络中间节点时钟设备，可连接多个 OC 或 TC。在 BC 的多个端口中，有一个作为从端口，连接到主时钟或其他边界时钟的主端口，其余端口作为主端口连接从时钟或下一级边界时钟的从端口，或作为备份端口。
- E2E TC 实现 IEEE 1588v2 报文的直接透传。对于事件报文，计算报文设备内驻留时间并修正时间戳信息，对于普通报文，直接透传。E2E TC 转发所有消息，然而对于 PTP 事件信息和相关跟随信息，E2E 透传节点将这些信息经过本地的驻留时间累加到相应的修正域中补偿这些信息经过本地的损失。

- P2P TC 和 E2E TC 的不同之处在于 P2P 通过测量相应 PTP 端口之间的链路时延，并将该链路时延和 P2P 事件经过本地的驻留时间累加到相应事件信息修正域中，即 E2E TC 修正和转发所有的 PTP 事件信息。P2P TC 时钟只修正和转发 Sync 消息和 Follow_up 消息，这些消息的修正域根据 Sync 消息在 P2P TC 内的驻留时间、接收 Sync 消息在 P2P TC 内的驻留时间和接收 Sync 消息端口的链路时延进行修正。

3. 部署IEEE 1588v2协议方案

IEEE 1588v2 要求逐跳部署，根据现网设备支持情况及改造难度，部署 IEEE 1588v2 方案可以分为以下 2 种。

（1）端到端逐跳部署 IEEE 1588v2 方案

如果现网中所有的设备均端到端支持 IEEE 1588v2，建议采用端到端逐跳部署 IEEE 1588v2 方案，如图 8-12 所示。从核心机房注入时间信息，逐跳部署 IEEE 1588v2 方案，如果中间有 OTN 设备，那么 OTN 设备也需要支持 IEEE 1588v2。

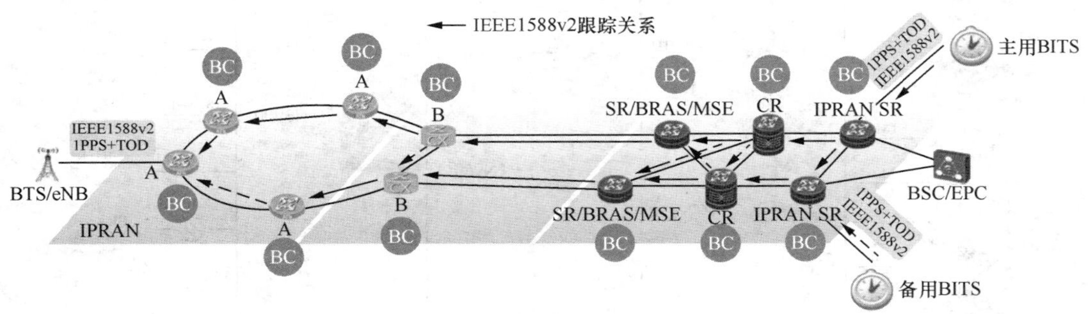

图 8-12　端到端逐跳部署 IEEE 1588v2 方案

推荐采用 BC 模型组网，TC 模型故障定位困难，如无特殊需要，不推荐使用。

（2）将 BITS 设备下移到 SR/BRAS/MSE 或 B 类设备

如果现网存在不支持 IEEE 1588v2 的节点或网络，如现网 CR（核心路由器）不支持 IEEE 1588v2，可以通过下移时间注入点的方式规避此问题，具体方案如图 8-13 所示。

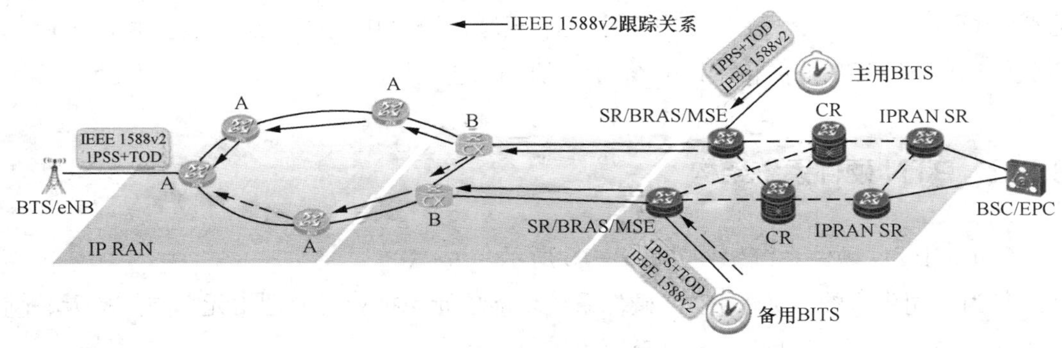

图 8-13　BITS 设备下移方案

如果现网 CR 设备不支持 IEEE 1588v2，则可以考虑将 BITS 设备下沉到 SR/BRAS/MSE，从 SR/BRAS/MSE 注入时间信息，SR/BRAS/MSE 以下逐跳部署 IEEE 1588v2，包括 IPRAN 及波分设备。由于时间注入点位置偏低，BITS 设备数量较多，此方案成本较高。

8.3 PTN 典型设备

8.3.1 PTN 设备在网络中的地位与应用

华为公司 PTN 设备在网络中的地位与应用如图 8-14 所示。

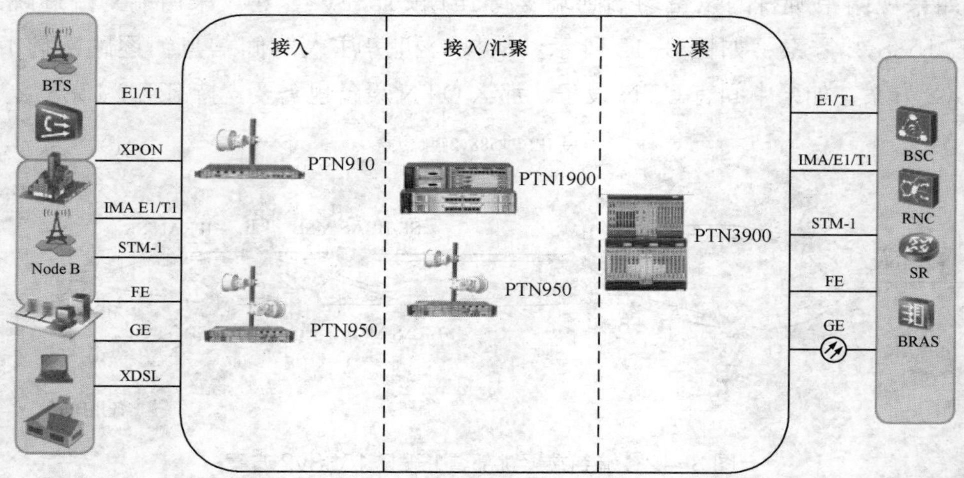

图 8-14　华为公司 PTN 设备在网络中的地位与应用

OptiX PTN 7900 是新一代大容量、大带宽、业务智能的分组传送核心设备，支持全新 SDN 架构，支持 40GE/50GE/100GE/400GE 大端口。OptiX PTN 3900 主要定位于城域传送网中的汇聚层，负责分组业务在网络中的传输，并将业务汇聚至核心骨干网中。OptiX PTN 950 主要定位于城域传送网中的接入层，负责将用户侧的以太网 /ATM/CES 业务接入以分组为核心的传送网中。

8.3.2 PTN 硬件系统架构

OptiX PTN 硬件系统架构如图 8-15 所示。

华为公司生产的 OptiX PTN 硬件系统功能单元包括业务处理单元、主控单元、辅助单元（包含电源和风扇），各单元的功能如下。

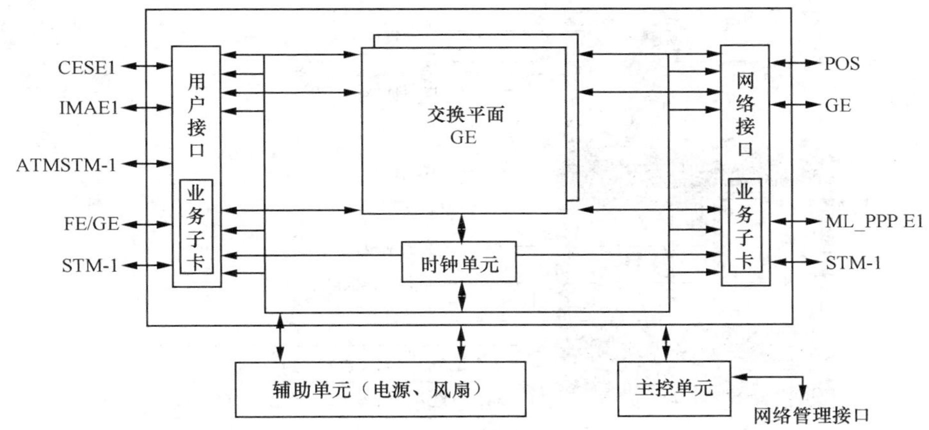

图 8-15 OptiX PTN 硬件系统架构

业务处理单元：包括用户接口、网络接口、时钟单元及交换平面。通过用户接口，用户设备能够在设备侧接入 CES E1、IMA E1、ATM STM-1、FE/GE 等多种信号；通过网络接口，设备能够在网络侧接入 POS、GE、ML-PPP E1 等多种信号。设备侧和网络侧接入的信号通过交换平面进行处理。时钟单元为系统各单板提供系统时钟，为外时钟接口提供时钟信号，时钟单元支持处理和传递 SSM(同步状态信息)。

主控单元：通过总线实现板间通信的管理、单板制造信息的管理、开销管理及主控和单板之间的通信管理；支持带内 DCN(数据通信网络) 管理、NSF(不间断转发) 等功能；提供完备的辅助管理接口，包括网管接口、告警输入 / 输出接口、告警级联接口、F&f 等。

电源：主要作用是进行电压转换，它可以将从电源柜输入的交流电或直流电变换成设备单板所需要的交流电或直流电，为设备单板供电。

风扇：通信设备集成度高，工作时发热会严重影响设备寿命，因此需要采用风扇对设备进行散热处理；设备的功耗和体积越大，配置的风扇数目越多。

8.3.3 PTN 典型设备——华为 OptiX PTN 3900

华为 OptiX PTN 3900 主要用于汇聚层和核心层。设备的主要模块包括电源板、风扇、及接口板。OptiX PTN 3900 的子架结构如图 8-16 所示，按照单板功能不同，可将该子架结构划分为主控板区、接口板区、电源板区、风扇区、交换网板区和业务处理板区。

OptiX PTN 3900 的单板槽位之间的对应关系如图 8-17 所示，OptiX PTN 3900 单板有 16 个业务处理槽位，每个槽位具有最大 10Gbit/s 处理能力；16 个接口槽位，每个业务处理槽位对应两个接口槽位；10 个 E1 业务处理槽位，其中两个用于支路保护倒换，因此，OptiX PTN 3900 的业务交换能力为 10Gbit/s × 16=160Gbit/s。

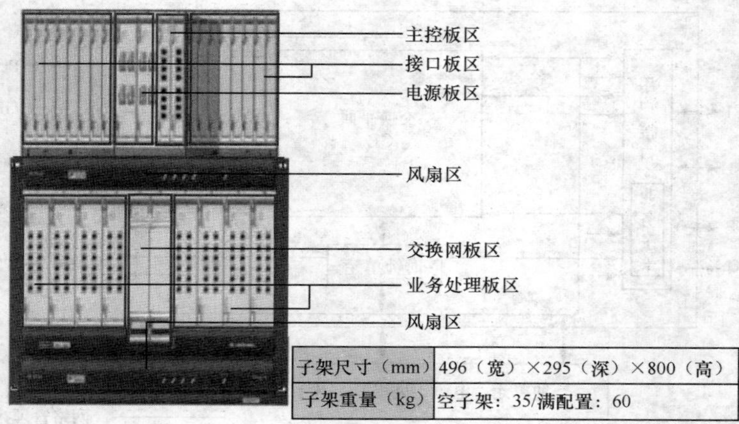

图 8-16　OptiX PTN 3900 的子架结构

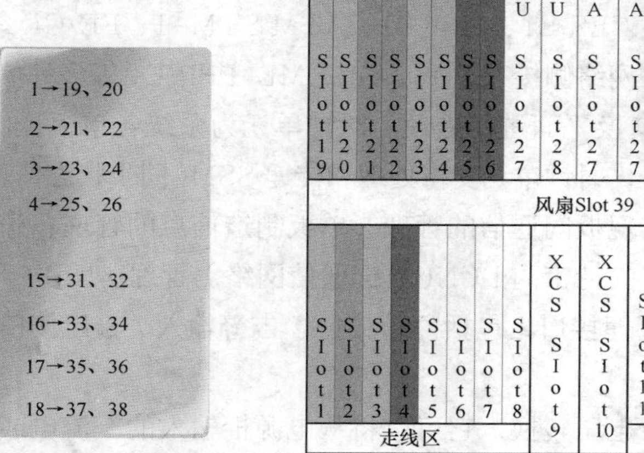

图 8-17　OptiX PTN 3900 的单板槽位之间的对应关系

OptiX PTN 3900 能够承载多种接口接入业务，接入能力如表 8-3 所示。

表 8-3　OptiX PTN 3900 接口的接入能力

接口类型	接入能力（单板名称）	处理能力（单板名称）	整机接口数量	信号接入方式
E1	32 个（D75/D12）	32 个（MD1） 63 个（MQ1）	504	接口板接入
STM-1/4/POS	2 个（POD41）	8 个（EG16）	32	接口板接入
FE	16 个（ETFC）	48 个（EG16）	192	接口板接入
GE	12 个（EG16） 2 个（EFG2）	16+8 个（EG16）	160	GE 信号既可由接口板（EG16）接入，又可由接口板（EFG2）接入
通道化 STM-1	2 个（CD1）	2 个（CD1）	32	业务处理板接入
ATM STM-1	2 个（AD1） 2 个（ASD1）	2 个（AD1） 2 个（ASD1）	32	业务处理板接入

8.3.4 PTN 典型设备——华为 OptiX PTN 950

OptiX PTN 950 可以放在基站侧进行基站业务接入，也可以放在城域网中进行数据业务承载，也可以放置在汇聚节点作为业务汇聚设备，将多个低等级 PTN 设备接入的业务经过整合后传送到更高层次的设备中。OptiX PTN 950 设备如图 8-18 所示。

图 8-18 OptiX PTN 950 设备

OptiX PTN 950 支持的业务类型如下。

（1）CES：支持 E1 电接口接入和通道化 STM-1 光接口接入。

（2）ATM 业务：支持 IMA 接入和 ATM E1 接入。

（3）以太专线业务：点对点的以太网仿真业务，即 VPWS（虚拟专线业务）。

（4）以太专网业务：多点对多点的以太网仿真业务，即 VPLS（虚拟专用局域网业务）。

OptiX PTN 950 最大的业务交换能力是 8Gbit/s，最大接入能力可提供 2 个 GE 电光接口、48 个 FE 光电接口、192 个 E1 接口、6 个通道化 STM-1 接口。

OptiX PTN 950 的硬件结构如图 8-19 所示。

OptiX PTN 950 的槽位分配如图 8-20 所示。

OptiX PTN 950 主要单板介绍如下。

（1）CXP（主控交叉 / 多协议处理板）

CXP 是由控制和管理模块、业务处理和调度模块、时钟模块、辅助接口模块、电源模块、散热模块组成的，实现系统的告警和硬件检测、单板控制、开销处理、设备管理、向各单板提供系统时钟、提供网络管理级联接口等功能。

CXP 可插放在槽位 SLOT 7、SLOT 8，其外观如图 8-21 所示。

“ETH/OAM”接口是 RJ-45 的 10Mbit/s、100Mbit/s 自适应的以太网网络管理网口 / 网络管理串口，外部网络通过这个接口与设备进行通信，其他接口不需要使用。

（2）EF8T

EF8T 主要完成 8 路 FE 业务电信号的接入，与 CXP 配合完成业务处理功能，由接入汇聚模块、控制驱动模块、时钟模块，以及电源模块组成。

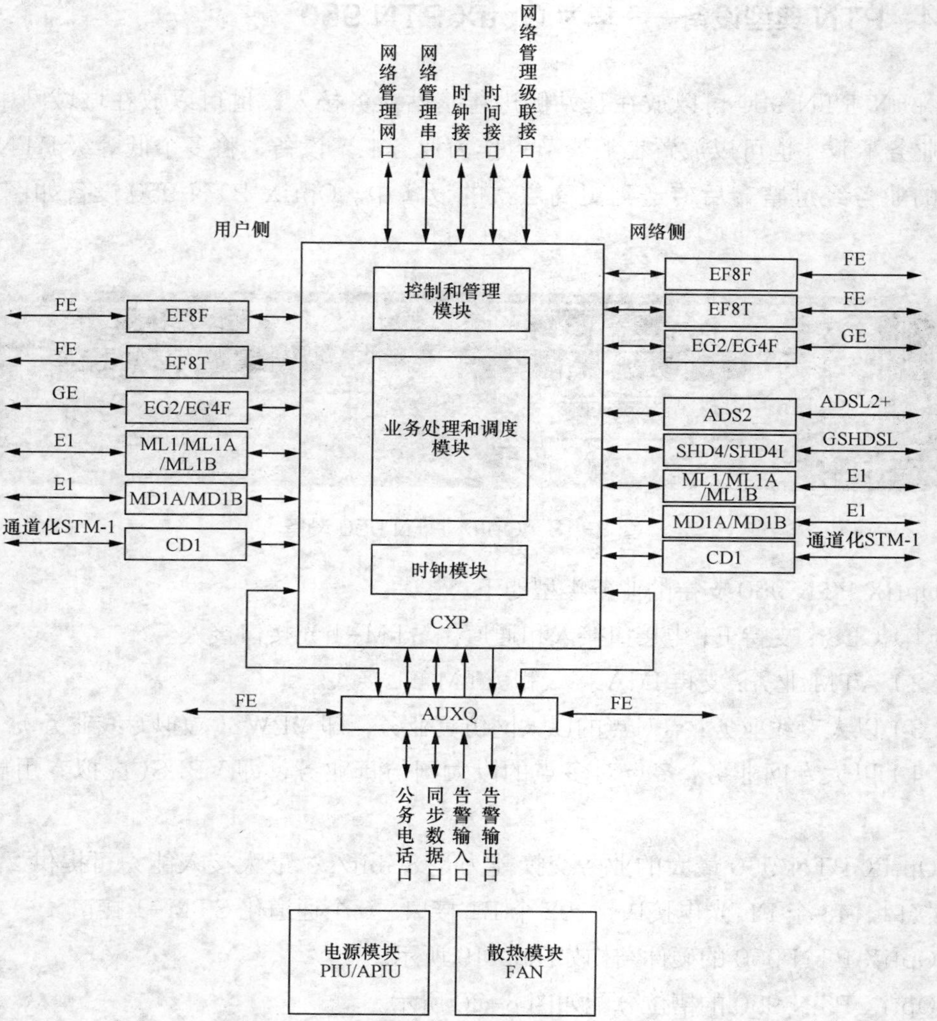

网络管理网口　网络管理串口　时钟接口　时间接口　网络管理级联接口

用户侧　网络侧

FE　EF8F
FE　EF8T
GE　EG2/EG4F
E1　ML1/ML1A/ML1B
E1　MD1A/MD1B
通道化STM-1　CD1

控制和管理模块
业务处理和调度模块
时钟模块
CXP

EF8F　FE
EF8T　FE
EG2/EG4F　GE
ADS2　ADSL2+
SHD4/SHD4I　GSHDSL
ML1/ML1A/ML1B　E1
MD1A/MD1B　E1
CD1　通道化STM-1

FE　AUXQ　FE

公务电话口　同步数据口　告警输入口　告警输出口

电源模块 PIU/APIU　散热模块 FAN

图 8-19　OptiX PTN 950 硬件结构

<table>
<tr><td rowspan="2">SLOT 10</td><td rowspan="4">SLOT 11</td><td>SLOT7</td><td>SLOT8</td></tr>
<tr><td>SLOT5（1Gbit/s）</td><td>SLOT6（1Gbit/s）</td></tr>
<tr><td rowspan="2">SLOT 9</td><td>SLOT3（1Gbit/s）</td><td>SLOT4（1Gbit/s）</td></tr>
<tr><td>SLOT1（2Gbit/s）</td><td>SLOT2（2Gbit/s）</td></tr>
</table>

图 8-20　OptiX PTN 950 的槽位分配

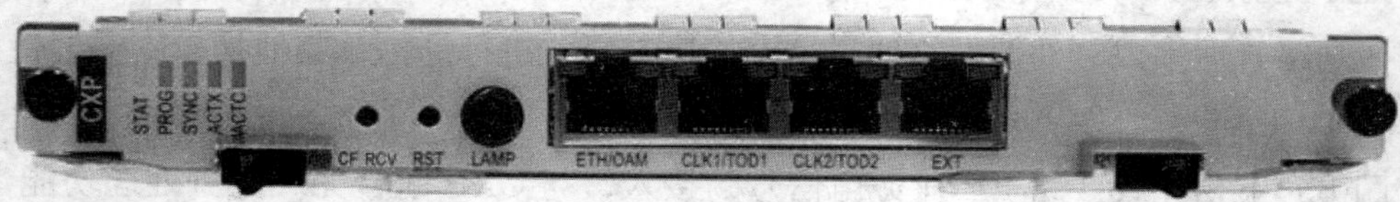

图 8-21　CXP 外观

EF8T 可插在槽位 SLOT 1 ~ SLOT 6，其外观如图 8-22 所示。

图 8-22 EF8T 外观

FE1 ~ FE8 接口是 RJ-45 的 FE 电信号的输入 / 输出接口，一般用来接入用户侧分组业务。

（3）EG2

EG2 主要完成 2 路 GE 业务的接入，与 CXP 配合完成业务处理功能，由接口转换模块、控制驱动模块、时钟模块，以及电源模块组成；选择不同光接口，可实现多模、单模等不同距离的传输要求。EG2 可插于槽位 SLOT 1 ~ SLOT 6，其外观如图 8-23 所示。

图 8-23 EG2 外观

EG2 上共有 2 个 SFP 接口，既可用作光接口，又可用作电接口，需要与不同的光电模块配合使用，一般作为网络侧分组业务接口使用。

当使用双纤双向光模块时，光模块在左右两侧分别提供两个 LC 接口。两个接口各自需要占用一根光纤，分别用于接收 / 发送业务信号。当使用单纤双向光模块时，光模块只在左侧提供一个 LC 接口。该接口只占用一根光纤，可以同时接收 / 发送业务信号；当它用作电接口时，需要与电模块配合使用。

8.4 SPTN 技术简介

SPTN 网络是中国移动具有软件控制能力的新一代分组传送网络，是 PTN 网络的演进和升级，通过开放性的应用和服务，进一步提升网络资源的智能化调度能力、进一步扁平化用户与网络资源之间的关系、进一步提高运维管理效率。

SPTN 网络具有大带宽、智能化、高可靠等特性，提供业务智能发放和快速开通、路径智能选择和保护、带宽资源按需调度和调整、流量智能监控和统计上报、基于策略的网络控制等功能，能够更好地满足 ICT 时代以网络为中心的业务运营需求。

8.4.1 SPTN 的系统架构

SPTN 系统架构分为传送平面、控制平面、应用平面和管理平面。由图 8-24 所示。

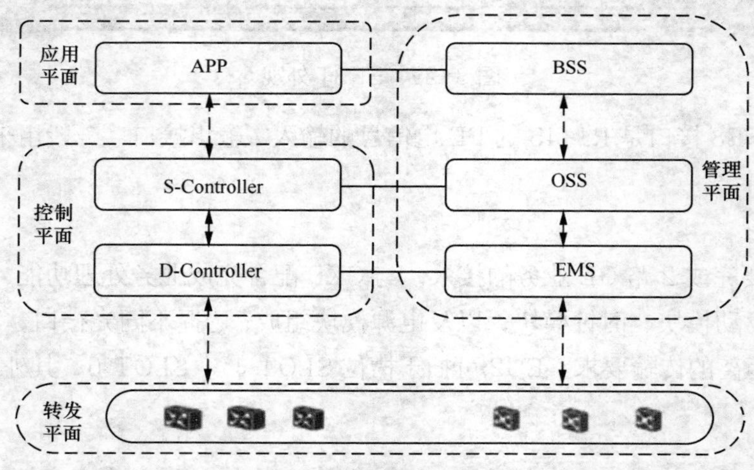

图 8-24　SPTN 的系统架构

1. 传送平面

传送平面采用 PTN 技术，提供业务转发和 QoS、OAM、保护和同步等功能，实现跨域、跨厂家的端到端大容量传送。

2. 应用平面

应用平面包括应用服务器（APP Server）和各种网络应用客户端（APP Client），通过调用控制平面提供的北向接口对网络进行操作，为具有不同权限的用户提供各类应用服务。

3. 管理平面

管理平面基于现有 PTN 的网管系统升级改造，包括 EMS/SNMS、OSS 以及 BSS 系统，完成对现有的 PTN 网络统一的网络管理和计费等功能。管理平面要继续负责转发面和控制器的资源和版本管理、告警和性能监控，满足网络的运维需求。

4. 控制平面

当一个网络的网元数量大于控制器管控能力时，需要网元级的多个控制器来管控。为了满足电信级大网的组网需求，控制平面支持层次化控制能力，包括层次化超级控制器（Super Controller，简称 S-Controller）以及域控制器（Domain Controller，简称 D-Controller），分别实现运营商的整体网络控制和设备商的区域控制。控制器之间资源协同调度应通过标准化南北向接口实现。上层 S-Controller 通过调用 D-Controller 或下层 S-Controller 提供的北向接口，完成全网的协调和管理，实现网络资源跨域的协同控制。S-Controller 与位于本层的 D-Controller 和下层的 S-Controller（若有）通过北向接口实现信息交互。

S-Controller 是 SPTN 架构的核心，用于域间业务的控制和协调，具备域间拓扑的管理、路径计算和业务编排的功能，S-Controller 可以进行多级嵌套，拓展网络控制规模。为了减小 S-Controller 控制器感知的拓扑规模和计算功能量，上层控制器可以将下层控制器抽象为一个容器节点（Node），下层控制器之间的域间物理连接抽象为 Link，在这种情况下，上层控制器看到的拓扑由容器节点加上 Link，网络拓扑大为简化。

S-Controller 通过南北向接口与 D-Controller 的协同，计算端到端业务转发路径。首先根据上层拓扑，计算域间转发路径，并将域内业务的路径请求下发给 D-Controller，D-Controller 完成域内的路径计算后，将计算结果向上反馈，由 S-Controller 对路径进行最优化拼接，形成端到端的跨域转发路径。

层次化控制采用控制器的南北向接口实现域间 LSP 的标签交换功能，在这种场景下，S-Controller 把域间 LSP 上游 D-Controller 的标签申请转发给下游 D-Controller，下游 D-controller 收到请求后，把分配的标签通过 S-controller 转发给上游的 D-controller，从而完成 LSP 标签的分配。

8.4.2 SPTN 的网络架构

中国移动 SPTN 网络分为骨干传送网和城域传送网，其中骨干传送网分为省际骨干传送网和省内骨干传送网，城域传送网分为城域骨干传送网和有线接入网。组网方式支持环网、网状网和链状网等网络拓扑。

如图 8-25 所示，SPTN 网络在骨干传送网和城域传送网分别部署 D-Controller 和 EMS/SNMS，域间部署 S-Controller 进行跨域业务协同。

为了有步骤、有计划地推进 SPTN 网络，其发展可按照以下两个阶段部署：

第一阶段：主要将面向政企应用的小型化接入 PTN、省内 / 省际骨干传送网 PTN，面向移动回传的省内骨干和城域核心层 L3 PTN，演进至 SPTN，实现政企业务的快速开通和 L3 PTN 的灵活调度，其余 PTN 网络采用透传方式提供通道。

第二阶段：将其余 PTN 网络也演进至 SPTN，实现端到端的资源调度，提供网络分片功能，让不同部门分别进行专门的界面管理，控制本域内资源。

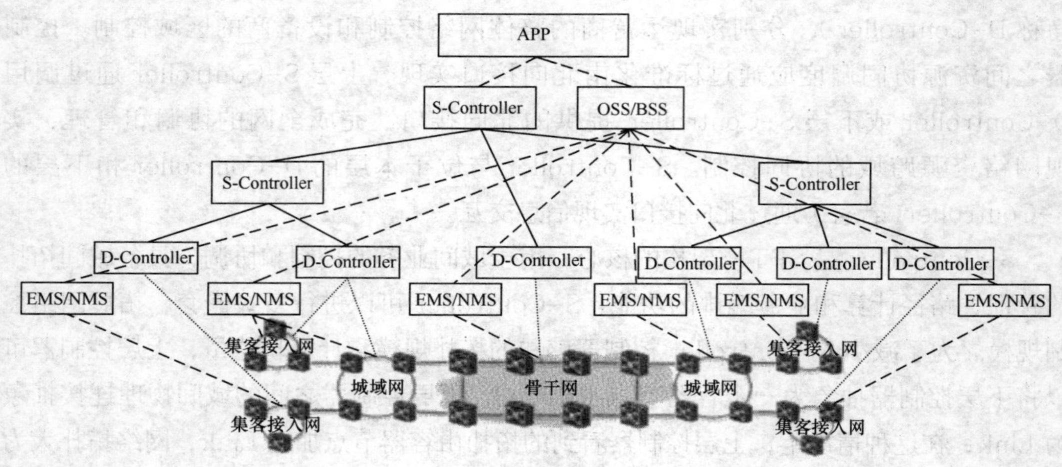

图 8-25 SPTN 网络架构

8.4.3 SPTN 的应用

中国移动 SPTN 网络是实现全业务发展的传送网，主要为移动回传和 SPTN 承载的集团客户专线（以下简称政企专线）业务提供智能化、高可靠、大管道传输能力。

1. 移动回传

对于移动回传网络，SPTN 可提供运营商 APP，简化网络运维和资源优化。移动回传网络要求严格的 QoS、OAM，以及保护特性，必须提供时钟同步，支持 2G/3G/LTE 以及未来 5G 业务的基站接入。控制器必须提供业务路径计算、业务路径建立以及业务呈现等功能，并提供流量优化、智能时钟等网络功能。

2G/3G 移动回传网络如图 8-26 所示，SPTN 网络提供 L2 分组传送功能，接入 PTN/SPTN 设备要求支持 E1、IMA 以及 FE 接入，核心层 PTN/SPTN 设备要求支持 GE、STM-1。

LTE 移动回传网络如图 8-27 所示，SPTN 接入层、汇聚层应支持 L2 功能，核心层应支持 L3 功能。控制器提供多域互联、流量、流向灵活调度，以及保护和恢复功能。

2. 政企专线

政企专线对安全、带宽、时延等网络 SLA 指标具有严格要求，（可选）提供时钟同步等功能。对于政企专线，SPTN 支持向用户开放部分网络资源，用户可自主发起业务、申请带宽调整；此外 SPTN 除向政企用户提供传统的固定带宽专线服务外，还可以通过灵活的 CIR、PIR 调度策略提供新型的专线业务，提升用户体验。

政企专线网络如图 8-28 所示，S-Controller 支持域间路径计算，D-Controller

可支持域内路径计算。政企专线路径上，部分 PTN 网络不支持 SPTN，S-Controller 应能够通过 EMS/SNMS 新增的 D-Controller 模块，完成路径的配置。

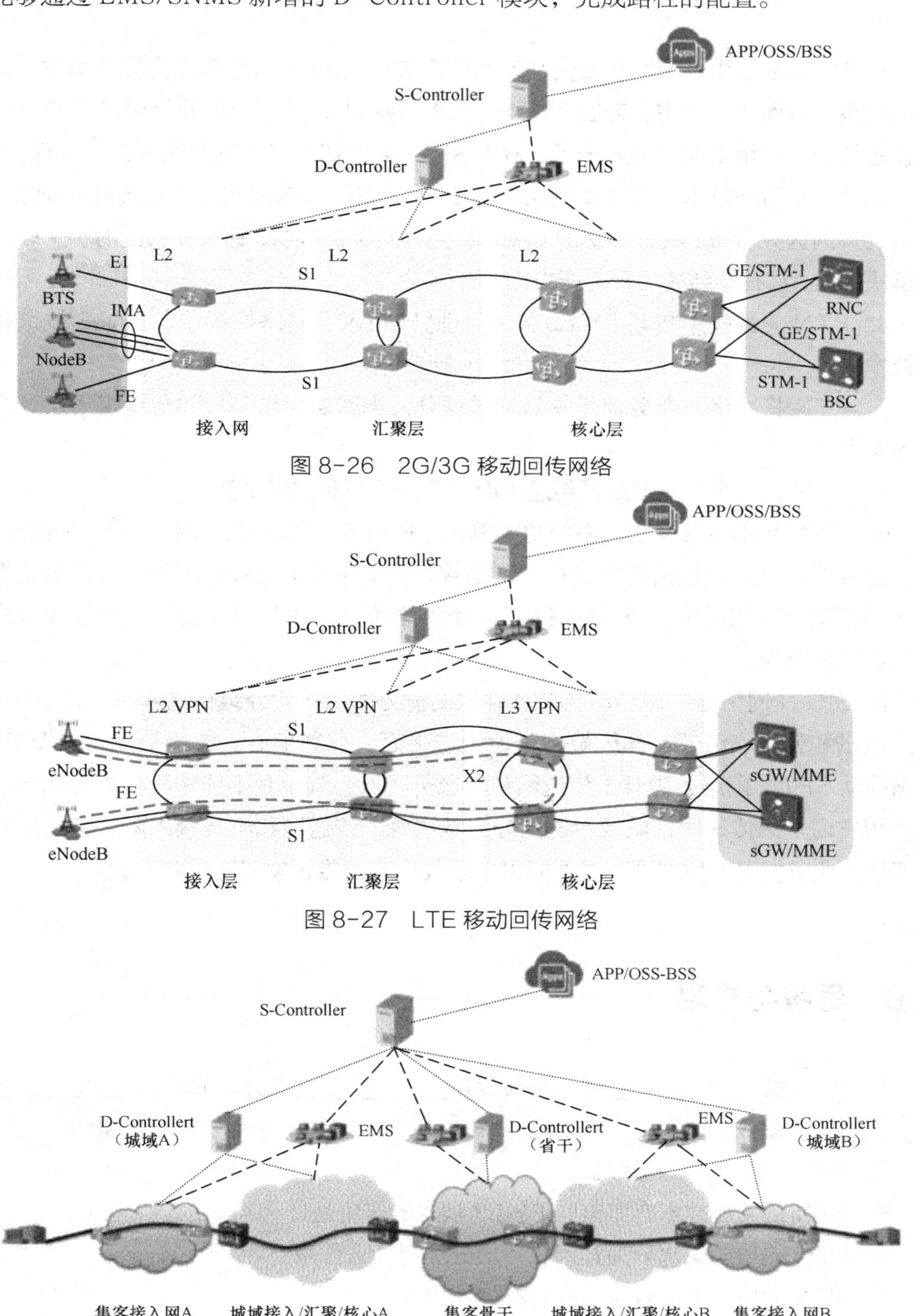

图 8-26　2G/3G 移动回传网络

图 8-27　LTE 移动回传网络

图 8-28　政企专线网络

8.5 小结

1. PTN 主要用于中国移动的基站回传系统中。PTN 以分组作为传送单位，以承载电信级以太网业务为主，兼容 TDM、ATM 等业务，是下一代分组承载技术。PTN 的技术特征可以用下面的公式表示。MPLS-TP = MPLS-L3 复杂性 +OAM+ 保护。

2. PTN 网络技术特点主要是网络 TCO 低；提供面向连接的多业务统一承载；提供端到端的区分服务；具有丰富的 OAM 和完善的保护机制；具有完善的时钟 / 时间同步解决方案；具有端到端的管理能力。

3. PTN 关键技术包括 PWE3 技术、OAM 技术、网络保护技术、QoS 技术和同步技术。

4. PTN 将网络对业务信号的处理过程分为电路层、通路层和传输媒质层 3 个层面来实现。

5. PTN 的 3 个功能层面是传送平面、管理平面和控制平面。

6. 华为 OptiX PTN 设备系统功能单元包括业务处理单元、主控单元、辅助单元。

业务处理单元组包括用户接口、网络接口、时钟单元及交换平面；时钟单元为系统各单板提供系统时钟，为外时钟接口提供时钟信号；主控单元通过多套总线对系统进行管理和控制。

7. SPTN 网络是中国移动具有软件控制能力的新一代分组传送网络，是 PTN 网络的演进和升级。SPTN 系统架构分为传送平面、控制平面、应用平面和管理平面。中国移动 SPTN 网络分为骨干传送网和城域传送网，其中骨干传送网分为省际骨干传送网和省内骨干传送网，城域传送网分为城域骨干传送网和有线接入网。SPTN 网络是实现全业务发展的传送网，主要应用于承载移动回传和集团客户专线业务。

8.6 思考与练习

1. PTN 是__________网，主要传输__________业务，兼容__________和__________业务。

2. PTN 的主要特点是什么？

3. PTN 的关键技术有哪些？ PWE3 技术的作用是什么？

4. PTN 的功能层次分为几层？各层分别起什么作用？

5. PTN 的功能平面有哪些？各有何作用？

6. PTN 设备主要功能模块有哪些？各有何作用？

第 9 章 IPRAN 技术与设备

09

学习目标

① 了解IPRAN的定义及应用；
② 了解IPRAN的特点；
③ 掌握IPRAN关键技术及作用；
④ 掌握IPRAN组网结构；
⑤ 掌握典型IPRAN设备硬件结构。

9.1 IPRAN 技术基础

9.1.1 IPRAN 的定义

在 3G 初期，运营商主要通过 MSTP 技术实现移动回传。但随着 4G 发展的加快，数据流量出现了暴涨，运营商必须进行移动回传网的扩容来增加带宽。同时，移动网络全 IP 化的发展趋势也越来越明显。在这两方面的推动下，移动回传网分组化的趋势日益突出。为了适应分组化的要求，在借鉴传统 SDH 传送网的基础上，对 MPLS 技术进行改造，形成的新技术被称为 PTN；而原有的数据处理设备，如路由器、交换机等，也从过去单纯的承载 IP 流量逐渐进入移动回传领域，形成 IPRAN。如今，IPRAN 已成为中国电信和中国联通的主要移动承载技术。

IPRAN 中的 IP 指的是互联网协议，RAN 指的是无线电接入网，又称为基站回传网，它是指基站（BTS/NodeB/eNodeB/gNB）与基站控制器（BSC/RNC/EPC/5GC）之间的传输网络。相对于传统的 SDH 传送网，IPRAN 是 IP 化无线电接入网，是指利用 IP 技术实现数据回传的无线接入网，它在已有的 IP、MPLS 等技术的基础上，增加 OAM 和 QoS 机制，实现分组无线回传需求，同时为基站和基站控制器间提供 IP 层可达服务。因此 IPRAN 是将 SDH 传送网与 IP 网络的优势相结合，兼具灵活性和可靠性又极具性价比的基站网络回传解决方案。典型 IPRAN 组网应用如图 9-1 所示。

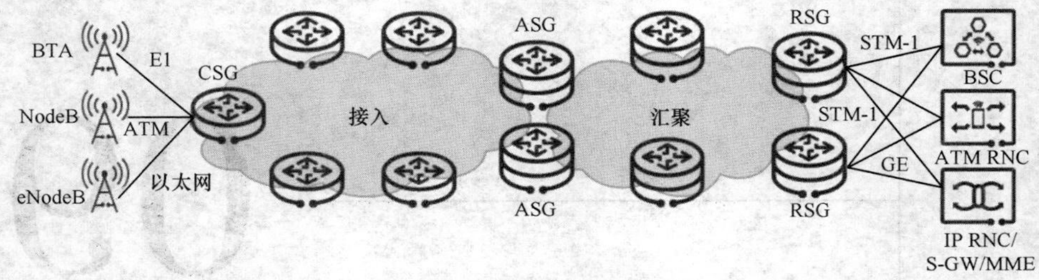

图 9-1 典型 IPRAN 组网应用

图 9-1 中，IPRAN 组网是由接入层的 CSG（用户业务网关）设备、汇聚层的 ASG（汇聚业务网关）和 RSG（路由业务网关）等设备组成的。

IPRAN 的技术解决方案是由思科（CISCO）提出，因此 IPRAN 的设备形态就是一种能承载多种业务（PDH、SDH、以太网业务等），并具有突出 IP/MPLS/VPN 能力的新型路由器。IPRAN 就是针对 IP 化的基站网络回传应用场景进行优化定制的路由器 / 交换机整体解决方案，目前在运营商网络中，IPRAN 的应用比较广泛的有 Mixed VPN（L2VPN+L3VPN）方案和 Hierarchy VPN 方案这两种 VPN 解决方案。

Mixed VPN（L2VPN+L3VPN）方案如图 9-2 所示，该方案在网络接入侧采用 L2VPN（即 PW）、在汇聚侧采用 L3VPN。这种混合 VPN 解决方案可以实现故障间的相互隔离，提升网络整体的鲁棒性，从而拥有大规模动态组网能力。

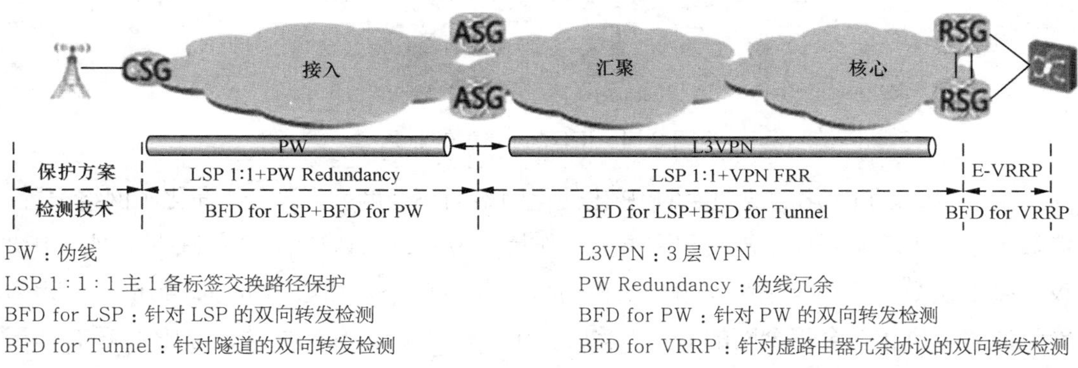

图 9-2　Mixed VPN（L2VPN+L3VPN）方案

Hierarchy VPN 方案如图 9-3 所示，它使用分层的 L3VPN 来实现故障间的相互隔离，网络鲁棒性也较强；维护难度较低，可靠性和安全性比较高。

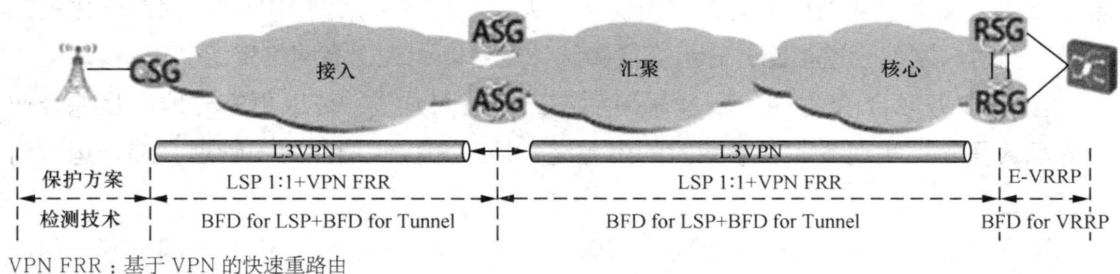

图 9-3　Hierarchy VPN 方案

9.1.2　IPRAN 的特点

如图 9-4 所示，目前 IPRAN 承载的业务包括大用户专线业务、移动 2G/3G 业务等，既有二层业务，又有三层业务。尤其是当移动网演进到 LTE 后，S1 接口和 X2 接口的引入对于底层承载提出了三层交换的需求。由于业务类型丰富多样，各业务的承载网独立发展，造成承载方式多样、组网复杂低效、优化难度大等问题，因此新兴的承载网 IPRAN 需要具备以下特点。

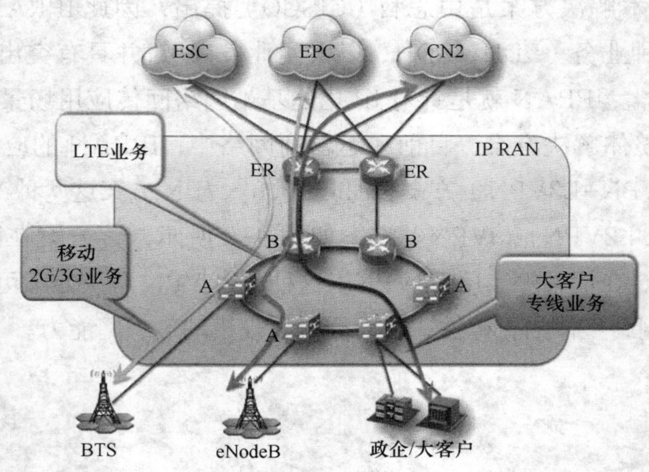

图 9-4 IPRAN 承载的业务

① 端到端的 IP 化。端到端的 IP 化使得网络的复杂度大大降低，简化了网络配置，能极大地减少基站开通、割接和调整的工作量。另外，端到端的 IP 化减少了网络中协议转换的次数，简化了封装、解封装的过程，使得链路更加透明可控，实现了网元到网元的对等协作、全程全网的 OAM 及层次化的端到端 QoS。端到端的 IP 化还有助于提高网络的智能化，便于部署各类策略，发展智能管道。

② 更高的网络资源利用率。面向连接的 SDH 或 MSTP 提供的是刚性管道，容易导致网络资源利用率低下。而基于 IP/MPLS 的 IPRAN 不再面向连接，而是采取动态寻址方式，实现承载网内自动的路由优化，大大简化了后期网络维护和网络优化的工作量。同时与刚性管道相比，分组交换和统计复用能大大提高网络资源利用率。

③ 多业务融合承载。IPRAN 采用动态三层组网方式，可以更充分地满足综合业务的承载需求，实现多业务承载时的资源统一协调和控制层面统一管理，提升运营商的综合运营能力。

④ 成熟的标准和良好的互通性。IPRAN 技术标准主要基于 IETF（因特网工程任务组）的 MPLS 工作组发布的 RFC 文档，已经形成百余篇成熟的标准文档。IPRAN 设备形态基于成熟的路由交换网络技术，大多是在传统路由器或交换机的基础上改进而成的，因此有着良好的互通性。

9.1.3 IPRAN 技术与 PTN 技术的比较

PTN 技术和 IPRAN 技术之间的比较如表 9-1 所示。

表 9-1　PTN 技术与 IPRAN 技术之间的比较

功能		PTN 方案	IP RAN 方案
接口功能	ETH	支持	支持
	POS	支持	支持
	ATM	支持	支持
	TDM	支持	支持
三层转发及路由功能	转发机制	核心汇聚节点通过升级可支持完整的三层转发功能	支持三层转发全部功能
	协议	核心汇聚节点通过升级可支持全部三层协议	支持全部三层协议
	路由	核心汇聚节点全面支持	支持
	IPv6	核心汇聚节点全面支持	支持
QoS		支持	支持
OAM		采用层次化的 MPLS-TP OAM，实现类似于 SDH 的 OAM 功能	采用 IP/MPLS OAM，主要通过 BFD 技术作为故障检测和保护倒换的触发机制
保护恢复	保护恢复方式	支持环网保护、链路保护、线性保护、LA 等类似于 SDH 的各种保护方式	支持 FRR（快速重路由）保护、VRRP（虚路电器冗余协议）、LA
	倒换时间	50ms 电信级保护	电信集团要求在 300ms 以内
同步	频率同步	支持	支持
	时间同步	支持，且经过现网规模验证	支持，有待现网规模验证
网络部署	规划建设	支持规模组网，规划简单	支持规模组网，规划略复杂
	业务组织	端到端二层业务，子网部署，在核心层启用三层功能	接入层采用 MPLS-TP PW 承载，核心层\汇聚层采用 MPLS L3VPN 承载
	运行维护	类似于 SDH 的运维体验，跨度小，维护较简单	海量接入层可实现类似于 SDH 运维体验，逐步向路由器运维过渡，减轻运维人员技术转型压力

从名称上看，PTN 与 IPRAN 均是基于分组交换的 IP 化承载技术。但从狭义的概念上来看，PTN 是指采用 MPLS-TP 的 PTN，IPRAN 是基于 IP/MPLS 技术的多业务承载网。

从标准上看，我国 PTN 采用比较成熟的 MPLS-TP 标准，而 IPRAN 暂时无统一的清晰标准，几大标准化组织和相关厂商、运营商都发布了相关标准，但在名称、要求等方面都存在差异。

从通信理论基础来看，PTN 和 IPRAN 都是分组网络，但是 IPRAN 是根据 IP 地址进行寻址的，可以支持 OSPF（开放最短路径优先）、IS-IS（中间系统到中间系统）等动态路由，同时支持静态路由配置；而 PTN 主要采用静态配置寻址，不具备动态寻址能力，所以两者的本质差异就是连接与无连接之间的差异，动静结合寻址和静态寻址之间的差异。无连接的网络扩展性好，维护管理简单；面向连接的网络，存在扩展性瓶颈，维护和开通工作量大。

从 QoS 能力方面来看，PTN 和 IPRAN 都是分组网络，两者都存在极端情况下资源不足的问题和不同业务之间的资源竞争问题，解决的办法都是采用 QoS 技术。

从现有的技术要求上看，PTN 和 IPRAN 还有以下两点差异。PTN 设备无控制平面，路径控制由网络管理人工操作；而 IPRAN 的控制平面是在设备上实现的，设备之间通过各种路由协议、标签分发协议，相互沟通，实现了路径选择、资源预留等功能，IPRAN 包含的协议要比 PTN 包含的协议多很多。

从业务承载方面来看，PTN 技术适合二层分组业务占主导阶段的业务传送，但 PTN 设备可以通过升级支持三层 VPN 的功能；IPRAN 技术适合三层业务占较大比重的业务承载，可满足 3G、LTE 时期的移动回传，可实现全业务接入。

目前，在国内三大运营商中，中国移动坚持采用 PTN 技术，整个技术要求基于 MPLS-TP 规范，同时对动态路由协议和 L3VPN 业务支持要求后续演进能力；中国电信采用传统的 IP/MPLS 技术，IP 化要求比较彻底，对 MPLS-TP 未进行要求，甚至对 PWE3 也未进行要求；中国联通采用折中方案，技术要求上整体偏向于 IP/MPLS 技术，但也吸取了 MPLS-TP 的一些优势，包括 OAM、低成本等。随着中国移动主导的 PTN 技术加载三层功能方案的实现，PTN 技术与 IPRAN 技术将会取长补短，逐渐融合，形成统一的基于 MPLS 承载传送技术。

9.1.4 IPRAN 的关键技术

如图 9-5 所示，IPRAN 的核心技术是 IP/MPLS，这种技术是在 IP 路由器及系统控制协议的基础上建立起来的，能够为系统提供数据信息的连接和转换。MPLS 通过系统之中配置的 IP 或者是系统之中的 Loopback 地址信息，对相应的路由协议进行合理的部署，最终实现全网络的 IP 连接。另外，在 IPRAN 技术的接入层之中应用 L2VPN 承载技术，同时将 L3VPN 承载技术应用于汇聚层，L2VPN、L3VPN 承载技术共同构成了 IPRAN 技术的接口。

IPRAN 关键技术主要包括分区域和多进程技术、网络保护技术、QoS 技术、OAM 技术、时钟同步技术等，这些技术的发展直接影响着 IPRAN 产品的生命力。

1. 分区域和多进程技术

由于国内现有的 IPRAN 都是小规模的试验网，对 IPRAN 的大规模组网能力一直存在争议。事实上，与 IPRAN 一样基于无连接技术的整个互联网就相当于基于 IP 传送网的一张世界范围的大网，其组网能力和扩展的灵活性是有目共睹的。IP/MPLS-

IPRAN 的 IGP（内部网关协议）分区域和多进程技术就是解决规模组网问题的一种技术，能同时降低网络规模过大对设备路由性能的要求，减少路由振荡，加快路由收敛。通过采用分区域管理，不同的区域使用不同的 IGP，并互相使用静态路由注入的方式就可以较好地解决规模组网问题。静态路由与动态路由相互配合更有利于网络路由的收敛、消除障碍和网络自愈。具体组网时，核心层和汇聚层属于同一 AS（自治域），便于管理。为了解决路由域过大的问题，核心层和汇聚层可分属于不同的 IGP 区域，减少路由振荡，加快路由收敛。每个接入环部署单独的 IGP 进程，缩小 IGP 网络规模，隔离接入层和骨干层。同一汇聚点下挂的不同接入环分属不同的进程，避免接入层频繁调整引起的路由振荡扩散到汇聚骨干层中，保持网络的稳定。

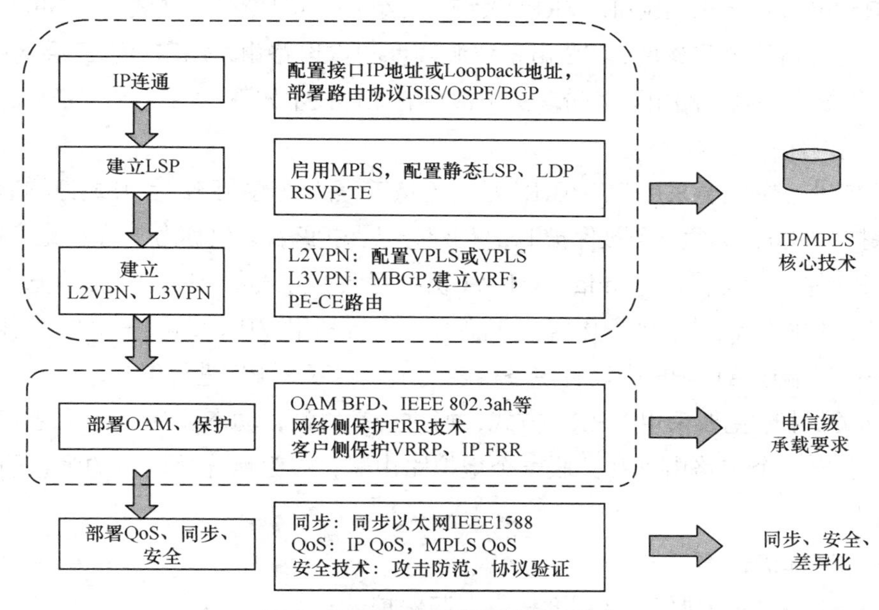

图 9-5 IPRAN 的关键技术构架

如图 9-6 所示，在接入层 A 设备和 B 设备间，采用 OSPF 作为 IGP，启用 MPLS 并通过 PWE3 实现基站上各业务由 A 设备传输到 B 设备，同时在 A 设备和 B 设备间配置 BFD for PW 进行快速故障检测，触发业务快速切换。

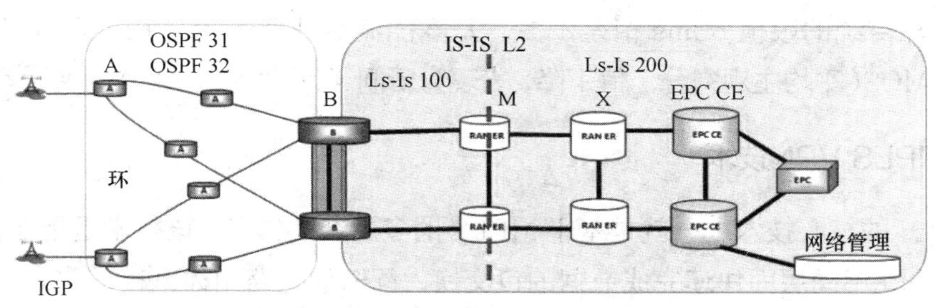

图 9-6 IPRAN 的协议部署

在核心层B设备和ER(增强路由器)、RAN CE间，采用IS-IS协议作为IGP，启用MPLS并通过MP BGP(BGP-4的多协议扩展)构建L3 MPLS VPN，实现各业务由B设备到ER或RAN CE的传输。在B设备和ER、RAN CE间采用了多种快速故障检测技术，触发业务快速切换。

2. 网络保护技术

作为承载电信级业务的IP传送网，需要具备类似SDH的电信级保护技术。目前，实现IPRAN保护的技术和方法较全面，如双向转发检测(Bidirectional Forwarding Detection，BFD)、流量工程(Traffic Engineer，TE)、虚拟路由器冗余协议(Virtual Router Redundancy Protocol，VRRP)、双归组网、IGP路由收敛等。BFD用于二层或三层全链路检测和诊断，TE用于资源调度和重选路由，IGP用于三层网络保护，VRRP用于核心控制层路由器备份。其中常用的保护技术如下。

(1)网内保护技术

① 隧道保护：主要采用TE FRR(基于流量工程的快速重路由)方式为隧道提供端到端的保护，即分别为每一条被保护LSP创建一条保护路径，也称为1:1标记交换路径。

② LSP保护：包括Redundancy PW(伪线冗余)方式和VPN FRR等方式，前者设置不同宿点的PW，对双归的宿点进行保护，后者利用VPN私网路由快速切换技术，通过预先在远端运营商PE中设置主备用转发项，对双归PE进行保护。

③ 网关保护：主要采用VRRP方式，通过选举协议，动态地从一组采用VRRP的路由器中选出一个主路由器并关联一个虚拟路由器，作为所连接网段的默认网关，实现网关保护。

(2)网间保护技术

① VRRP保护：主要在IP层面提供双归保护。

② LAG保护，主要在以太网链路层面提供保护。

③ MC-LAG(跨设备的以太链路聚合组)。

④ APS保护：主要在SDH接入链路层面实施保护。

国内几家运营商都对IPRAN的保护性能进行了验证，从目前的试验网看，保护倒换时间与传统的限值50ms相差不多，基本能满足业务需求。在单个设备掉电时，瞬间语音MOS(平均主观得分)值下降，表现为瞬间通话掉字1～2个，通话不受影响。

3. MPLS VPN技术

IPRAN的核心技术之一就是基于MPLS的多层交换技术，该技术是指在移动互联网系统中，在不同层面快速完成数据的包交换，同时促进路由体系标准化。在IPRAN方案实际施工的环节中采用两层标签，其中一层标签是内层标签；另外一层标签是外层标签。MPLS 能够充分地应用标签进行数据信息的转发，同时还能够在网络边缘确定报文的标签并完成封装。

VPN 在 IPRAN 中是一种虚拟化的专用网，VPN 能够在隧道建立的基础上仿真一条点对点的专线业务，并且能够建立有针对性的业务为网络提供相应的数据流信息。实际上，在 IP/MPLS 网络中，VPLS 业务（虚拟专用局域网业务）就是目前的二层虚拟专用局域网技术，L2VPN、L3VPN 都是支持基站网络回传业务的解决方案。

如图 9-7 所示，在 MPLS VPN 技术的实际应用中有 3 种类型的路由器，分别是 CE、PE 及 P（运营商中间设备）。其中，CE 一般为基站或基站侧接入设备；PE 一般是指汇聚基站或基站侧接入设备；P 一般是指汇聚层或者核心层的设备。PE 路由器能够维护与直连 VPN 路由相关的信息，但是 PE 路由器不能够满足全面化的维护要求。另外，MPLS VPN 技术在实际发布信息时主要会经过以下 3 个步骤。首先，本地的 CE 路由器入口到 PE 路由器的数据信息连接，其次是 PE 路由器入口到 PE 路由器出口之间的网络数据连接；最后是 PE 路由器出口到远端 CE 路由器的连接。

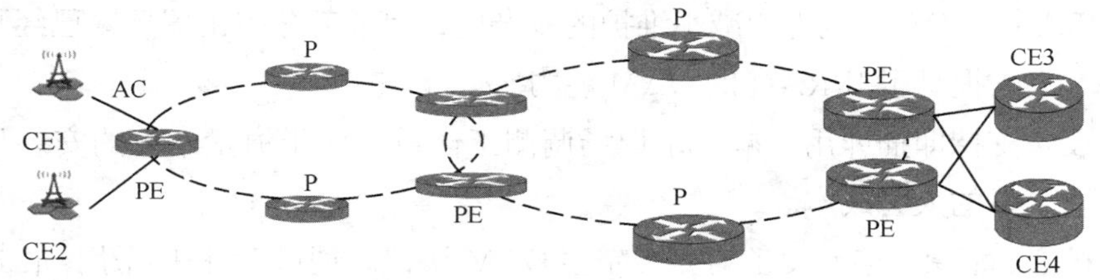

图 9-7　MPLS 网络中的设备示意图

4. QoS技术

IPRAN 网络作为本地综合承载网络，可针对各种业务应用的不同需求，提供不同的 QoS 保证，包括多种 QoS 技术。

（1）流分类和流标记功能：通过对业务流进行分类和优先级标识，实现不同业务之间的 QoS 区分，流分类规则可基于端口、VLAN ID 或 VLAN 优先级、IP 地址、MAC 地址、TCP 端口号或上述元素的组合。

（2）流量监管与流量整形功能：通过监管对业务流进行速率限制，实现对每个业务流的带宽控制，通过整形平滑突发流量，降低下游网元的业务丢包率。应支持以太网业务带宽属性和带宽参数，包括承诺信息速率（CIR）、承诺突发尺寸（CBS）、额外信息速率（EIR）、额外突发尺寸（EBS）、联合标记、着色模式。

（3）拥塞管理能力：通过尾丢弃或 WRED 算法，实现对发生拥塞时的报文丢弃，缓解网络拥塞情况。

（4）队列调度能力：对分类后的业务进行调度，缓解当报文速度大于接口处理能力时产生的拥塞。

（5）层次化的 QoS 能力：对业务进行逐级分层调度，通过分层实现带宽控制、流量整形和队列调度等 QoS 功能，达到在复杂的组网和分层模型下对每个用户、每条业务流带宽进行精细控制的目的。

IPRAN 通过 Diffserv（区分服务）技术实现 QoS 保障。通过为不同业务设置不同的优先级，保证重要业务优先转发，实现 QoS 保障。在实际应用中，有的设备商提供的端到端 QoS 保障方案，根据 MPLS 标签能够隔离各个隧道和 VPN，并在 VPN 内部按照优先级进行调度，保证各种业务的承载质量，并提供 5 级的 QoS 保障。在国内运营商的试验网中，该技术得到了充分验证。

5. OAM技术

传统传输网络具有端到端的 OAM 故障检测机制，并且大部分使用图形用户界面（GUI）的配置方式，配置直观，适合批量管理，入手简单。而传统的 IP 网络的 OAM 故障检测能力较弱，业务路由不透明，网络管理系统配置复杂，不适合批量管理。为了提升 IPRAN 的 OAM 能力和减小维护的复杂度，目前部分路由器厂家已经从以下几方面着手，大大提高了 IPRAN 的 OAM 能力。

（1）设备支持即插即用，减少了现场调测工作量，对于海量站点的安装和升级来说，节约了大量的人力成本。

（2）核心、汇聚、接入设备均支持完善 OAM 协议。通过 LSP 层采用 MPLS OAM 检测、PW 层采用 PW OAM 检测、业务层采用以太网 OAM 检测，实现层次化检测；通过专用的硬件 OAM 检测，提供毫秒级检测。目前，可对 IP 业务进行逐跳故障定位和定界，效率与传统传输网络相当。端到端的部署和 OAM 故障检测功能都得到了大幅度的提升。

（3）主流厂家都开发了基于图形用户界面的网络管理系统，对网络实现“SDH-Like”的图形化业务配置和可视化管理，具体表现为可以在网络管理系统上实现首端到末端的批量下发业务，支持 CES、ATM、以太网等多种类型业务，降低了运维人员的技术门槛，大大降低运营商的维护成本。

6. 时间同步技术

目前，IPRAN 支持的时钟传送机制主要包括以下 3 种。

（1）同步以太网技术

同步以太网技术是一种采用以太网链路码流恢复时钟的技术。从以太网线路上的串行码流里提取时钟并选择时钟源后，时钟锁相环跟踪其中一个以太网线路时钟，产生系统时钟，将系统时钟作为以太网物理层发送时钟，用于发送数据，实现时钟向下级传递。

（2）CES ACR（自适应时钟恢复）技术

CES ACR 技术以电路仿真业务为基础，采用自适应的方法在接收端恢复发送端时钟。CES ACR 通过 CES 报文携带时钟信息，在接收端恢复时钟，保证时钟同步。接收端的设备根据网络侧接收报文引起 CES 接收缓冲区的变化情况恢复 TDM 时钟，或根据网络侧接收报文携带的时间戳信息恢复时钟（时间戳方式）。

（3）IEEE 1588v2 技术

IEEE 1588v2 技术采用主从时钟，对时间进行编码传送，时间戳的产生由靠近物理层的协议完成，利用网络的对称性和时延测量技术，通过报文消息的双向传输可以计算出从时钟相对于主时钟的时间偏差及两者间的传输时延，从而可以调整从时钟的频率与时间，实现主从时钟的频率、相位和绝对时间的同步。同步以太网技术和 CES ACR 技术只能满足频率和相位同步，而 IEEE 1588v2 技术能同时满足频率同步和相位及时间回步。目前的主流设备厂家都支持 IEEE 1588v2 时钟同步，能提供 GPS 级别的时钟同步能力，但与 GPS 方案相比，成本大大降低。

9.1.5　IPRAN 组网结构

IPRAN 物理组网结构通常分为接入层、汇聚层、核心层 3 层，如图 9-8 所示。

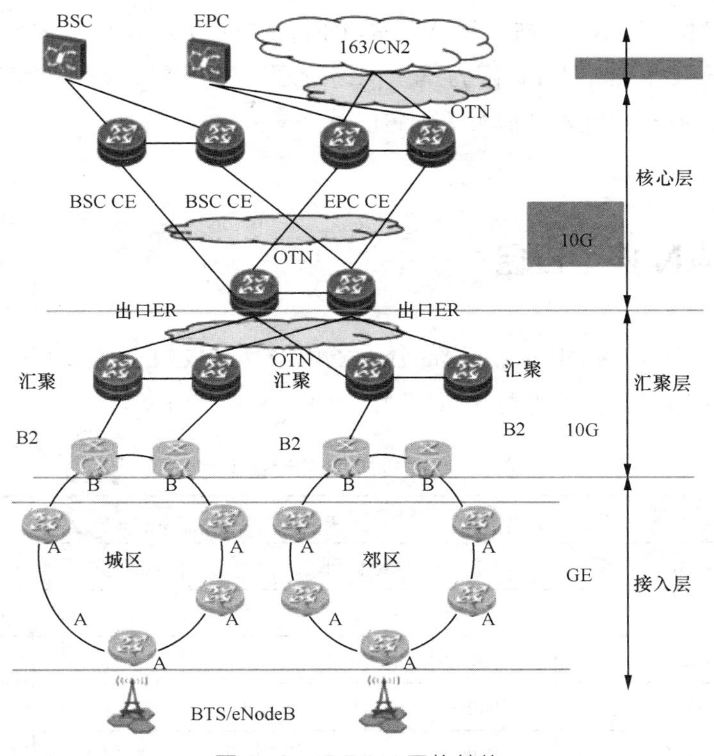

图 9-8　IPRAN 网络结构

接入层设备由 A 设备组成，A 设备也称 CSG，用于完成不同网络、不同业务的接入。接入层主要采用环形组网，也可以采用链形组网，具体应根据站点分布及光纤资源配置情况进行设计。建议以一级环或链收敛为主，尽量避免环相切、环相交及跨汇聚环等复杂组网，严禁两级以上环带环组网，否则对后续隧道路径规划影响较大。

汇聚层设备由 B 设备组成，B 设备也称 ASG，负责完成接入层流量的汇聚，为保证汇聚节点的可靠性，对每个接入区域应部署成对 B 设备进行汇聚。汇聚层多采用口字形、环形组网方式，以减轻核心层的端口压力。

核心层直接与 BSC 或 IP 骨干网相连，一般部署 RAN ER（增强路由器），也称 RSG。ER 作为连接 RNC、BSC、MME（移动管理实体）/SGW（服务网关）的网关设备，一般需要成对部署。ER 具备高密度端口和大流量汇聚能力，一般为当地 IP 城域网的骨干设备，负责接入汇聚层的流量，并把业务疏导到各个业务系统中。在 LTE 网络中，ER 汇聚从 eNodeB 到 PGW（分组网关）/SGW 的流量。

在 A 设备的快速入网（即插即用）和基站入网功能上，IPRAN 使用 DHCP（动态主机配置协议）技术。A 设备的即插即用功能的实现方式如下。新入网 A 设备发送 DHCP 请求报文，内容携带设备信息；B 设备进行 DHCP Relay，同时在报文中插入 B 设备名称、接口名称及 VLAN 等信息；网络管理系统担当 DHCP 服务器功能，根据 DHCP 请求报文携带的设备信息对新入网 A 设备进行合法性认证，并为新入网 A 设备分配地址资源。新入网基站接到 A 设备上时，也通过 DHCP 技术与 DHCP 服务器（CDMA 网为 BSC 设备，LTE 网为基站网络管理或专用 Server）通信，从服务器处获取管理地址、业务地址和其他相关配置。

9.2 IPRAN 典型设备

目前，全球 IPRAN 的主流厂商部分设备型号及参数如表 9-2 和表 9-3 所示。根据产品市场应用情况，下面主要介绍华为的 IPRAN 典型设备。

表 9-2 主流厂商的设备型号

分档	厂家型号					
	阿尔卡特朗讯（ALE）	思科	烽火	华为	JUNIPER	中兴
A1	SAR-A	ASR901	R830E	ATN910	ACX1000	CTN6130XG-S
A2	SAR-8	ASR903	R835E	ATN950		CTN6220
B1	SAR-18	ASR9K	R860	CX600-X3	MX480	CTN9000-3E
B2	7450	ASR9K	R860	CX600-X8	MX480/960	CTN9000-5E/8E

表 9-3 部分主流厂商的设备型号及参数

		槽位数	单槽能力	备注
思科	ASR9006	4	120Gbit/s 或 80Gbit/s	
	ASR9010	8	120Gbit/s 或 80Gbit/s	
JUNIPER	MX960	11	120Gbit/s 或 80Gbit/s	
	MX480	6	120Gbit/s 或 80Gbit/s	
华为	CX600-X3	3	50Gbit/s	
	CX600-X8	8	50Gbit/s	
中兴	CTN9000-3E	3	40Gbit/s	
	CTN9000-5E	5	40Gbit/s	
	CTN9000-8E	8	40Gbit/s	
烽火	R860	24	40Gbit/s 或 20Gbit/s 或 10Gbit/s	12 个 155Mbit/s 的槽
阿尔卡特朗讯（ALE）	SAR-18	16	10Gbit/s 或 2.5Gbit/s	12 个 2.5Gbit/s 的槽
	7450-R7	5	40Gbit/s	
	7450-R12	10	40Gbit/s	

如图 9-9 所示，华为生产的 IPRAN 设备主要有 ATN、CX600 系列，能够满足 2G/3G/LTE 等各种无线网络的统一承载需求，同时可以提供光纤、铜线等多种接入方式，统一接入 TDM/ATM/ 以太网 /IP 等业务。

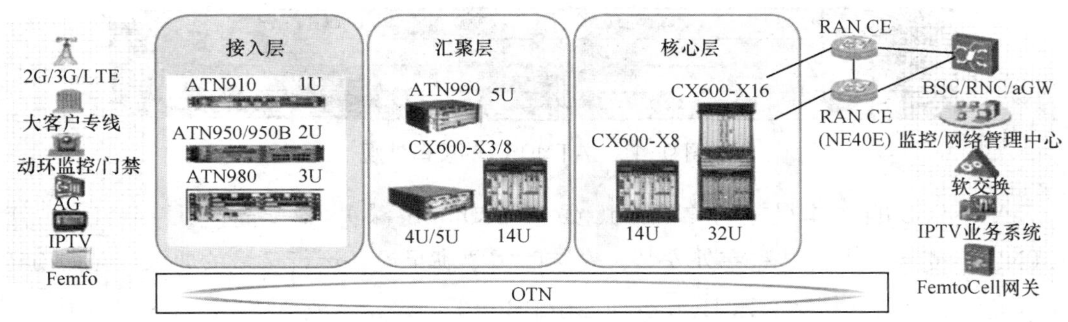

图 9-9 华为 IPRAN 典型设备及其应用

其中，CX600 综合业务承载路由器（以下简称“CX600”）是华为公司聚焦移动承载网需求和发展开发的一款路由器产品，主要应用在移动承载网的汇聚层中，和华为公司的 NE40E 系列产品、ATN 系列产品配合组网，提供端到端的多业务综合承载解决方案。

如图 9-10 所示，包括 CX600-X8、CX600-X3，用以满足不同规模的网络组网应用需要。CX600 系列产品均采用集中式路由引擎、分布式转发架构进行设计，在实现大容量转发的同时还可以提供丰富灵活的业务；提供可升级、无阻塞的交换网；主控板采用 1∶1 冗余备份；交换网板负荷分担冗余备份；电源、风扇、时钟、管理总线等关键器件实现冗余备份；单板、电源模块和风扇支持热插拔；提供电压和环境温度告警提示信息、告警指示、运行状态和告警状态查询。

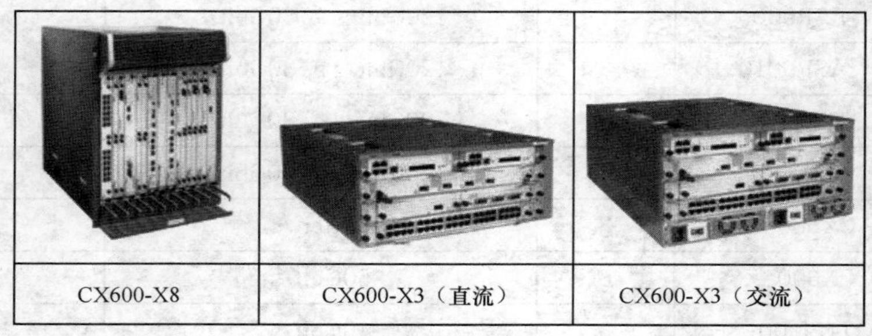

图 9-10　CX600-X8 和 CX600-X3

ATN 系列产品定位于移动承载网边缘，是面向多业务接入的盒式设备，与 CX600 和 NE 等系列产品共同构建端到端面向 FMC（固定网络和移动网络融合）综合承载的路由型城域网络。ATN 系列产品主要包含 ATN910、ATN950 产品。

9.2.1　华为接入层设备——ATN950

1. 设备外观

ATN950 采用盒式结构，便于灵活部署。ATN950 设备外观如图 9-11 所示。

图 9-11　ATN950 的设备外观

ATN950 的盒体尺寸为 442mm（宽）× 220mm（深）× 2U（高，1U=44.45mm）。ATN950 支持室内安装和室外安装，安装时需要满足设备运行环境的要求。ATN950 可以安装在开放式机架、IMB（Indoor Mini Box）网络箱，或 APM30 室外机柜中。

2. 槽位分布

ATN950 的槽位分布如图 9-12 所示。SLOT1 ~ SLOT6 为业务板槽位，SLOT7 ~ SLOT8 为主控板槽位，SLOT9 ~ SLOT10 为电源板槽，SLOT11 为风扇板槽。

3. 系统架构

ATN950 的单板配合使用，完成设备的各种功能。ATN950 的单板关系图如图 9-13 所示。

<table>
<tr><td rowspan="2">SLOT 10</td><td rowspan="4">SLOT 11</td><td>SLOT7</td><td>SLOT8</td></tr>
<tr><td>SLOT5</td><td>SLOT6</td></tr>
<tr><td rowspan="2">SLOT 9</td><td>SLOT3</td><td>SLOT4</td></tr>
<tr><td>SLOT1</td><td>SLOT2</td></tr>
</table>

图 9-12 ATN950 的槽位分布

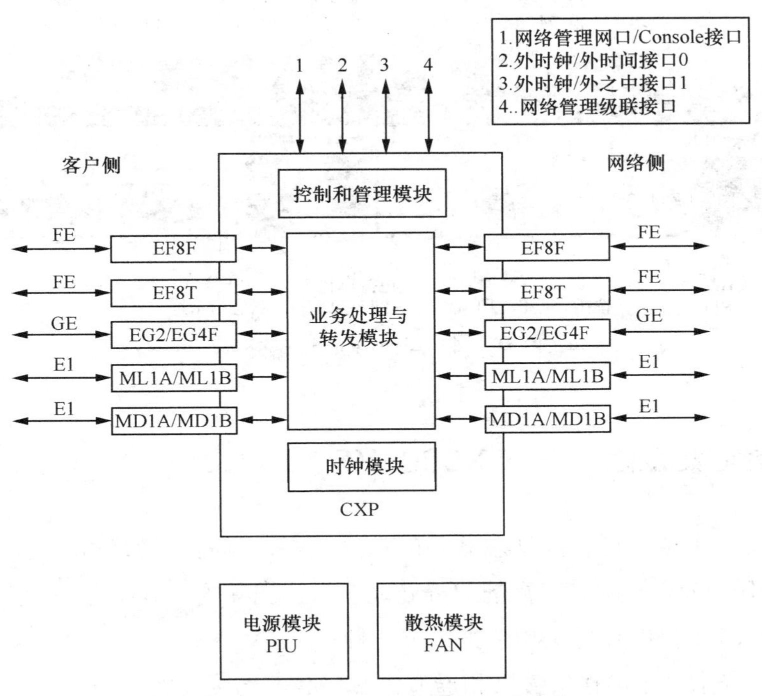

图 9-13 ATN950 的单板关系图

由图 9-13 可见，ATN950 包括电源模块、散热模块、主控模块、业务接口模块，其中主控模块中集成有时钟模块、业务处理与转发模块、控制和管理模块，主要完成对设备的监控管理、业务交换及时钟同步管理，业务接口模块则提供设备之间组网连接所需要的网络侧接口和实现业务接入的用户侧接口。

9.2.2 华为接入层设备——ATN905

ATN905 系列定位小基站承载和大用户专线市场，进一步完善了 IPRAN“最后一公里”LTE 覆盖和大用户专线承载能力。其应用主要面向大用户专线场景，1U 高，典型功耗小于 10W，AC/DC 供电，支持 E1、FE、GE、GPON 业务接口。

ATN905 是业界最紧凑的室外型多业务接入路由器，面向小基站承载、大用户专线及无机房建站场景，AC 供电，可以通过交流级联为一体化基站等用户侧设备供电，支持 FE、GE 等业务接口。同时，ATN905 与 Atom GPS 模块组成同步系统，解决传统网络中每基站部署 GPS 带来的时钟同步部署困难、成本高等问题，减少 90%GPS 部署，大幅节省 TCO。通过光纤拉远，可在任意地方部署，无须端到端网络支持 IEEE 1588v2，第三方网络免改造。

ATN905 设备外观如图 9-14 所示。

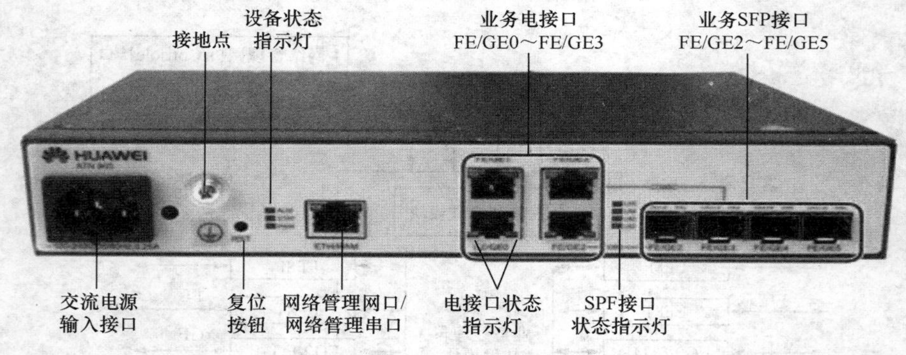

图 9-14　ATN905 设备外观

9.2.3　华为汇聚层设备—— CX600-X3

CX600-X3 主要应用在移动承载网的汇聚层中，具有电信级可靠性、接口线速转发性能、完善的 QoS 机制、丰富的业务处理能力、优异的扩展能力等特点。

CX600-X3 支持的业务类型包括以下几种。

- CES：支持 E1 电接口接入和通道化 STM-1 光接口接入。
- ATM 业务：支持 IMA 接入和 ATM E1 接入。
- 以太专线业务：点对点的以太网仿真业务，即 VPWS 业务。
- 以太专网业务：多点对多点的以太网仿真业务，即 VPLS 业务。

CX600-X3 设备前后面板外观和槽位分配图如图 9-15 和图 9-16 所示。

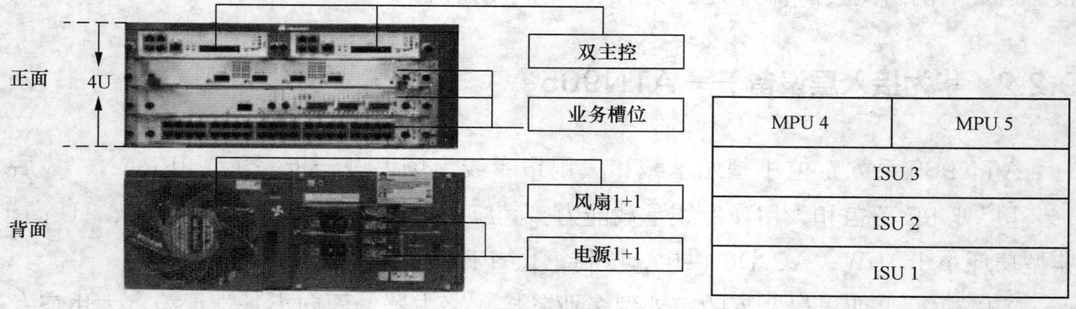

图 9-15　CX600-X3 设备前后面板外观　　图 9-16　CX600-X3 的槽位分配图

CX600-X3 主要单板包括以下几个。

① 主控模块：即主处理板（MPUD），该板使用 USB 存储设备，存储设备固定在 PCB（印制电路板）上，不能插拔。为了保证和其他主控板（其他主控板使用 CF 卡）兼容，在文件操作过程中，显示为 CF 卡，但在主控板启动过程中显示的是 USB。MPUD 可插放在 SLOT 4、SLOT 5 上，其面板外观如图 9-17 所示。

MPUD 配置的接口功能如下。

- "MGMT ETH"接口用于连接系统网络管理工作站。自带 LINK 和 ACT 指示灯。
- "CONSOLE"接口用于连接控制台，实现对系统的现场配置功能。
- "AUX"接口用于连接 Modem，通过拨号实现远程维护。
- "CLK"接口和"TOD"接口是外同步时钟接口。

② 接口处理模块，即集成综合业务板 B（ISUI-51-B，支持 IEEE 1588v2），ISUI-51-B 可插放在 SLOT 1 ~ SLOT 3 上。ISUI-51-B 的面板外观如图 9-18 所示。

图 9-17　MPUD 的面板外观

图 9-18　ISUI-51-B 的面板外观

该板带有 4 端口 10GBase LAN/WAN-SFP+ 和 12 端口 100/1000Base-X-SFP，其中端口 0 和端口 3 可以分别配置为 LAN、WAN 模式（工作在 WAN 模式时，只可用 Master 模式，不支持 Slave 模式）；12 个端口的 100/1000Base 可使用如下光模块。

- 使用 GE 光模块，支持 GE 光接口特性；使用 FE 光模块，支持 FE 光接口特性。
- 使用电接口 SFP 模块，支持 10Mbit/s/100Mbit/s/1000Mbit/s 电接口特性；

CX600-X3 支持上面 3 种模块的混插。

9.3 小结

1. IPRAN 是指用 IP 技术实现数据回传的无线电接入网。IPRAN 已成为中国电信和中国联通的主要移动承载技术。

2. IPRAN 承载的业务包括互联网宽带业务、大用户专线业务、固话 NGN 业务和移动 2G/3G 业务。

3. 运营商网络中，IPRAN 的应用主要有 Mixed VPN（L2VPN+L3VPN）和 Hierarchy VPN 两种 VPN 解决方案。

4. IPRAN 的核心技术是 IP/MPLS 技术，采用 PW 与 L3VPN 结合的技术策略。

5. IPRAN 的网络保护分为网间保护和网内保护，网内保护分为 LSP 保护、网关保护和隧道保护；网间保护主要有 VRRP 保护、LAG 保护、APS 保护。

6. IPRAN 物理组网结构通常分为接入层、汇聚层、核心层 3 层。接入层设备由 A 设备组成，用于完成不同网络、不同业务的接入。接入层主要采用环形组网，也可以采用链形组网。汇聚层由 B 设备组成，负责完成接入层流量的汇聚。汇聚层多采用口字形、环形组网方式。核心层一般部署 RAN ER，负责接入汇聚层的流量，并把业务疏导到各个业务系统中。

7. 华为生产的 IPRAN 设备主要有 ATN、CX600 系列。CX600 系列设备应用在移动承载网的汇聚层中，主要包括 CX600-X8、CX600-X3。ATN 系列产品定位于移动承载网边缘，是面向多业务接入的盒式设备，主要包含 ATN910、ATN950 设备。

8. ATN 950 的设备包括电源模块、散热模块、主控模块、业务接口模块，其中主控模块集成有时钟模块、业务处理与转发模块、控制和管理模块，主要完成对设备的监控管理、业务交换及时钟同步管理，业务接口模块则提供设备之间组网连接所需要的网络侧接口和实现业务接入的用户侧接口。

9.4 思考与练习

1. IPRAN 是什么？主要用于哪些运营商网络中？
2. IPRAN 的主要业务有哪些？
3. 画图说明 IPRAN 的组网结构。
4. 华为 CX600 系列设备和 ATN 系列设备的应用有何区别？
5. 简述 ATN950 的组成及各部分功能。
6. CX600-X3 中的主控板是什么？其作用是什么？在主控板上设置有哪些接口？分别有何作用？